普通高等教育"十三五"规划教材
高等院校计算机系列教材

C++程序设计教程
（第二版）

主　编　瞿绍军　罗　迅　刘　宏
副主编　王从银　丁德红
编　委　张引琼　田小梅　张丽霞
　　　　彭　华　谢　超　石　坚

华中科技大学出版社
中国·武汉

内 容 简 介

本书紧密结合目前高校计算机教学发展趋势,将 ACM 国际大学生程序设计竞赛的相关内容引进教材,对学生养成良好的编程习惯和编程思维、提高分析和解决问题的能力大有帮助,这是本书的创新之处。

全书共分 13 章,各章节内容由浅入深、相互衔接、前后呼应、循序渐进。第 1~6 章介绍了 C++程序设计的基础、函数与程序结构、数组与字符串、指针、结构体与共用体、ACM 国际大学生程序设计竞赛相关知识和竞赛中的数据输入/输出等;第 7~13 章介绍了 C++面向对象特性,包括类与对象及封装性、类的深入、运算符重载、继承性、多态性、输入/输出流、模板和标准库;附录 A 列出了 ASCII 码对照表;附录 B 列出了传统 C/C++语言与标准 C++语言头文件对照表,方便学习和参考;附录 C 介绍了如何在 Linux、UNIX 下编译和调试 C++程序;附录 D 介绍了在 Visual C++下调试程序的方法;附录 E 介绍了在 Dev-C++下调试程序的方法。本书的配套教材《C++程序设计教程习题答案和实验指导》提供了相关的实验内容、参考答案和模拟试卷。

本书吸收了国内外近几年出版的同类教材的优点,内容丰富,特别适合用作计算机专业和相关专业的程序设计类课程的教材,也可作为 ACM 国际大学生程序设计竞赛的入门教材,还可作为各类考试培训和 C++程序设计自学教材。

图书在版编目(CIP)数据

C++程序设计教程/瞿绍军,罗迅,刘宏主编.—2 版.—武汉:华中科技大学出版社,2016.8
普通高等教育"十三五"规划教材　高等院校计算机系列教材
ISBN 978-7-5680-1766-4

Ⅰ.①C… Ⅱ.①瞿… ②罗… ③刘… Ⅲ.①C 语言-程序设计-高等学校-教材 Ⅳ.①TP312

中国版本图书馆 CIP 数据核字(2016)第 091987 号

C++程序设计教程(第二版)	瞿绍军　罗　迅　刘　宏　主编

C++ Chengxu Sheji Jiaocheng

责任编辑:熊　慧
封面设计:原色设计
责任校对:张会军
责任监印:周治超

出版发行:华中科技大学出版社(中国·武汉)
　　　　　武昌喻家山　邮编:430074　电话:(027)81321913
录　　排:华中科技大学惠友文印中心
印　　刷:武汉鑫昶文化有限公司
开　　本:787mm×1092mm　1/16
印　　张:20.25
字　　数:476 千字
版　　次:2010 年 8 月第 1 版　2016 年 8 月第 2 版第 1 次印刷
定　　价:42.00 元

本书若有印装质量问题,请向出版社营销中心调换
全国免费服务热线:400-6679-118　竭诚为您服务
版权所有　侵权必究

高等院校计算机系列教材
编委会

主　任：刘　宏

副主任：全惠云　熊　江

编　委：(以姓氏笔画为序)

王　毅	王志刚	乐小波	冯先成	刘　琳
刘先锋	刘连浩	羊四清	许又全	阳西述
李　浪	李华贵	李勇帆	杨凤年	肖晓丽
邱建雄	何迎生	何昭青	张　文	张小梅
陈书开	陈倩诒	罗新密	周　昱	胡玉平
徐长梅	徐雨明	高金华	郭广军	唐德权
黄同成	龚德良	符开耀	谭　阳	谭敏生
戴经国	瞿绍军			

前　言

　　C++语言是目前最流行的面向对象程序设计语言之一。它既支持传统的面向过程的程序设计方法，也支持面向对象的程序设计方法。它是 Linux 和 UNIX 下编程的最主要的语言之一，也是嵌入式开发最常用的编程语言之一。C++语言全面兼容 C 语言，熟悉 C 语言的程序员仅需学习 C++语言的面向对象特征，就可很快地用 C++语言编写程序。

　　本书是一本通过编程实践引导学生掌握 C++程序开发的教材。在编写过程中，我们组织了多位长期从事程序设计、数据结构、面向对象程序设计和计算机算法设计课程教学的老师，其中部分老师是本校 ACM 程序设计集训队的教练和指导老师，他们都有着丰富的教学和编程经验。在编写本书的过程中力求将复杂的概念用简洁、通俗的语言来描述，做到深入浅出、循序渐进，从而使学生能体会到学习编程的乐趣。

　　传统的程序设计教材和教学模式多以学习计算机语言为主，多重视理论教学、轻实践教学环节。学生的编程能力弱导致学习后续一些课程很困难，不利于培养他们的算法思想、设计理念和创新意识，他们也就无法适应当今信息社会和知识经济对人才的要求。在这种情况下，我们改革程序设计类课程实践教学模式，突出计算机的实践教育，培养学生分析问题和解决问题的创新能力。

　　近年来，以培养和提高计算机编程能力为目标的不同层次比赛应运而生，如省级大学生计算机程序设计竞赛、ACM 国际大学生程序设计竞赛（简称 ACM-ICPC）等。因此，以程序设计竞赛为依托，改革程序设计类课程教学体系和内容，探索和创新程序设计类课程的实践教学方法和手段，对加强程序设计类课程的教学和实践环节、提高学生的编程能力、促进计算机类创新人才培训和培养出符合社会需求的人才具有重要的理论和实践意义。

　　本书将 ACM 国际大学生程序设计竞赛的相关内容引进课程学习之中，使学生从编程入门开始就养成良好的编程习惯和编程思维，强化学生分析和解决实际问题能力的培养，激发学生对编程的兴趣，达到以教学促竞赛、以竞赛强化教学的目的。

　　ACM 国际大学生程序设计竞赛由国际计算机界具有悠久历史的权威性组织 ACM（Association for Computing Machinery）主办，是世界上公认的规模最大、水平最高、参与人数最多的大学生程序设计竞赛，其宗旨是使大学生能通过计算机充分展示自己分析问题和解决问题的能力。现在，各个高校都非常重视计算机程序设计竞赛。

　　与本书配套的教材《C++程序设计教程习题答案和实验指导》提供了相关的实验内容、参考答案和模拟试卷。所有习题和程序均按照 ACM 国际大学生程序设计竞赛要求进行设计，并进行了严格的测试，验证了程序的正确性。

　　参与本书编写的人员有：湖南师范大学的瞿绍军、罗迅、刘宏、张丽霞、谢超和石坚老师,衡阳师范学院的田小梅老师,吉首大学的王从银和彭华老师,湖南文理学院的丁德红老师,湖南农业大学的张引琼老师。

  本书的出版得到了湖南师范大学教学改革研究项目"程序设计类课程实践教学体系、内容、方法和手段改革的研究与实践"的资助。

  为方便教师教学,本书配有丰富的电子资源和课件,您在使用过程中有任何疑问可发邮件(Email:powerhope@163.com)与我们联系。

编 者

2015年12月于长沙岳麓山

目 录

第1章 C++语言概述 (1)
- 1.1 C++语言简介 (1)
  - 1.1.1 C++语言的发展 (1)
  - 1.1.2 C++语言的特点 (1)
- 1.2 C++程序基本结构 (2)
- 1.3 C++程序的开发环境 (3)
  - 1.3.1 Visual C++ (4)
  - 1.3.2 Visual Studio 2010 (7)
  - 1.3.3 Dev-C++ (12)
  - 1.3.4 CodeBlocks (15)
- 1.4 ACM国际大学生程序设计竞赛 (19)
  - 1.4.1 ACM-ICPC简介 (19)
  - 1.4.2 竞赛规则 (21)
  - 1.4.3 在线评测系统 (21)
  - 1.4.4 竞赛学习资源——书籍推荐 (23)
  - 1.4.5 在线评测系统的使用 (23)
- 习题1 (27)

第2章 C++语言编程基础 (28)
- 2.1 C++语言词法 (28)
  - 2.1.1 注释 (28)
  - 2.1.2 标识符 (28)
  - 2.1.3 关键字 (29)
  - 2.1.4 运算符 (30)
  - 2.1.5 标点符号 (30)
  - 2.1.6 常量 (30)
- 2.2 基本数据类型 (31)
  - 2.2.1 整型 (31)
  - 2.2.2 浮点型 (32)
  - 2.2.3 字符型 (33)
  - 2.2.4 布尔型 (34)
  - 2.2.5 宽字符类型 (34)
  - 2.2.6 字符串常量 (35)

· 1 ·

2.3 运算符与表达式 …………………………………………………………………… (35)
  2.3.1 变量的定义 ……………………………………………………………… (35)
  2.3.2 算术运算符 ……………………………………………………………… (36)
  2.3.3 关系运算符 ……………………………………………………………… (37)
  2.3.4 逻辑运算符 ……………………………………………………………… (37)
  2.3.5 位运算符 ………………………………………………………………… (38)
  2.3.6 移位运算符 ……………………………………………………………… (39)
  2.3.7 赋值运算符 ……………………………………………………………… (40)
  2.3.8 条件运算符 ……………………………………………………………… (40)
  2.3.9 逗号运算符 ……………………………………………………………… (41)
  2.3.10 类型转换运算 …………………………………………………………… (41)
  2.3.11 自增运算符和自减运算符 ……………………………………………… (41)
  2.3.12 表达式的估值 …………………………………………………………… (42)
2.4 语句 ………………………………………………………………………………… (43)
  2.4.1 语句及三种结构 ………………………………………………………… (43)
  2.4.2 表达式语句 ……………………………………………………………… (44)
  2.4.3 复合语句 ………………………………………………………………… (44)
  2.4.4 C++标准输入/输出流（包括常用格式控制） ………………………… (44)
  2.4.5 选择语句 ………………………………………………………………… (49)
  2.4.6 循环语句 ………………………………………………………………… (53)
  2.4.7 break 语句和 continue 语句 …………………………………………… (55)
  2.4.8 goto 语句 ………………………………………………………………… (56)
  2.4.9 程序设计综合举例 ……………………………………………………… (57)
2.5 ACM 国际大学生程序设计竞赛中的输入/输出 ………………………………… (60)
习题 2 ……………………………………………………………………………………… (62)

第 3 章 数组与字符串 …………………………………………………………………… (68)
3.1 数组 ………………………………………………………………………………… (68)
  3.1.1 数组的概念 ……………………………………………………………… (68)
  3.1.2 数组的定义 ……………………………………………………………… (69)
  3.1.3 数组的初始化 …………………………………………………………… (70)
  3.1.4 二维数组 ………………………………………………………………… (72)
  3.1.5 数组应用举例 …………………………………………………………… (74)
3.2 字符串 ……………………………………………………………………………… (81)
  3.2.1 C++原生字符串 ………………………………………………………… (81)
  3.2.2 原生字符串函数 ………………………………………………………… (83)
  3.2.3 C++STL string …………………………………………………………… (87)
习题 3 ……………………………………………………………………………………… (88)

第 4 章 函数 ……………………………………………………………………………… (97)

- 4.1 函数与程序结构概述 …………………………………………………… (97)
- 4.2 函数的定义与声明 ……………………………………………………… (98)
  - 4.2.1 函数的定义 …………………………………………………………… (98)
  - 4.2.2 函数声明与函数原型 ………………………………………………… (99)
- 4.3 函数参数和函数返回值 ………………………………………………… (100)
  - 4.3.1 函数形式参数和实际参数 …………………………………………… (100)
  - 4.3.2 函数的返回值 ………………………………………………………… (101)
  - 4.3.3 函数调用 ……………………………………………………………… (102)
- 4.4 函数的嵌套与递归调用 ………………………………………………… (102)
  - 4.4.1 函数的嵌套调用 ……………………………………………………… (102)
  - 4.4.2 递归调用 ……………………………………………………………… (103)
- 4.5 变量作用域和存储类型 ………………………………………………… (104)
  - 4.5.1 局部与全局变量 ……………………………………………………… (104)
  - 4.5.2 动态存储和静态存储 ………………………………………………… (105)
- 4.6 内联函数 ………………………………………………………………… (107)
- 4.7 重载函数与默认参数函数 ……………………………………………… (107)
  - 4.7.1 重载函数 ……………………………………………………………… (107)
  - 4.7.2 默认参数函数 ………………………………………………………… (108)
- 4.8 编译预处理 ……………………………………………………………… (109)
  - 4.8.1 文件包含 ……………………………………………………………… (109)
  - 4.8.2 宏定义 ………………………………………………………………… (109)
  - 4.8.3 条件编译 ……………………………………………………………… (110)
- 习题 4 ………………………………………………………………………… (110)

第 5 章 指针 …………………………………………………………………… (116)

- 5.1 指针的概念 ……………………………………………………………… (116)
- 5.2 指针变量 ………………………………………………………………… (116)
  - 5.2.1 指针定义 ……………………………………………………………… (116)
  - 5.2.2 指针运算符 …………………………………………………………… (118)
  - 5.2.3 引用变量 ……………………………………………………………… (118)
  - 5.2.4 多级指针与指针数组 ………………………………………………… (120)
  - 5.2.5 指针与常量限定符 …………………………………………………… (122)
- 5.3 指针与数组 ……………………………………………………………… (123)
  - 5.3.1 指针与一维数组 ……………………………………………………… (123)
  - 5.3.2 指针与二维数组 ……………………………………………………… (128)
  - 5.3.3 指针与字符数组 ……………………………………………………… (130)
  - 5.3.4 指针与函数 …………………………………………………………… (132)
- 5.4 指针运算 ………………………………………………………………… (135)
- 5.5 动态存储分配 …………………………………………………………… (138)

    5.5.1　new 操作符 ……………………………………………………………… (138)
    5.5.2　delete 操作符 …………………………………………………………… (139)
 习题 5 …………………………………………………………………………………… (140)

第 6 章　结构体与共用体 …………………………………………………………… (147)
 6.1　结构体 …………………………………………………………………………… (147)
    6.1.1　结构体的声明 …………………………………………………………… (147)
    6.1.2　结构体变量的引用及初始化赋值 ……………………………………… (149)
 6.2　嵌套结构体 ……………………………………………………………………… (150)
 6.3　结构体数组 ……………………………………………………………………… (151)
    6.3.1　结构体数组的定义和初始化 …………………………………………… (152)
    6.3.2　结构体数组成员的引用 ………………………………………………… (153)
 6.4　结构体指针 ……………………………………………………………………… (154)
    6.4.1　指向结构体变量的指针 ………………………………………………… (154)
    6.4.2　指向结构体数组的指针 ………………………………………………… (155)
    6.4.3　用结构体变量和指向结构体变量的指针作为函数参数 ……………… (157)
    6.4.4　内存动态管理函数 ……………………………………………………… (159)
 6.5　共用体 …………………………………………………………………………… (159)
    6.5.1　共用体的概念 …………………………………………………………… (159)
    6.5.2　共用体变量的定义 ……………………………………………………… (161)
    6.5.3　共用体变量的引用 ……………………………………………………… (161)
    6.5.4　共用体数据的特点 ……………………………………………………… (162)
    6.5.5　共用体变量的应用 ……………………………………………………… (163)
 6.6　枚举类型 ………………………………………………………………………… (164)
 6.7　用 typedef 定义 ………………………………………………………………… (167)
 习题 6 …………………………………………………………………………………… (168)

第 7 章　类与对象及封装性 ………………………………………………………… (171)
 7.1　类的抽象 ………………………………………………………………………… (171)
 7.2　类的定义与对象的生成 ………………………………………………………… (171)
 7.3　构造函数和析构函数 …………………………………………………………… (176)
 7.4　构造函数的重载 ………………………………………………………………… (180)
 7.5　对象指针 ………………………………………………………………………… (181)
 习题 7 …………………………………………………………………………………… (183)

第 8 章　类的深入 …………………………………………………………………… (185)
 8.1　友元函数 ………………………………………………………………………… (185)
 8.2　对象传入函数的讨论 …………………………………………………………… (189)
 8.3　函数返回对象的讨论 …………………………………………………………… (192)
 8.4　拷贝构造函数 …………………………………………………………………… (195)
 8.5　this 关键字 ……………………………………………………………………… (199)

习题 8 ·· (200)

第 9 章　运算符重载 ·· (204)
9.1　使用成员函数的运算符重载 ································ (204)
9.2　友元运算符函数 ·· (208)
9.3　重载关系运算符 ·· (213)
9.4　进一步考察赋值运算符 ····································· (214)
9.5　重载 new 和 delete ·· (216)
9.6　重载[ ] ·· (218)
9.7　重载其他运算符 ·· (221)
习题 9 ·· (224)

第 10 章　继承性 ··· (227)
10.1　继承性的理解 ·· (227)
10.2　类的继承过程 ·· (227)
10.3　基类访问控制 ·· (229)
10.4　简单的多重继承 ·· (234)
10.5　构造函数/析构函数的调用顺序 ·························· (235)
10.6　给基类构造函数传递参数 ································· (236)
10.7　访问的许可 ·· (238)
10.8　虚基类 ·· (240)
习题 10 ·· (242)

第 11 章　多态性 ··· (246)
11.1　基类的指针及引用 ··· (246)
11.2　虚函数 ·· (247)
11.3　继承虚函数 ·· (249)
11.4　多态性的优点 ·· (250)
11.5　纯虚函数和抽象类 ··· (251)
习题 11 ·· (254)

第 12 章　输入/输出流 ······································ (258)
12.1　C++语言的输入/输出 ···································· (258)
12.2　标准输入/输出流 ·· (259)
12.3　文件流 ·· (260)
12.4　字符串流 ··· (263)
12.5　格式控制 ··· (265)
　　12.5.1　流操作符 ··· (265)
　　12.5.2　流对象的成员函数 ································· (266)
12.6　ACM 中的文件输入/输出 ································ (268)
习题 12 ·· (271)

第 13 章　模板和标准库 ···································· (273)

13.1　函数模板………………………………………………………………………（273）
　　13.2　类模板…………………………………………………………………………（274）
　　13.3　标准库…………………………………………………………………………（275）
　　　　13.3.1　顺序容器…………………………………………………………………（275）
　　　　13.3.2　关联容器…………………………………………………………………（277）
　　　　13.3.3　算法………………………………………………………………………（280）
　　　　13.3.4　迭代器……………………………………………………………………（285）
　　习题 13 ………………………………………………………………………………（286）
附录 A　ASCII 码对照表 ……………………………………………………………………（293）
附录 B　传统 C/C＋＋语言与标准 C＋＋语言头文件对照表 ……………………………（294）
附录 C　Linux、UNIX 下编译 C＋＋程序 …………………………………………………（296）
附录 D　在 Visual C＋＋下调试程序 ………………………………………………………（301）
附录 E　Dev-C＋＋调试 ……………………………………………………………………（306）
参考文献……………………………………………………………………………………（310）

第1章 C++语言概述

［本章主要内容］ 本章主要介绍 C++语言的发展和特点、C++程序基本结构、几种常用的 C++集成开发环境，以及 ACM 国际大学生程序设计竞赛和自动评测系统的使用方法。

1.1 C++语言简介

1.1.1 C++语言的发展

C 语言是贝尔实验室的 Dennis Ritchie 于 20 世纪 70 年代初研制出来的。C 语言既具有高级语言的特点，即表达力丰富、可移植性好，又具有低级语言的一些特点，即能够很方便地实现汇编级的操作，目标程序效率较高。C++是 Bjarne Stroustrup 于 20 世纪 80 年代在贝尔实验室开发出的一门语言，用他自己的话来说，"C++主要是为了我的朋友和我不必再使用汇编语言、C 语言或其他现代高级语言来编程而设计的。它的主要功能是可以更方便地编写出程序，让每个程序员更加快乐"。

C++语言在 C 语言的基础上添加了对面向对象编程和泛型编程的支持。C++语言继承了 C 语言高效、简洁、快速和可移植的传统。C++面向对象的特性带来了全新的编程方法。

C++语言自诞生以来，经过开发和扩充已成一种完全成熟的编程语言。经过多年的努力，制定了一个国际标准 ISO/IEC 14882:1998，该标准于 1998 年获得了美国国家标准局(American National Standards Institute, ANSI)、国际标准化组织(ISO)和国际电工技术委员会(IEC)批准。该标准称为 C++98，它不仅描述了已有的 C++特性，还对该语言进行了扩展，添加了异常、运行阶段类型识别、模板和标准模板库(standard template library, STL)。2003 年，发布了 C++标准第二版(ISO/IEC 14882:2003)，该标准是一次技术性修订，但没有改变语言特性，这个版本常称为 C++03。ISO 标准委员会于 2011 年批准了新标准 ISO/IEC 14882:2011，即 C++11。C++11 曾经被称为 C++0x，是对目前 C++语言的扩展和修正，不仅包含核心语言的新机能，而且扩展了 C++的标准模板库(STL)，并入了大部分的 C++ Technical Report 1(TR1)程序库(数学的特殊函数除外)。C++11 包括大量的新特性：lambda 表达式，类型推导关键字 auto、decltype 和模板的大量改进。目前最新的 C++标准是 2014 年 8 月 18 日发布的 ISO/IEC 14882:2014，又称 C++14 或 C++1y。

1.1.2 C++语言的特点

C++语言既保留了 C 语言的有效性、灵活性、便于移植等全部精华和特点，又添加了面向对象编程的支持，具有强大的编程功能，可方便地构造出模拟现实问题的实体和操作；编写出的程序具有结构清晰、易于扩充等优良特性，适合于各种应用软件、系统软件的程序设计。用C++语言编写的程序可读性好,生成的代码质量高,其运行效率仅比采用汇编语言编写程序的运行效率慢10%～20%。C++语言具有以下特点:

(1) C++语言是C语言的超集。它既保持了C语言的简洁、高效和接近汇编语言等特点,又克服了C语言的缺点,其编译系统能检查更多的语法错误,因此,C++语言比C语言更安全。

(2) C++语言保持了与C语言的兼容。绝大多数C语言程序可以不经修改直接在C++环境中运行,用C语言编写的众多库函数可以用于C++程序中。

(3) 支持面向对象程序设计的特征。C++语言既支持面向过程的程序设计,又支持面向对象的程序设计。

(4) C++语言在可重用性、可扩充性、可维护性和可靠性等方面都较C语言得到了提高,更适合用于开发大中型系统软件和应用程序。

(5) C++语言设计成静态类型,是与C语言同样高效且可移植的多用途程序设计语言。

出于保证语言的简洁和运行高效等方面的考虑,C++语言的很多特性都是以库(如STL)或其他形式提供的,而没有直接添加到语言本身里。

1.2 C++程序基本结构

在开始学习C++语言编程之前,应该了解一下C++源程序的基本结构,以及如何书写、编译和运行C++程序,以便建立一个总体的印象。

用C++语言编写应用程序,到最后得到结果,具体的步骤取决于计算机环境和使用的C++编译器,但大体需要经过4个过程,即编写源程序、编译源代码、将目标代码与其他代码链接起来和运行。

1. 编写源程序

一个简单的C++应用程序如例1.1所示。

【例1.1】 一个简单的C++应用程序。

```
/*--------------------------------
    HelloWorld.cpp
-------------------------------- */
#include<iostream>
using namespace std;
int main()
{
    cout<<"HelloWorld"<<endl;//输出一个字符串
    return 0;
}
```

通过这个程序,我们可以看到C++应用程序还是比较简单的,结构并不复杂。编写C++程序时必须遵循C++语言的编程原则。对于一个简单的C++应用程序的基本格式有以下几点规定:

(1) C++程序是无格式的纯文本文件,可以用任何文本编辑器(如记事本、写字板)来编写。

(2) C++程序(源代码)保存为文件时,建议使用默认扩展名.cpp。文件名最好有一定的提示作用,能使人联想到程序内容或功能。

(3) 每个C++程序都由一个或多个函数组成,函数是具有特定功能的程序模块。对于一个应用程序来讲,还必须有一个main()函数,且只能有一个main()函数。该函数标志着执行应用程序时的起始点。其中,关键字int表示main()函数返回整型值。

(4) 任何函数中可以有多条语句。本例的main()函数中有两条语句,其中一条是

    cout<<"HelloWorld"<<endl;

该语句用来在屏幕上输出"HelloWorld"字符串。cout是C++程序的一个对象,可通过它的操作符"<<"向标准输出设备输出信息。另一条语句return 0是返回语句。

(5) C++程序中的每条语句都要以分号";"结束(包括以后程序中出现的类型说明等)。

(6) 为了增加程序的可读性,程序中可以加入一些注释行,即用"//"开头的行。

(7) 在C++程序中,区分字母的大小写,因此main、Main、MAIN都是不同的名称。作为程序的入口只能是main()函数。

小提示:编写程序的过程中和编译程序前,请及时存盘,以避免意外导致输入的源程序丢失。

2. 编译源代码

当C++程序编写完成后,必须经过C++编译器把C++源程序翻译成主机使用的内部语言(机器语言)。翻译后的程序文件就是程序的目标代码。

3. 将目标代码与其他代码链接起来

链接是指将目标代码与使用的函数的目标代码(如C++程序通用库)以及一些标准的启动代码组合起来,生成程序运行阶段版本。包含该产品的文件称为可执行代码。

编译源代码和将目标代码与其他代码链接起来往往可以通过一个命令一次完成。

4. 运行

根据运行的目的,运行可分为应用运行、测试运行和调试运行。应用运行是指程序正式投入使用后的运行,其目的是通过程序的运行完成预先设定的功能,从而获得相应的效益。测试运行是应用运行前的试运行,是为了验证整个应用系统的正确性,如果发现错误,则应进一步判断错误的原因和产生错误的大致位置,以便加以纠正。调试运行则是专门为验证某段程序的正确性而进行的,运行时,通过输入一些特定的数据,观察程序是否产生预期的输出。如果没有,则通过程序跟踪方法,观察程序是否按预期的流程运行,程序中的某些变量的值是否如预期的那样改变,从而判定出错的具体原因和位置,再加以纠正。

1.3　C++程序的开发环境

支持C++程序开发的工具很多,比较流行的C++程序集成开发环境有:基于

Windows平台的Microsoft Visual C++、Microsoft Visual Studio系列、CodeBlocks和Dev-C++等；基于Windows平台和Linux及UNIX下的Eclipse、CodeBlocks和NetBeans等IDE(集成开发环境)。下面分别对Visual C++、CodeBlocks和Dev-C++开发环境的使用做简要介绍，读者可以根据自己的爱好选择对应的开发环境。如果学习后准备参加大学生程序设计竞赛，则应该熟练使用CodeBlocks。

1.3.1 Visual C++

Visual C++是美国Microsoft公司最新推出的可视化C++开发工具，是目前计算机开发者首选的C++开发环境。它支持最新的C++标准，它的可视化工具和开发向导使C++应用开发变得非常方便快捷。

Visual C++已经从Visual C++1.0发展到最新的Visual Studio 2015版本。本节将以Visual C++6.0和Visual Studio 2010为背景介绍Visual C++的使用方法。Visual Studio 2010后续版本的使用与Visual Studio 2010的使用差别不大。

1. 启动Visual C++

当Visual C++成功安装后，在Windows桌面依次选择"开始"→"所有程序"→"Microsoft Visual Studio 6.0"→"Microsoft Visual C++6.0"，可以启动Visual C++6.0。Visual C++6.0的集成开发环境如图1.1所示。

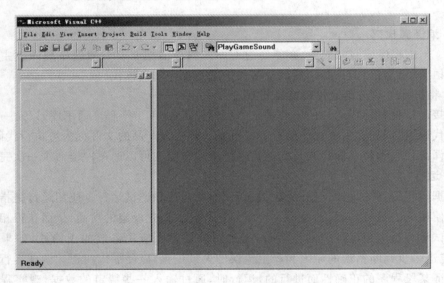

图1.1 Visual C++6.0集成开发环境

2. 创建工程

在Visual C++环境中，开发应用程序的第一步是创建一个工程。Visual C++用工程组织和维护应用程序。工程文件保存了与工程有关的信息。每个工程都保存在自己的目录中。每个工程目录包括一个工作区文件(.dsw)、一个工程文件(.dsp)、至少一个C++程序文件(.cpp)及C++头文件(.h)。

(1) 依次单击"File"→"New..."，如图1.2所示。

第1章　C++语言概述

（2）在弹出的对话框中单击"Projects"选项卡，选中"Win32 Application"，在"Project name"中输入工程名，然后在"Location"中选择工程保存的位置。最后单击"OK"按钮，如图1.3所示。

图1.2　"File"菜单

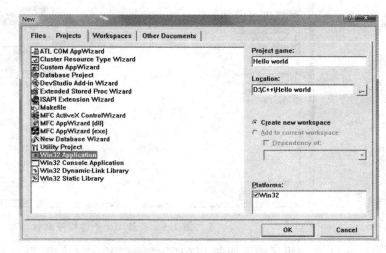

图1.3　Visual C++6.0向导

（3）此时出现如图1.4所示的"Win32 Application-Step 1 of 1"对话框，选择"An empty project."单选项，单击"Finish"按钮。

（4）出现如图1.5所示的"New Project Information"对话框，单击"OK"按钮，完成工程的创建。

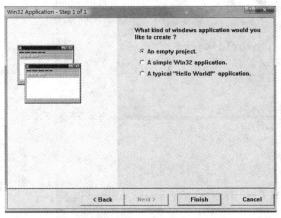

图1.4　控制台工程向导

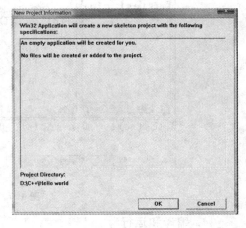

图1.5　工程信息

3. 编辑C++源程序

（1）单击"File"→"New..."，在弹出的对话框中单击"Files"选项卡，选中"C++ Source File"，选中"Add to project"，在"File"文本框中输入文件名，然后在"Location"文本框中选择文件保存的位置（用缺省项即可，与工程保存在同一位置）。最后单击"OK"按钮，如图1.6所示。

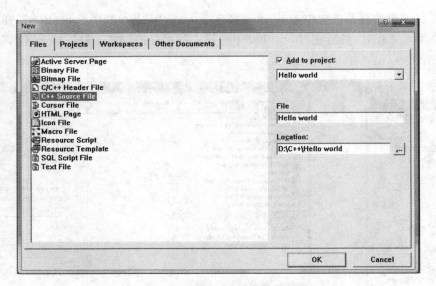

图 1.6　新建 C++源程序文件

(2) 在编辑区输入如图 1.7 所示代码。输入完毕后，再单击"File"菜单下的"Save"子菜单，保存代码。

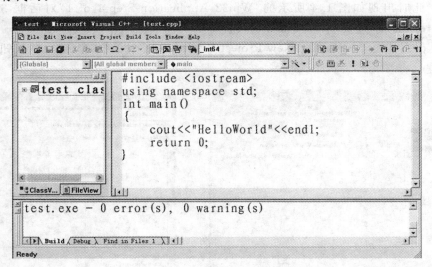

图 1.7　编辑 C++源程序

4. 编译和运行

(1) 单击工具栏(见图 1.8)中的"Compile"图标或选择"Build"菜单下的"Compile…"子菜单，如图 1.9 所示，或按快捷键 Ctrl+F7。

(2) 如果编译成功，单击工具栏(见图 1.8)中的"Build"图标或选择"Build"菜单下的"Build…"子菜单或按快捷键 F7。

(3) 单击工具栏(见图 1.8)中的"Execute program"图标，或选择"Build"菜单下的"Execute…"子菜单或按快捷键 Ctrl+F5。

图 1.8 工具栏

图 1.9 "Build"菜单

(4) 运行结果如图 1.10 所示。

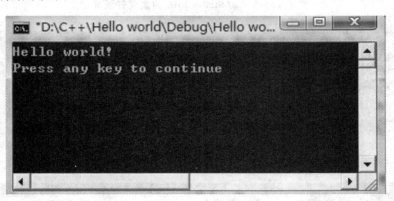

图 1.10 运行结果 1

1.3.2 Visual Studio 2010

1. 启动 Visual Studio 2010

当 Visual Studio 2010 成功安装后,在 Windows 桌面依次选择"开始"→"所有程序"→"Microsoft Visual Studio 2010"→"Microsoft Visual Studio 2010",可以启动 Visual Studio 2010。Visual Studio 2010 的集成开发环境如图 1.11 所示。

2. 创建工程

(1) 依次单击"文件"→"新建"→"项目",如图 1.12 所示。

(2) 弹出的新建项目对话框如图 1.13 所示,在左侧已安装的模板中选择"Visual C++"→"Win32",在中间选择"Win32 控制台应用程序",在下面"名称"栏后文本框中输入项目名称,在"位置"栏文本框中选择项目的保存位置,或单击"浏览"按钮进行选择,然后选中"为解决方案创建目录",最后单击"确定"按钮。

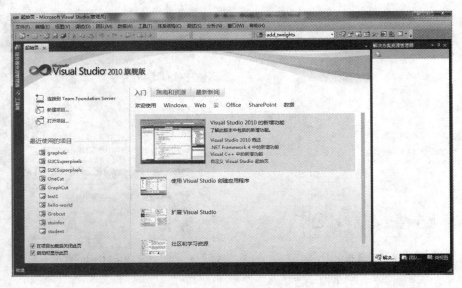

图 1.11 Visual Studio 2010 的集成开发环境

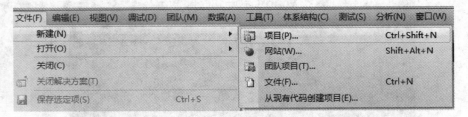

图 1.12 "新建"菜单

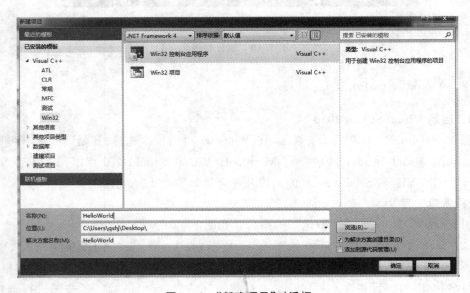

图 1.13 "新建项目"对话框

(3) 出现如图 1.14 所示的 Win32 应用程序向导，单击"下一步"按钮。

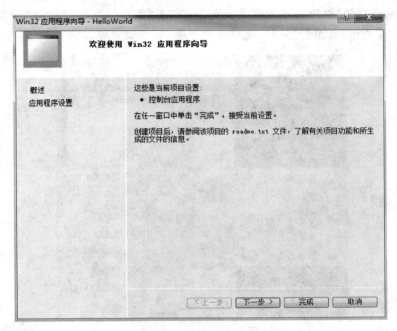

图 1.14　Win32 应用程序向导 1

(4) 出现如图 1.15 所示的 Win32 应用程序向导，其中"应用程序类型"选择"控制台应用程序"，"附加选项"选择"空项目"。最后单击"完成"按钮完成项目的创建工作。

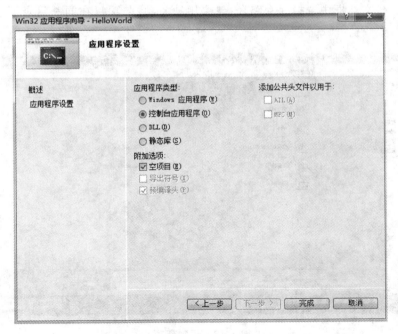

图 1.15　Win32 应用程序向导 2

3. 编辑 C++ 源程序

（1）在窗口右侧"解决方案资源管理器"中右击"源文件"，依次选择"添加"→"新建项"，如图 1.16 所示，或单击"项目"菜单下的子菜单"添加新项"。

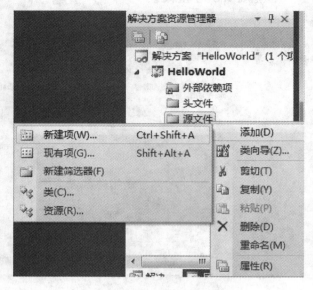

图 1.16　新建项

（2）"添加新项"对话框如图 1.17 所示，在左侧已安装的模板中选择"Visual C++"下面的"代码"，在中间选择"C++文件(.cpp)"，在下面"名称"栏文本框中输入文件名称，在"位置"栏文本框中选择保存路径（建议用缺省项，与项目在同一目录下），最后单击"添加"按钮。

图 1.17　添加新项

（3）在代码编辑区输入如图 1.18 所示代码。再单击“文件”菜单下的“保存”子菜单，保存好源代码。

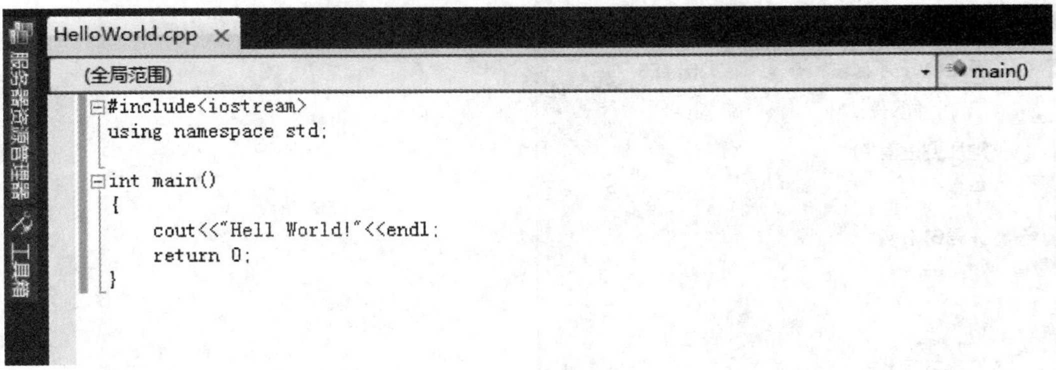

HelloWorld.cpp
(全局范围)
main()
服务器资源管理器
工具箱
#include<iostream>
using namespace std;
int main()
{
cout<<"Hell World!"<<endl;
return 0;
}

图 1.18　编辑 C++源代码

4. 编辑和运行

（1）在“生成”菜单中单击“生成解决方案”子菜单或按快捷键 F7，如图 1.19 所示。

生成(B)
调试(D)
团队(M)
数据(A)
工具(T)
生成解决方案(B) F7
重新生成解决方案(R) Ctrl+Alt+F7
清理解决方案(C)
生成 HelloWorld (U)
重新生成 HelloWorld (E)
清理 HelloWorld(N)
仅用于项目(J)
按配置优化(P)
批生成(T)...
配置管理器(O)...
编译(M) Ctrl+F7

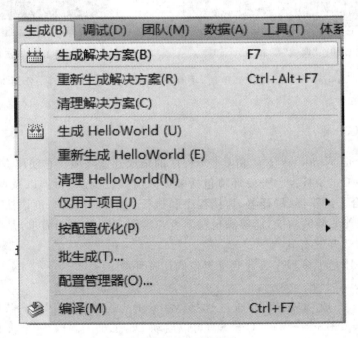

图 1.19　“生成”菜单

（2）编译成功后，单击“调试”菜单中的“开始执行(不调试)”，或按快捷键 Ctrl+F5 执行程序，如图 1.20 所示。

（3）运行结果如图 1.21 所示。

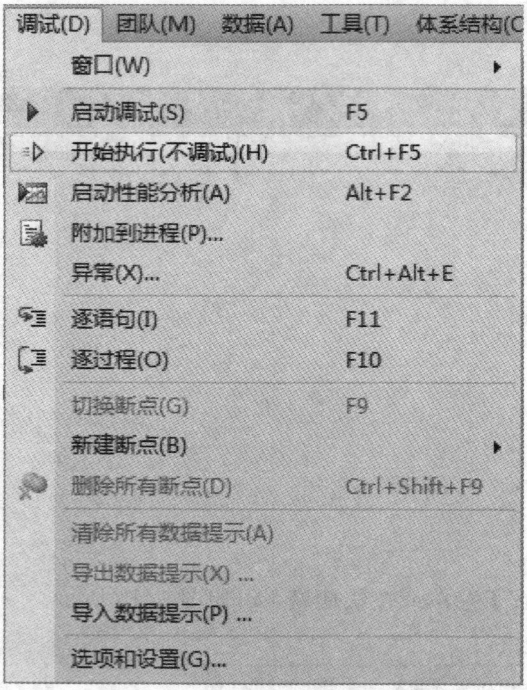

图 1.20 "调试"菜单

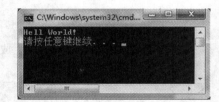

图 1.21 运行结果 2

小提示:从 Visual Studio 2005 开始,要编译和运行 C++程序,必须先创建项目,否则无法编译和运行。

1.3.3 Dev-C++

Dev-C++是 Windows 下 C 和 C++程序的集成开发环境。它使用 MingW32/GCC 编译器,遵循 C/C++标准。开发环境包括多页面窗口、工程编辑器以及调试器等,在工程编辑器中集合了编辑器、编译器、连接程序和执行程序,提供高亮度语法显示以减少编辑错误,还有完善的调试功能,能够满足初学者与编程高手的不同需求,是学习 C 语言或 C++语言的首选开发工具。

Dev-C++还是很多程序设计竞赛提供的比赛环境。

1. 启动 Dev-C++

当 Dev-C++成功安装后,通过选择 Windows 桌面的"开始"→"所有程序"→"Bloodshed Dev-C++"→"Dev-C++",可以启动 Dev-C++。Dev-C++的集成开发环境如图 1.22 所示。

2. 创建工程

在 Dev-C++环境中,开发应用程序的第一步是创建一个工程。

(1) 依次单击"文件"→"新建"→"工程",选择"Console Application",在"名称"栏文本框中输入工程的名称,选择"C++工程"选项,如图 1.23 所示。

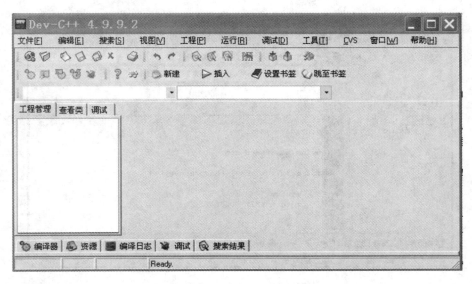

图 1.22　Dev-C++集成开发环境

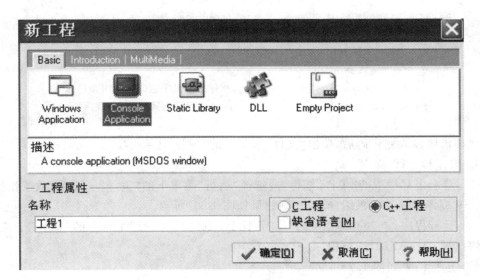

图 1.23　"新工程"对话框

(2) 单击"确定"按钮，系统创建好工程，并自动创建一个名为"main.cpp"的源程序文件，如图 1.24 所示。

这里我们也可以不创建工程，而直接创建一个 C++源文件。依次单击"文件"→"新建"→"源代码"，即可创建一个空的源程序文件，然后输入源程序。

3. 编辑 C++源程序

在如图 1.24 所示编辑区中输入如下代码。

```
#include<cstdlib>            //后面用到的system函数所在的库
#include<iostream>           //输入/输出流
```

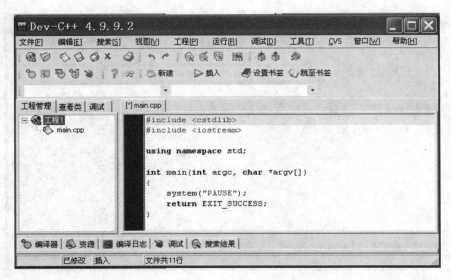

图 1.24 main.cpp 文件 1

```
using namespace std;                    //命名空间
int main(int argc,char *argv[])         //主函数
{
    cout<<"HelloWorld"<<endl;
    system("PAUSE");                    //避免在程序运行时一闪而过
    return EXIT_SUCCESS;                //为了程序的通用性,修改成 return 0;
}
```

在编辑区输入完代码后,单击"文件"菜单下的"保存"子菜单,保存代码。

4. 编译和运行

(1) 单击工具栏中的"编译"图标,或选择"运行"菜单下的"编译"子菜单,或按快捷键 Ctrl+F9 编译程序。如果编译成功,则结果如图 1.25 所示。

(2) 运行程序,单击工具栏中的"运行"图标,或选择"运行"菜单下的"运行"子菜单,或按快捷键 Ctrl+F10,运行程序。

(3) 运行结果如图 1.26 所示。

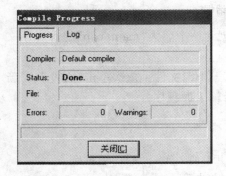

图 1.25 编译结果信息 1

图 1.26 运行结果 3

1.3.4 CodeBlocks

Code::Blocks,简写成 CodeBlocks,是一款开源的 C++集成设计环境。CodeBlocks 的特点如下:跨平台支持,不仅支持 Linux 和 Windows,也支持 Mac 系统;多编译器支持,对于 C++语言,CodeBlocks 支持包括 Borland C++、VC++、Inter C++等超过 20 个不同厂家或版本编译器;另外 CodeBlocks 也支持多种编程语言的编译,包括 D 语言。通常情况下,我们采用开源 g++编译器作为 C++默认的编译器。在 Linux 下,g++编译器由操作系统自带。Windows 环境下,CodeBlocks 需要 mingw32 库支持。CodeBlocks 在安装包中已经自带了 mingw32 的库文件。

1. 启动 CodeBlocks

当 CodeBlocks 成功安装后,通过选择 Windows 桌面的"开始"→"所有程序"→ "CodeBlocks"→"CodeBlocks",启动 CodeBlocks。它的集成开发环境如图 1.27 所示。

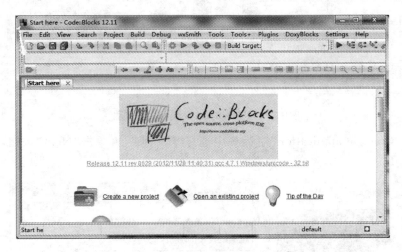

图 1.27 CodeBlocks 集成开发环境

2. 创建工程和源文件

在 CodeBlocks 环境中,开发应用程序的第一步是创建一个工程。

(1) 依次单击"File"→"New"→"Project",如图 1.28 所示。

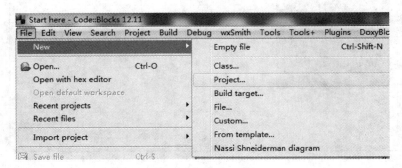

图 1.28 "New"菜单

选择"Console application",如图 1.29 所示。单击"Go"按钮,出现"Console application"信息对话框,单击"Go"按钮。

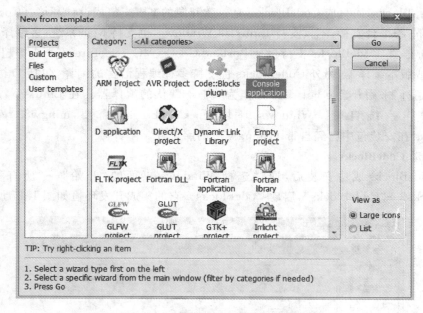

图 1.29 "New from template"对话框

(2)在"Console application"对话框中选择"C++",再单击"Next"按钮,如图 1.30 所示。

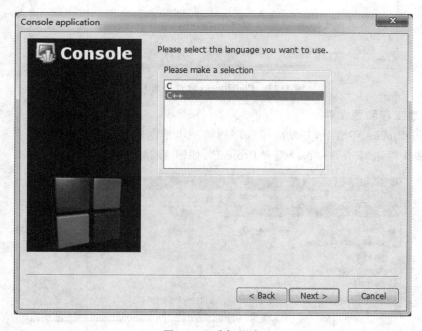

图 1.30 选择语言

(3) 在出现的对话框的"Project title"文本框中输入工程的名称,在"Folder to create project in"文本框中选择工程的存放位置,就会自动生成工程文件名 *.cbp(cbp 为 CodeBlocks Project 的缩写),单击"Next"按钮,如图 1.31 所示。

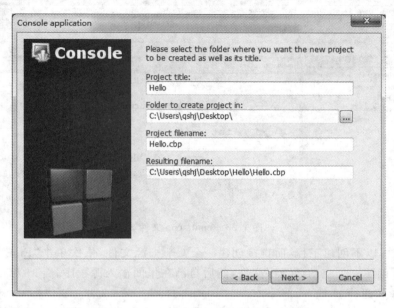

图 1.31 工程名称和位置设置对话框

(4) 选择编译器,一般选择"GNU GCC Compiler",其他保持默认项即可,单击"Finish"按钮,如图 1.32 所示。

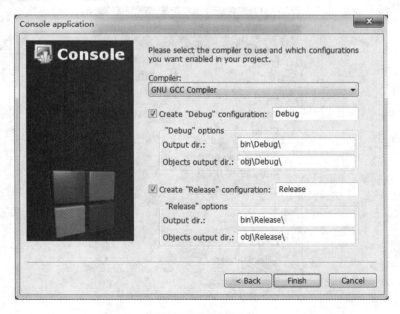

图 1.32 选择编译器

（5）系统创建好工程，并自动创建一个名为"main.cpp"的源程序文件，如图1.33所示。

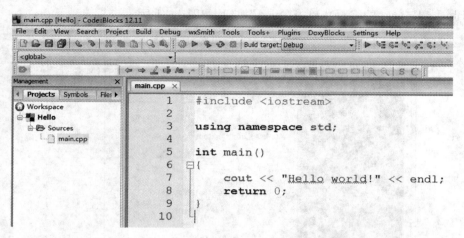

图1.33 main.cpp 文件2

这里也可以不创建工程，而直接创建一个C++源文件，依次单击"File"→"New"→"File"，即可创建一个空的源程序文件，然后自己在里面输入源程序。

3. 编译和运行

（1）单击工具栏中的"Build"图标，或选择"Build"菜单下的"Build"子菜单，或按快捷键Ctrl+F9编译程序，如图1.34所示。如果编译成功，则结果如图1.35所示，编译出错则会出现错误提示信息。

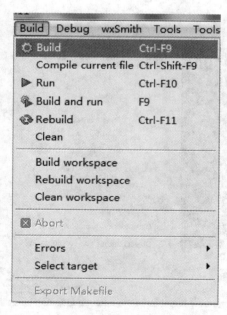

图1.34 "Build"菜单

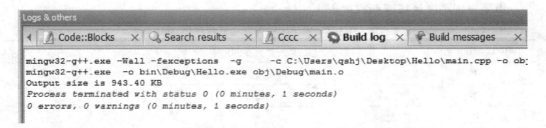

图 1.35 编译结果信息 2

（2）运行程序，单击工具栏中的"Run"图标，或选择"Build"菜单下的"Run"子菜单，或按快捷键 Ctrl+F10 运行程序，如图 1.34 所示。

（3）运行结果如图 1.36 所示。

图 1.36 运行结果 4

有关程序的调试请查看附录 D 和附录 E。

1.4 ACM 国际大学生程序设计竞赛

1.4.1 ACM-ICPC 简介

ACM 国际大学生程序设计竞赛（简称 ACM-ICPC）由国际计算机界具有悠久历史的权威性组织 ACM（Association for Computing Machinery）主办，是世界上公认的规模最大、水平最高、参与人数最多的大学生程序设计竞赛，其宗旨是使大学生能通过计算机充分展示自己分析问题和解决问题的能力。

赛事由各大洲区域赛和全球总决赛两个阶段组成。各区域赛区第一名自动获得参加全球总决赛的资格。决赛安排在每年的 3—6 月举行，而区域赛一般安排在上一年的 9—12 月举行。一个大学可以有多支队伍参加区域赛，但只能有一支队伍参加全球总决赛。

全球总决赛第一名将获得奖杯一座。另外，成绩靠前的参赛队伍也将获得金、银和铜牌。而解题数在中等以下的队伍会得到确认但不会进行排名。

ACM 国际大学生程序设计竞赛是目前国内高校承办的唯一一项具有国际影响的计算机竞赛。中国内地的高校从 1996 年开始承办 ACM-ICPC 亚洲区域赛。前 6 届在中国内地仅设上海赛区，由上海大学承办。之后在境内设置多个赛点，由各大学轮流主办地区性竞赛至今。

历年中国举办区域赛高校如表1.1所示。

表1.1 历年中国举办区域赛高校

年 份	承 办 学 校
1996年	上海大学
1997年	上海大学
1998年	上海大学
1999年	上海大学
2000年	上海大学
2001年	上海大学
2002年	清华大学 西安交通大学
2003年	清华大学 中山大学
2004年	上海交通大学 北京大学
2005年	四川大学 北京大学 浙江大学
2006年	上海大学 清华大学 西安电子科技大学
2007年	西华大学 南京航空航天大学 北京航空航天大学 吉林大学
2008年	中国科学技术大学(特别赛区) 北京交通大学 哈尔滨工程大学 杭州电子科技大学 西南民族大学
2009年	浙江大学宁波理工学院 中国科学技术大学 东华大学 哈尔滨工业大学 武汉大学
2010年	哈尔滨工程大学 天津大学 四川大学 浙江理工大学 福州大学
2011年	大连理工大学 复旦大学 北京邮电大学 成都东软学院 福建师范大学
2012年	东北师范大学 天津理工大学 浙江师范大学 浙江理工大学 成都东软学院
2013年	吉林大学 南京理工大学 浙江工业大学 电子科技大学 湖南大学
2014年	牡丹江师范学院 辽宁科技大学 西北工业大学 华南理工大学 北京师范大学 上海大学
2015年	东北师范大学、东北大学、中国科技大学、北京大学和华东理工大学,2015年新增上海大学承办的东亚洲大陆子赛区总决赛(EC-final)

中国大学获得的全球总决赛冠军如表1.2所示。

表1.2 中国大学获得的全球总决赛冠军

年 份	总决赛地点	冠 军 大 学
2011年	美国奥兰多	浙江大学
2010年	中国哈尔滨	上海交通大学
2005年	中国上海	上海交通大学
2002年	美国夏威夷	上海交通大学

亚洲地区的高校可组队参加在亚洲的所有赛区的区域赛,但每位参赛选手在一个年

度内至多只能参加两个赛区的区域赛。每个赛区的第一名将自动晋级全球总决赛。

在中国内地赛区,由于参加的学校和学生特别多,现场比赛无法满足要求,因此,每个赛区在正式现场赛之前都会举办一场网络赛进行学校的选拔,来决定能参加现场赛的队伍。一般取每个学校成绩最好的一支队伍进行排名,网络赛前70～90名的高校可以获得参加现场赛的1支队伍的名额。此外,承办当年比赛的学校和出题学校、近几年参加过全球总决赛的学校可以获得另外的部分名额。原则上每个高校的名额不超过3个。

自1997年至今,IBM连续为ACM国际大学生程序设计竞赛提供全球范围的赞助。竞赛平台采用了Ubuntu Linux或OpenSolaris操作系统,开发工具包括SunStudio、NetBeans、Eclipse、CodeBlocks等。

1.4.2 竞赛规则

1. 参赛队组成

ACM国际大学生程序设计竞赛以团队的形式代表各学校参赛,参赛队可以来自亚洲任何国家和地区的高校,每个赛区的优胜队伍将获得参加ACM国际大学生程序设计竞赛全球总决赛资格。

亚洲区的高校可以组队参加亚洲的任何一个或者几个赛区的比赛,但每所高校最多只能有一队可以获得参加全球总决赛的资格。每队由一名教练和三名队员组成,有些赛区还允许有一名候补队员。教练是参赛队伍所代表高校的正式教师,教练必须保证所有队员符合本竞赛的要求。教练作为参赛队伍的代表,负责赛区预赛活动中的联系工作。每位队员必须是在校学生,有一定的年龄限制,亚洲区的每位参赛选手在1年内最多可参加两个赛区的亚洲区域赛,每位选手最多可以参加五届亚洲区域赛和两届全球总决赛。

2. 竞赛过程

(1) 竞赛中至少命题8题,比赛时间为5 h。

(2) 参赛队员可以携带诸如书、手册、程序清单等参考资料。

(3) 试题的解答提交裁判称为运行,每一次运行会被判为正确或者错误,判决结果会及时通知参赛队伍。

(4) 正确解答中等数量及中等数量以上试题的队会根据解题数目进行排名。在决定获奖和参加全球总决赛的队伍时,如果多支队伍解题数量相同,则根据总用时加上惩罚时间进行排名。"总用时加上惩罚时间"由每道解答正确的赛题的用时加上罚时而成。每道题用时将从竞赛开始到该题解答被判定为正确为止,其间每一次错误的运行将被加罚20 min时间,未正确解答的试题不计时。

(5) 亚洲区域赛语言包括C++、C和Java。

(6) 每支队伍使用一台计算机,所有队伍使用计算机的规格配置完全相同。

1.4.3 在线评测系统

Online Judge(在线评测,简称OJ)系统是一个在线的判题系统。用户可以在线提交多种程序(如C、C++、Java)源代码,系统对源代码进行编译和执行,并通过预先设计的测试数据来检验程序源代码的正确性。

现在国内外很多高校都建有自己的在线评测系统,大家可以自己免费注册去练习。

1. 评测系统反馈

ACM 国际大学生程序设计竞赛中,自动评测系统给出的反馈信息极少,主要包括:

(1) Accepted(AC):正确。祝贺你!你的程序是正确的,并且运行时间和内存开销均不超过相应的限制。

(2) Presentation Error(PE):格式错。你的程序输出了正确的结果,但是输出格式并非严格满足题目说明。请检查空格、换行、左右对齐等。

(3) Wrong Answer(WA):答案错。你的程序对一组或者多组在线评测系统内部的非公开测试数据给出了错误的结果,因此还需要更进一步的调试。

(4) Runtime Error(RE):运行错。你的程序在运行结束之前出现段错误(segmentation fault)、访问冲突(access violation)、数组下标超出范围(array bounds exceeded)、浮点异常(float point exception)或其他类似错误、除零错误(division by zero)、栈溢出(stack overflow)等。请仔细检查程序中的错误。

(5) Time Limit Exceeded(TLE):超时。你的程序在某一组或多组数据上运行的时间过长,该程序可能存在效率问题。

(6) Memory Limit Exceeded(MLE):超内存。你的程序试图使用超过在线评测系统规定大小的内存。

(7) Output Limit Exceeded(OLE):超输出。你的程序输出了过多的信息。这通常意味着你的程序陷入了一个带输出的无限循环中。

(8) Compile Error(CE):编译错。编译器无法成功地编译你的程序,错误信息将返回给用户。编译过程中产生的警告信息不会导致此错误。

(9) System Error:系统错。比如你的程序需要超过了硬件限制的内存。

2. 已有在线评测系统——ACM 网站

1) 国内

(1) 湖南师范大学:网址为 http://acm.hunnu.edu.cn/。本教材的例题和习题均可在该网站在线提交测试。此外,该网站还有涉及数据结构、算法、计算几何、湖南省大学生程序设计比赛题目等超过 1600 道题目。

(2) 杭州电子科技大学:网址为 http://acm.hdu.edu.cn/。功能比较齐全,国内比较权威的 ACM 网站。有超过 5000 道题目,亚洲区域赛的国内赛站的网络预选赛和现场赛的题目均可在该网站找到。此外,还可以自己在网站上组织比赛(DIY contest)。

(3) 北京大学:网址为 http://poj.org/。题目是全英文的,题目的数量很多,质量很高。该网站是国内有名的在线评测系统。

(4) 浙江大学:网址为 http://acm.zju.edu.cn/。该网站是国内第一家 ACM 在线评测系统,题目是全英文,题目的数量很多,质量很高。该网站是国内有名的在线评测系统,定期有浙江大学的月赛,外校可一起参与。

(5) 华中科技大学:网址为 http://acm.hust.edu.cn/vjudge/。华中科技大学的虚拟在线评测(Virtual Online Judge)系统是一个开源项目。与传统在线评测系统相比较,传统在线评测系统具有自己的题库、判题终端等,但是虚拟在线评测系统是没有的。它工作原理是把题目用爬虫抓过来,当你用虚拟在线评测系统的账号提交题目的时候虚拟在线评测系统会用自己在对应的传统在线评测系统上的账号来提交你的代码,并抓取判题结果呈现给用户。除此之外,虚拟在线评测系统还有一个非常好的功能是创建比赛。可以用虚拟在线评测系统支持的那些传统在线评测系统上的题目来举办一场比赛。该系统很适合大家一起比赛,或者个人专题训练使用。

2)国外

(1)俄罗斯乌拉尔大学(URAL)在线评测系统:网址为 http://acm.timus.ru/。题目为全英文,题目的数量很多,质量很高。

(2)西班牙瓦拉杜利德大学(UVA)在线评测系统:网址为 http://uva.onlinejudge.org/。历年区域赛和全球总决赛的题目均可以在此在线评测系统上找到。

(3)美国 USACO:网址为 http://train.usaco.org/usacogate/。该在线评测系统具有递进的层次结构,由易到难,形成鲜明的知识结构。该系统中定期有各种比赛可以参与,不仅能在网站上看自己提交的代码,而且可以查看别人提交的代码,并且提供题目的测试数据。

1.4.4 竞赛学习资源——书籍推荐

(1)《算法导论》:(美)Thomas H. Cormen、Charles E. Leiserson、Ronald L. Rivest 等著,潘金贵、顾铁成、李成法等译,机械工业出版社,2006 年版。

(2)《算法竞赛入门经典训练指南》:刘汝佳、陈锋著,清华大学出版社,2012 年版。

(3)《挑战编程:程序设计竞赛训练手册》:(美)斯基纳、(西)雷维拉著,刘汝佳译,清华大学出版社,2009 年版。

(4)《具体数学——计算机科学基础(第 2 版)》:(美)Ronald L. Graham、Donald E. Knuth、Oren Patashnik 著,张明尧、张凡译,人民邮电出版社,2013 年版。

(5)《组合数学(第 4 版)》:卢开澄、卢华明编著,清华大学出版社,2006 年版。

(6)《计算几何——算法设计与分析(第 4 版)》:周培德著,清华大学出版社,2011 年版。

1.4.5 在线评测系统的使用

以湖南师范大学在线评测系统为例进行介绍。网址为:http://acm.hunnu.edu.cn/。进入网页后,单击网站导航条右上的"Judge Online"进入在线评测系统,如图 1.37 所示。

(1)注册。单击"Register new",打开用户注册网页。注册信息时,有"*"的内容必须填写,如图 1.38 所示。

填写好后单击"Register"按钮进行注册,注册成功后出现"Register OK"提示信息,如图 1.39 所示。

(2)登录。单击网页左侧的"Login",输入注册的用户名(User Name)和密码(Password),再单击"Login"按钮,如图 1.40 所示。如果用户名和密码都正确,将会成功登录。

图 1.37 在线评测系统首页

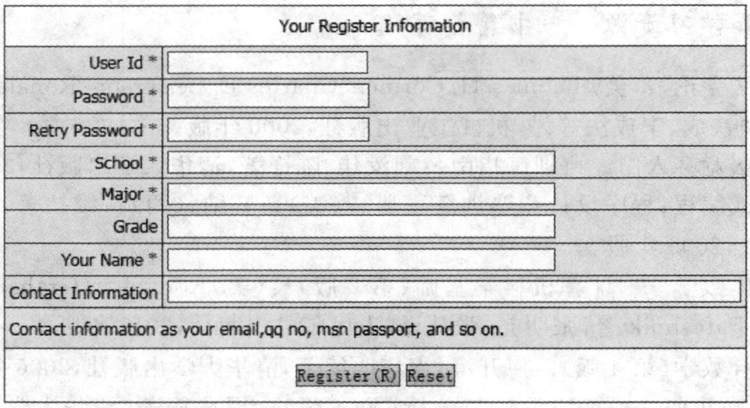

图 1.38 用户注册网页

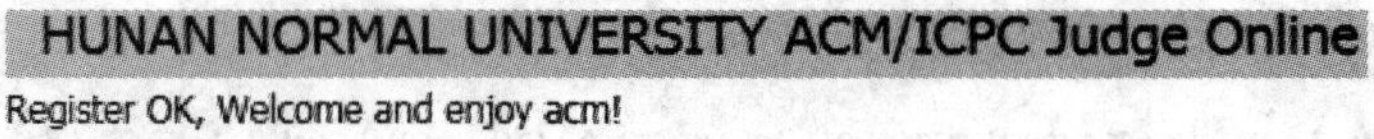

HUNAN NORMAL UNIVERSITY ACM/ICPC Judge Online
Register OK, Welcome and enjoy acm!

图 1.39 注册成功信息

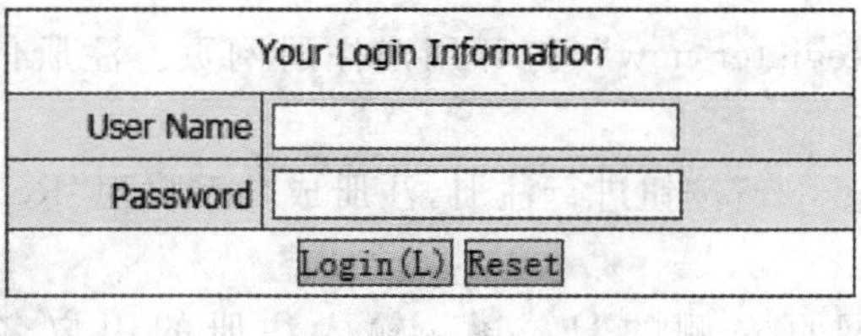

图 1.40 登录网页

(3) 查看题目。单击左侧“Problem Set”下的“Practices”,进入题目列表,如图 1.41 所示。

Pages **1** 2 3 4 5 6 7 8 9 10 11 12 13 14 15 16 17 18 19 20 21 22 23 24 25 26 27 28 29 30 31 Problems of **ACM/ICPC Practices**

Show problem : [ ] Go   Search problem: [ ] Seach

Solved	Problem	AC/Submit	Title	Source
	10000	1063/1336	An Easy Problem	HNU Contest
	10001	284/352	阅读顺序	HNU Contest
	10004	40/46	Array	HNU Contest
	10005	14/24	The milliard Vasya's function	HNU Contest
	10006	13/16	Computer	HNU Contest
	10007	1/5	Robot In The Field	HNU Contest
	10008	22/52	Equilateral triangle	HNU Contest
	10009	1/2	Fragment Assembly	HNU Contest
	10010	4/6	Towards Zero	HNU Contest
	10011	47/67	Hamming Distance	HNU Contest
	10012	24/26	Overlapping Rectangles	HNU Contest
	10013	1/6	James Bond	HNU Contest
	10014	0/2	检查次品	DR.Wu
	10015	116/144	大数的乘法	qshj
	10016	32/33	Beautiful Meadow	ZOJ Monthly, June 2009
	10017	61/76	谁拿了最多奖学金	NOIP 2005
	10019	27/32	Calendar	Shanghai-P 2004
	10020	40/40	Self Numbers	MCU1998
	10021	66/69	Lowest Bit	HNU 1'st Contest
	10022	26/28	Magician	HNU 1'st Contest
	10023	9/10	SpinLock	HNU 1'st Contest

图 1.41 题目列表

单击题号 10000 或“Title”下的“An Easy Problem”,进入对应的题目,如图 1.42 所示。

An Easy Problem

Time Limit: 1000ms, **Special Time Limit:**2500ms, **Memory Limit:**32768KB

Total submit users: 1336, **Accepted users:** 1063

Problem 10000 : No special judgement

Problem description

We just test the input and output system in your selected language.

Input

The Input will contain only two integers a,b.

Output

The Ouput should contains the result of a + b. No other whitespace contians at begin or end of the output Notice : empty line is allowed.

Sample Input

10 20

Sample Output

30

Problem Source

HNU Contest

Submit Discuss Judge Status Problems Ranklist

图 1.42 查看题目

本题的解答可查看左边的 FAQ,不同语言的具体规范在里面有详细说明,如图 1.43 所示。

```
FAQs
Q: What does my program input from and output to?
A: Your program shall always input from stdin (Standard Input) and output to stdout (Standard Output).
For example, you use scanf in C or cin in C++ to read from stdin, and printf in C or cout in C++ to write to
stdout.
User programs are not allowed to open and read from/write to files. You will probably get a 'Runtime Error'
or 'Wrong Answer' if you try to do so.
Input/output of scanf is faster than cin.
Here is a sample solution for problem 10000 using G++:
#include <iostream>
using namespace std;
int main()
{
    int a, b;
    cin >> a >> b;
    cout << a + b << endl;
    return 0;
}
If you use long long in your gcc/g++ program, make sure you use %I64d instead of %lld when read or
write long long value. (Maybe it's a bug of mingw gcc.)
Please note that the return type of main() must be int when you use G++/GCC, or else you may get
Compile Error.
and all solution should return 0 or else you will get Runtime Error.
Just as follow c solution for 10000(An easy problem a+b):
#include <stdio.h>
int main()
{
    int a, b;
    scanf("%d %d", &a, &b);
    printf("%d\n", a + b);
    /*return 0*/ Your should return 0. and this isn't same for G++, because 0 will be set as G++ complier
for default return value.
}
```

图 1.43 FAQs

（4）提交。在问题提交前，一般先到自己的机器上写好程序，再用编译器进行编译。如果编译正确，测试一下"Sample Input"里面的输入数据，如果输出结果和"Sample Output"一致，再进行提交。在图 1.42 中单击"Submit"按钮，出现如图 1.44 所示网页，然后把你写好的程序拷贝到下面的文本框中。

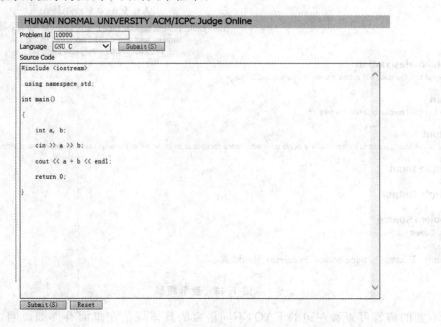

图 1.44 源代码编辑框

提交前需要在"Language"选择框中选择所采用的编程语言,默认选择的是 GNU C,这里请点击向下箭头,在下拉选择框中选择 GNU C++,然后单击"Submit"按钮,出现如图 1.45 所示的判题状态网页。

HUNAN NORMAL UNIVERSITY ACM/ICPC Judge Online								
Realtime judge status								
Solution	User	Problem	Language	Judge Result	Memory	Time Used	Code Length	Submit Time
106478	admin	10000	GNU C++	Waiting	0KB	0ms	156B	2014-11-28 21:53:30.0

图 1.45 判题状态

刚提交时反馈的状态"Judge Result"为"Waiting",表示服务器正在判断提交的程序,过几秒钟,刷新一下网页(快捷键为 F5),状态会发生改变,如果反馈的结果为"Accepted",表示你的程序通过了服务器上的所有测试数据,结果为正确。

习 题 1

1.1 熟悉 C++语言的集成开发环境。
1.2 掌握 C++应用程序的编辑、编译、链接和运行过程。
1.3 将本章中的例子程序在 C++应用环境中进行测试。
1.4 熟悉在线评测系统的使用,在在线评测系统上注册自己的账号。
1.5 在湖南师范大学在线评测系统上完成题号为"10000"的题目。

第 2 章 C++语言编程基础

[本章主要内容] 本章主要介绍 C++语言的基本词法、数据类型、运算符与表达式、流程控制语句、ACM 国际大学生程序设计竞赛中的数据输入/输出。

2.1 C++语言词法

程序设计语言与自然语言类似,也是由词、句等不同层次的语言单位组合而成的。看例 2.1 这个程序。

【例 2.1】 第一个程序。

```
/*
    这是第一个程序
*/
#include<iostream>
using namespace std;
int main()
{
    cout<<"Hello,the world"<<endl;//输出一个字符串
    return 0;
}
```

该引例中包含 C++语言最基本的词法。这些词法包括注释、关键词、标识符、常量、变量、分隔符等。

2.1.1 注释

在程序中加入注释是一个好的编程习惯,程序中加入合理的注释会增强程序的可读性,它不仅对程序调试和修改有益,而且更有利于程序的维护和移交。

注释内容被编译器忽略,因而对程序的执行不产生任何影响。

C++语言支持两种形式的注释,其中一种与 C 语言的形式相同,而另一种是 C++语言新增加的形式。它们分别是:

(1)/*注释内容*/。

/*和*/之间的所有字符均为注释,将被编译器忽略。这种形式的注释可以扩展到多行,但不能嵌套。

(2)//注释内容。

由//开始到行末的内容均为注释。这种形式的注释只能为 1 行。

这两种注释的形式在例 2.1 中均可见到。

2.1.2 标识符

标识符是能被编译器识别的名字,可以是任意长度。例 2.1 中,std、cout、endl 均属

于标识符。

构造一个标识符的名字,需要按照一定的规则。C++语言的标识符的命名规则如下:

(1) 由字母或下划线(_)开头,后面接字母、数字或者下划线。

(2) 用户自定义的标识符不能与关键字同名。

例如:school_id、_age、es10 为合法的标识符。school-id、man *、2year、class 为不合法的标识符。

说明:

(1) C++语言的关键字不能作为普通的标识符使用。

(2) 标识符命名最好有意义,但不宜过长。有意义的名字能够使得源代码更加易读,这在大型工程项目中是非常重要的。标识符命名不宜过长是因为太长的名字会影响阅读,同时也增加误写的概率。

(3) 一般所指的标识符均指非关键字的标识符。

2.1.3 关键字

关键字是一种特殊的标识符,又称保留字,是 C++系统为完成语言功能特别保留下来的一些单词。例 2.1 中,int、return 等均属于关键字。

迄今为止,ISO C++一共发布了 3 版标准,分别是 1998 年制定的 C++98、2003 年制定的 C++03 和 2011 年制定的 C++11。其中 C++03 相较于 C++98 的变化甚微,而 C++11 则在原有基础上做了大幅扩充。

C++关键字如表 2.1 所示。

表 2.1 关键字表

C++98 关键字				
asm	do	if	return	typedef
auto	double	inline	short	typeid
bool	dynamic_cast	int	signed	typename
break	else	long	sizeof	union
case	enum	mutable	static	unsigned
catch	explicit	namespace	static_cast	using
char	export	new	struct	virtual
class	extern	operator	switch	void
const	false	private	template	volatile
const_cast	float	protected	this	wchar_t
continue	for	public	throw	while
default	friend	register	true	
delete	goto	reinterpret_cast	try	

续表

C++11新增关键字				
alignas	alignof	char16_t	char32_t	constexpr
decltype	noexcept	nullptr	static_assert	thread_local

可以看到C++关键字大部分都是由小写字母组成,个别关键字包含下划线和/或数字。迄今为止,C++关键字不包含大写字母。C++11比C++98新增了10个关键字。一个很有意思的现象:编写C++代码经常会用到的单词include不是关键字,这一点可以通过编程来进行验证。

说明:

(1) 不必特意去背诵关键字列表,以后自然会随着程序设计实践经验的增多而熟悉;反之,如果没有程序设计实践基础,仅靠记忆记住这些关键字,也没有什么太大的作用。

(2) C++98的关键字会随着本书内容的展开而逐一讲解,本书几乎不涉及C++11的新增内容。

(3) C语言关键字与C++语言关键字部分重合,两者互不包含。事实上,最常用的若干个关键字诸如if、while等,在很多其他程序设计语言中也作为关键字存在。

2.1.4 运算符

运算符是一种特殊字符,又称操作符,是对变量或其他对象进行运算操作的特定符号。运算符按其功能可以分为算术运算符、位运算符、关系运算符、逻辑运算符、赋值运算符和条件运算符等若干类。关于运算符的写法与含义详见第2.3节。

2.1.5 标点符号

标点符号与自然语言中的类似,用于分隔C++语言单位。

C++语言最常用的标点符号就是逗号、分号与花括号,分别是","、";"、"{"、"}",其用法将在后续章节讲解其他内容中附带进行解释说明。

2.1.6 常量

常量是程序设计语言中非常重要的一个概念。但"常量(constants)"本身是C语言中使用的术语。C++中,使用术语"字面值(literals)"来指代同样的概念。所谓字面值,就是指这个单词的表现形式就决定了这个单词所代表的数值,人们一看到这样的单词就知道它的值是多少。例如,在例2.1中,有一个"0"(注意源代码中没有双引号),一看到这个单词就知道它的值是零;更进一步,无论在哪里写下0,它的值都代表零,是不会有所改变的。这也是将其命名为常量的原因。

说明:

(1) 本书将继续使用术语"常量",这也是更大众化的名称。

(2) C++常量的表现形式就决定了其值,因此常量的写法非常重要,但常量的书写方法又与数据类型关系密切。有关常量的具体内容请看下节。

2.2 基本数据类型

C++语言是一门强数据类型语言,类型是C++语言中非常重要的概念。C++语言中的所有数据都属于且只属于某一种类型。C++语言中不存在没有类型的数据,也不存在拥有多种类型的数据。既可以将类型看作是一个集合,同一类的不同取值的数据属于同一个类型;也可以将类型看作是数据的属性,每一个数据都拥有类型这种属性。

C++语言将类型又划分为基本类型和复合类型。基本类型就是本节将要讲解的内容,复合类型则是后续章节将要讲解的,包括数组、指针、引用、结构体、类等。

2.2.1 整型

整型是C++语言最基本的数据类型之一,不严格地说,整型就是用来表示整数的。但严格地加以分辨,整数是一个数学概念,而整型是一个计算机概念,二者既有联系又有区别。C++语言使用关键字int来表示整型,根据其能不能加正负号以及所占内存大小又可细分为以下几种:unsigned short int、signed short、unsigned int、signed int、unsigned long int、signed long int、unsigned long long int、signed long long int。

如果只写int,则默认表示signed int。C++标准本身并不规定一个int在内存中应该占据多少字节,由于32位CPU占据市场主流非常长的时间,直到今天也仍然没有完全退出,因此现行的事实是一个int占据4个字节。所以int类型总共拥有2^{32}种可能的状态,也就是int一共可以表示2^{32}个不同的数值。

大家都知道数学上的整数是无穷的,那么C++中int到底包含哪2^{32}个整数呢?这就与另外2个关键字有关。如果是unsigned int,这就说明该类型包含的是无符号整数,其实就是无负号整数,零当然是包含其中的。所以unsigned int的取值范围是$[0, 2^{32}-1]$。如果是signed int,那么就是有正有负了,C++语言规定负数占一半,零和正数占另一半,所以取值范围是$[-2^{31}, 2^{31}-1]$。

整型种类如表2.2所示。

表 2.2 整型种类

类型名称	所占内存的字节数	取值范围
unsigned short int	2	$[0, 2^{16}-1]$
signed short int	2	$[-2^{15}, 2^{15}-1]$
unsigned int	4	$[0, 2^{32}-1]$
signed int	4	$[-2^{31}, 2^{31}-1]$
unsigned long int	4	$[0, 2^{32}-1]$
signed long int	4	$[-2^{31}, 2^{31}-1]$
unsigned long long int	8	$[0, 2^{64}-1]$
signed long long int	8	$[-2^{63}, 2^{63}-1]$

说明:
(1) 从表 2.2 可以看出,目前 int 与 long int 等价。
(2) 如果是 signed X,那么 signed 可以省略,例如,signed int 就等价于 int;如果是 X int,那么 int 可以省略,例如 short int 就等价于 short。

C++中的整型常量有三种形式,分别是十进制、八进制和十六进制。
(1) 十进制常量的构成形式是,以 1~9 开头,后面接 0~9 的重复;
(2) 八进制常量的构成形式是,以 0 开头,后面接 0~7 的重复;
(3) 十六进制常量的构成形式是以 0X 或者 0x 开头,后面接 0~9、A~F、a~f 的重复。

例如,255 就是一个典型的十进制形式的常量,0377 就是一个典型的八进制形式的常量,而 0xFF、0xff 都是典型的十六进制形式的常量。上述例子中出现的 4 个常量虽然形式不完全相同,但它们的值全部都是相等的。

有一点非常重要:无论哪种形式的整型常量,其数据类型都属于整型,所以其取值范围都是 $[-2^{31}, 2^{31}-1]$。假设在 C++环境中写下一个数字 10000000000,这个数字看起来是十进制形式,但其数值已经超出了普通整型的范围,所以系统可能不能正常处理这样的数字。

C++语言允许整型常量(三种形式的整型常量都可以)后面接 2 组共 4 个后缀,分别是 u、U 和 l、L。其中,u 或 U 表示该整型常量是无符号整型常量,而 l 或 L 表示该整型常量是一个长整型常量,连续 2 个 l(ll)或者连续 2 个 L(LL)表示该整型常量是一个长长整型常量(即 64 位整型)。同时 U 和 L 也可以不计秩序地进行组合。例如,255U、255L、255LL、255UL、255LU、255ULL、255LLU 都是合法的整型常量。虽然这些常量的值都是 255,但它们的类型不完全相同。

2.2.2 浮点型

C++中的浮点型分为三类:float、double 和 long double,一般称为单精度实型、双精度实型和长精度实型。同样,C++标准本身并不规定实型在内存中应该占据多少个字节。但目前的事实是:float 占据 4 个字节;double 占据 8 个字节;long double 还没有达成一致,有的系统给它分配 12 个字节,有的则分配 16 个字节(所以 long double 一般都不使用)。

从上面可以看出,C++语言能够表达的实数是有限的。C++语言可以表达的不同的单精度实型数一共有 2^{32} 个,双精度实型数有 2^{64} 个。由于 C++语言采用了 IEEE 的浮点数表示法,因此 C++语言能够表示的实数是以取值范围和精度来衡量的。

C++语言的实型种类如表 2.3 所示。

表 2.3 C++语言实型列表

	float	double
精度	1.192×10^{-7}	2.220×10^{-16}
能够表示的绝对值最大的数	3.403×10^{38}	1.798×10^{308}

第 2 章　C++语言编程基础

续表

	float	double
能够表示的绝对值最小的数	1.175×10^{-38}	2.225×10^{-308}
有效数字的个数	6～7	15～16

从表中可以看出，C++语言不能表示绝对值无穷小的数，也不能表示绝对值无穷大的数；而且，当两个实数的差别非常小，小到一定程度时，C++语言就会认为这两个数的数值是相等的。

C++语言的浮点型常量有两种形式：定点数形式和指数形式。

(1) 定点数形式与一般数学上的表现形式一样，例如，1.2、607.985、3.1415926 都是定点数形式。特别地，在不影响值的情况下，数字 0 可以省略，例如，0.1 可以写作.1，1.0 可以写作 1.。

(2) 指数形式的构成比较复杂，如"AEB"分为三个部分：A 表示一个整数或者一个定点数形式的浮点数(正负均可)；E 就是指大写字母 E 或者小写字母 e；B 指一个整数(可以为正，也可以为负，为正数时正号可以省略)。这种形式的浮点数的值为 $A \times 10^B$。例如，1E3、1e-3、1.3E+4，这些都是合法的指数形式的浮点数常量。

C++语言为浮点型常量规定了 2 组共 4 个后缀，但是这 2 组后缀不能搭配使用。C++语言规定不加后缀的浮点型常量(数值在规定范围之内)默认为 double 类型，加上后缀 f 或者 F 则为 float 类型，加上后缀 l 或者 L 则为 long double 类型。例如，1e3、1.6 都是 double 类型，1e3f、1.6F 都是 float 类型，1e3l、1.6L 都是 long double 类型。

2.2.3　字符型

C++语言使用关键字 char 来定义字符型变量，同时前面可加 signed 或者 unsigned。C++语言使用 1 个字节来存储字符型变量，所以 signed char 的取值范围是[-128,127]，unsigned char 的取值范围是[0,255]。

计算机内部原则上只能保存二进制的整数，所以当要存储和表示字符数据时就需要进行编码(实际上存储、表示任何类型都需要编码)。基本上所有的 C++实现都采取 ASCII 编码。ASCII 编码的全称是 American Standard Code for Information Interchange，简单地说就是用[0,127]的 128 个数字分别去表示对应的 128 个字符。具体哪个数字对应哪个字母请参考本书附录 A《ASCII 码对照表》。

C++字符型常量有两种形式：普通形式和转义字符形式。

(1) 普通形式就是一对单引号之间写上一个字符。例如，'A'、'0'都是普通形式的字符型常量。

(2) 转义字符形式仍然需要加单引号，其次引号内以反斜线\开头(注意与除号/的区别)。反斜线后面的内容又可分为三种：第一种是规定的 11 个简单转义字符；第二种是反斜线后接 1～3 个数字，这 1～3 个数字代表一个八进制数，对应所表示字符的 ASCII 码值；第三种则是反斜线后面接一个小写字母 x，然后接若干个数字表示一个十六进制数，对应所表示字符的 ASCII 码值。转义字符如表 2.4 所示。

表 2.4 转义字符表

字 符 涵 义	自然字符表示	转义字符表示
换行符	NL(LF)	\n
水平制表符	HT	\t
垂直制表符	VT	\v
退格键	BS	\b
回车符	CR	\r
换页符	FF	\f
Alt 键	BEL	\a
反斜线	\	\\
问号	?	\?
单引号	'	\'
双引号	"	\"
八进制转义字符		\ooo
十六进制转义字符		\xhh

说明：

(1) 'A'和 A 是不一样的，前者代表一个字符型常量，后者代表一个标识符；'0'和 0 也是不一样的，前者代表一个字符型常量，后者代表一个整型常量。总之，加了单引号以后，意义一定会变化。

(2) 如果不是转义字符，则单引号内不能放置多个字母。例如，'AB'、'/n'都是错误的，但'\n'、'\101'、'\x41'都是正确的。

(3) ASCII 码值最大规定到 127，八进制以及十六进制转义字符表示的数值如果超过这一范围，C++标准不做规定，因此要避免这种情况。

2.2.4 布尔型

C++语言使用关键字 bool 来定义布尔型变量。布尔型就是用于表示逻辑上"真" "假"的类型。布尔型的取值也只有两种可能：true 和 false。这两个值也恰好就是布尔型常量。

说明：

(1) C++同时还用数值来表示"真""假"，零值表示"假"，一切非零值表示"真"。

(2) 与此同时，如有必要，C++语言认为 false 就是 0，true 就是 1。

2.2.5 宽字符类型

ASCII 码只能表示 128 个字符，包括英文字符、数字字符、各种符号字符以及若干控制字符。当计算机向非英语地区推广时，char 类型与 ASCII 码就不够用了。C++语言提供 wchar_t 类型来定义宽字符类型，可以表示更多数量的字符。普通字符常量前面加上 L 就可以构成宽字符常量。例如，'A'是一个 char 类型常量，L'A'就表示一个 wchar_t 类型常量。

由于 C++语言的各种实现关于 wchar_t 采取的具体编码各有不同，有的采用 GB 2312—1980，有的采用 UTF-32BE，因此源代码中含有 wchar_t 类型会造成一定的麻烦。本书以后都不会出现 wchar_t 类型。

2.2.6 字符串常量

C++语言的基本数据类型中没有字符串类型，但是 C++语言规定了字符串常量形式。字符串常量格式就是双引号所包含的一个字符序列。例如，"ABC"就是一个字符串常量。

说明：

(1) C++字符串常量不但可以由普通字符构成，还可以由转义字符混合构成。例如，"\x41\x42\x43"、"\101B\103"的字符串内容其实都是"ABC"。

(2) C++为所有字符串都添加一个结束标识'\0'，所以"ABC"其实是"ABC\0"，但结束标识不必显式写出，C++语言会自动添加；同时 C++认为'\0'就是一个字符串的结束，所以"ABC\0China"在 C++语言的绝大部分地方就等价于"ABC"。

2.3 运算符与表达式

C++语言的运算符是一种特殊字符，它指明用户对操作数进行的某种操作。表达式则是由若干个变量、常量及运算符按一定格式形成的组合，同时单独的变量或者常量也视为一个表达式。每一个表达式都有一个计算结果，计算表达式的过程称为估值。例如，3+4 就是一个表达式，其估值结果为 7；单独的 3 也是一个表达式，其估值结果就是 3。

由于表达式不仅含有常量，而且含有变量，因此下面首先介绍变量的定义以及变量定义语句。

2.3.1 变量的定义

C++语言使用变量定义语句来定义变量，其格式为

   类型名 变量名列表；

其中：类型名表示数据类型的名字，目前本书只讲述了基本类型；变量名列表的格式为"变量名1,变量名2,…"，变量名就是前文所述的标识符；注意最后的分号是不可以缺少的。

例如：

```
int a;              //定义了一个 int 类型的变量,名字为 a
float x,y;          //定义了 2 个 float 类型的变量,名字分别是 x,y
double d1,d2,d3;    //定义了 3 个 double 类型的变量,名字分别是 d1,d2 和 d3
```

C++语言中，变量最重要的 4 个属性是：名、类型、值、址。以第一个例子为例，该变量的名为 a，类型是 int，其取值的可能范围就是 int 的取值范围，且通过合法的语句是可以变化其值的，a 的址就是指 a 在内存空间中的保存地址（关于地址将在"指针"一章详细

讲述)。实际上,变量一旦被定义,名、类型、址都是不能变的,能变的只有值。变量的值可以通过若干手段去改变,在定义的时候确定其值则称为初始化。格式示例如下:

```
int a=3;
float x=3.1f,y=4.6F;
double d1=.1,d2=1.,d3=2.31415925;
int b(3);
float x(3.1f),y(4.6F);
double d1(.1),d2(1.),d3(3.1415926);
```

说明:

(1) C++语言有两种形式的初始化,前一种也是 C 语言初始化的形式。

(2) 如果没有初始化,不代表变量没有初始值! C++语言会根据规定自动为变量确定一个初始值,但最好避免这一点,因为有时候 C++语言会随机给一个数值作为初始值。

2.3.2 算术运算符

算术运算符用于算术运算,C++的算术运算符一共有 2 类 5 个:＋、－和 *、/、%。分别是加、减、乘、除、取余,其运算含义与数学上的并无本质区别,都是双目中缀运算符。加、减的优先级显然低于乘、除、取余的,这 5 个运算符的结合性都是左结合。

说明:

(1) 不严格地说,C++语言中要求参与算术运算的操作数类型保持一致(不一致的情况会在以后陆续讲到),而且计算结果也是该类型。所以如果是 2 个整型数进行除法运算,那么其结果还是整型数。例如,1/3 的结果是 0,不是 0.3。

(2) 如果运算双方的类型不一致,则系统会做默认类型转换。系统默认类型转换的规则比较复杂,原则上是字节少的类型向字节多的类型转换、有符号数向无符号数转换、整数向浮点数转换。例如:3+4.1 的结果是 7.1;3+2LL 的结果是 5LL;－6+5U 的结果是 4294967295U。关于最后一个结果,请参考计算机原理有关原码和补码的内容。正因为系统默认的类型转换比较晦涩,所以尽量不要使用默认类型转换。应该使用显式的强制类型转换(可参考后文)。

(3) 取余运算要求运算双方都是泛整型(integral type)。所谓泛整型是指 bool、char、各种 int 以及后文提到的枚举类型,C++语言将这些类型都看作是某种整型,称之为泛整型。总之,浮点数不能进行取余运算。

(4) 取余运算符的操作数如果都是非负数,则结果一定是非负的;对于带负数的取余运算,C++标准并未规定,目前的事实标准是取余结果的正负与第一个操作数的保持一致。所以,3％2、3％－2 的结果都是 1,－3％2、－3％－2 的结果都是－1。

(5) 一定要注意运算结果的取值范围有可能溢出的问题。例如,无符号整型的取值范围是[0,4294967295],令 unsigned a＝4294967295,unsigned b＝1U,则 a＋b 的结果是 0。

2.3.3 关系运算符

关系运算符用于对2个操作数进行关系比较,关系运算符的运算结果是一个bool类型,因此其结果要么为true,要么为false。关系运算符一共2类6个:==、!=和<、<=、>、>=,分别是等于、不等于、小于、小于等于、大于、大于等于。其运算含义就是当运算符描述的数学关系成立时结果为true,否则为false。例如,3==3的结果是true,而3<2的结果是false。关系运算符都是双目中缀运算符,==、!=的优先级要低于另外4个的,所有关系运算符都是左结合的。

说明:

(1) C++语言对关系运算符的操作数的类型也有细致规定,目前只需了解"关系运算符就是对操作数的数值进行比较"即可。例如,65==65.0、65=='A'的运算结果都是true。

(2) 注意C++语言与数学的区别。数学上不等式3>2>1是成立的,是"真"的。但在C++语言中,3>2>1被解释成由2个运算符构成的表达式,先算3>2,其结果是true,前文说过必要时true就是1,所以接着计算1>1,这显然是不成立的,也即整个表达式的结果是false。

(3) 对实数做关系运算一定要注意精度问题。例如,9.0==9与1e-306>0的结果都是true,但9.0+1e-306>9+0的结果却是false。

2.3.4 逻辑运算符

C++语言有3个逻辑运算符,即!、&&、||,分别是非、与、或。这3个运算符还可以使用单词形式,分别是not、and、or。这3个单词未计入C++关键字中,但实际上处于关键字的地位,用户不能将它们作为普通标识符使用。

逻辑运算符的操作数原则上都是bool类型,其中非运算符是单目前缀运算符、右结合,与和或运算符都是双目中缀运算符、左结合,它们的优先级从高到低依次为非、与、或。逻辑运算的结果可以由真值表确定,如表2.5至表2.7所示。

表2.5 非运算真值表

运算对象 F	运算结果 !F
true	false
false	true

表2.6 与运算真值表

	true	false
true	true	false
false	false	false

表 2.7　或运算真值表

	true	false
true	true	true
false	true	false

说明：

（1）由于 C++语言默认可以将数值类型看作是 bool 类型，因此逻辑运算也可以直接施加于 int、float 等类型。

（2）与、或运算拥有短路规则。对于与运算，如果第一个操作数为 false，则不会再去运算第二个操作数，与运算的结果也是 false；对于或运算，如果第一个操作数为 true，则不会再去运算第二个操作数，或运算的结果也是 true。例如，(2+4)||(3*8)，或运算的第一个操作数为(2+4)，其计算结果等价于 true，所以或运算的第二个操作数(3*8)就不会被计算，即乘法没有执行。而整个表达式的结果也是 true。

2.3.5　位运算符

C++位运算符广义上而言又分为狭义的位运算符和移位运算符。移位运算符将在下一小节讲述，本小节所指的位运算符就是指的狭义位运算符，一共有 4 个，即 ~、&、^、|，分别是位非、位与、位异或、位或，优先级也是按照这个顺序排列。其中，位非是单目前缀运算符、右结合，其余都是双目中缀运算符、左结合。C++语言中，这 4 个运算符也具有等价的单词形式，分别是 compl、bitand、xor、bitor。这 4 个单词同样不能当作普通的标识符看待。

位运算，顾名思义，就是对二进制位进行运算，而一个二进制位的取值要么是 0，要么是 1，所以其运算结果也可以由真值表表示，如表 2.8 至表 2.11 所示。

表 2.8　位非运算真值表

运算对象 b	运算结果 ~b
0	1
1	0

表 2.9　位与运算真值表

	0	1
0	0	0
1	0	1

表 2.10　位异或运算真值表

	0	1
0	0	1
1	1	0

表 2.11 位或运算真值表

		0	1
	0	0	1
	1	1	1

说明：

(1) 位运算的本质就是操作数按位进行运算，所以首先要把操作数变为二进制形式再逐位运算。例如，3&2,3 的二进制形式是 11，而 2 的二进制形式是 10，然后每一位都进行位与运算，最后结果是 10，所以 3&2 的结果是 2。

(2) 位运算结果与操作数的二进制形式的数据长度有密切关系，特别是位非运算。例如，对数 0 做位非运算。假如数 0 是 int 类型，则位非的结果的二进制形式是 1111…1111，一共 32 个 1；但如果数 0 是 long long int 类型，则位非的结果应该是 64 个二进制"1"。

(3) 位运算只能对泛整型使用，即 bool、char、各种 int 以及枚举类型，总之浮点数不能参与位运算。而且，对 char 等类型做位运算时，还会首先把 char 类型转换为 int 类型再进行位运算，这种转换规则也比较复杂，称为整型升级（integral promotion）。

2.3.6 移位运算符

移位运算也是针对二进制形式数据的操作。移位运算符一共有 2 个，即 <<、>>，分别是左移和右移，都是双目中缀运算符、左结合。例如，3<<1，意为将 3 左移 1 位，3 的二进制形式是 11，左移 1 位后，低位空出的位补 0，高位移出的位直接抛弃，于是变成 110，所以 3<<1 的结果是 6；3>>1，意为将 3 右移 1 位，低位移出的位直接抛弃，高位空出的位补 0（这一点不一定，请看下文中的说明），所以 3>>1 的结果是 1。

说明：

(1) 移位运算也只能对泛整型实施，即 bool、char、各种 int 以及枚举类型，总之浮点数不能参与移位运算。而且，对 char 等类型做移位运算时，也会先执行整型升级（integral promotion），再做移位运算。

(2) 第二个操作数如果是负数，或者大于等于第一个操作数的二进制长度，则该运算是未定义的。例如，表达式 3<<-2、3>>200 等都是未定义行为的，源代码中应避免。

(3) 对 unsigned 类型或者 signed 类型的非负数做右移运算时，高位空出的位均补 0；但对 signed 类型的负数做右移操作，高位空出的位补什么数由实际情况决定。也就是说，有的编译器系统补 0，而有的编译器系统可能会补 1。所以应该避免对负数做右移操作。

(4) 在例程中已经见过的用于流输出的 << 符号及输入的 >> 符号，就是此处的左移操作符与右移操作符。C++ 标准库使用了后文提到的运算符重载机制扩展了这 2 个操作符的功能。由于这是一个标准扩展，因此在输入/输出时，<< 又称流输出运算符，>> 又称流输入运算符。

2.3.7 赋值运算符

C++赋值运算符一共有11个：=、+=、-=、*=、/=、<<=、>>=、&=、^=、|=、%=。其中，"="称为简单赋值运算符或者赋值运算符，后10个称为复合赋值运算符。所有赋值运算符都是双目中缀运算符、右结合，所有赋值运算符的优先级都是一样的。赋值运算符的优先级是比较低的，在所有C++运算符中排倒数第二。

所有赋值运算符的第一个操作数都必须是左值，或者说只有左值才能出现在赋值符号的左边。到目前为止，典型的左值就是变量。所以变量名可以做赋值符号的第一个操作数，常量、表达式（到目前为止的表达式）都不行。例如，假设有一个int变量a，则a=3、a+=a都是合法的，但3=a、3=4、a+3=8都是非法的。

简单赋值运算符的基本操作含义就是将第二个操作数的值赋给第一个操作数，因此赋值操作以后，第一个操作数的值将变得与第二个操作数的值相等。特别要注意的是，由赋值运算符构成的赋值表达式也是有估值结果的，赋值表达式的值就是赋值的那个值。例如，假设有int变量a，a=3以后，a的值就变成了3，而且，a=3这个算式的估值结果也是3。

复合赋值运算符拥有统一的构成形式op=，均是一个运算符加一个简单赋值符号构成。a op=b 就等价于 a=a op(b)。所以 a+=3 就等价于 a=a+3，a*=3+8 等价于 a=a*(3+8)。同样地，复合赋值运算符构成的表达式也有估值结果，也是赋值的那个值。例如，假设 a 原值是4，a+=3之后，a的值变成7，同时 a+=3 整个算式的估值结果也是7。

说明：

（1）赋值运算符原则上要求左、右操作数的类型一致，否则将首先取出右操作数的值，然后将该值转成左操作数类型再赋值。如果不能进行类型转换，则该赋值操作是非法的。注意：只对右操作数的值做类型转换，右操作数本身是不变的。

（2）整型向浮点型转换比较容易，3的值转成双精度浮点型就是3.0，转成浮点型就是3.f。浮点型向整型转换则要将小数部分丢弃，例如，4.6的值转成整型以后就是4。

（3）所有赋值运算符的优先级都是一样高的，*=的优先级并不比+=更高。由于赋值运算符是右结合的，且赋值表达式的结果就是赋值的那个值，所以可以这样写：a=b=3。该式有2个赋值操作，首先将3的值赋给b，然后将b=3的计算结果赋给a，其实也就是把3赋给a。

（4）注意赋值与初始化的区别。如果有定义语句int a=3;，虽然出现了"="这个符号，但这不是赋值符号，也不是赋值表达式，这是初始化。如果写成 int a;a=3;，第二句就是赋值了。虽然两种写法的最后效果一样，但建议使用初始化写法。

2.3.8 条件运算符

条件运算符只有1个，也是唯一一个三目运算符:?:。条件运算符的优先级在所有C++运算符中排倒数第三、右结合。条件运算符的形式是：操作数1? 操作数2:操作数3。其运算流程是：首先计算操作数1，且把结果转换为bool值；如果操作数1的计算结果是 true,就计算操作数 2,同时把计算结果作为整个表达式的结果;如果操作数 1 的计算结果是 false,就计算操作数 3,同时把计算结果作为整个表达式的结果。

说明:从条件运算符的计算流程可以看出,3 个操作数中必然先计算第 1 个,对操作数 2 和操作数 3 则只会计算其中一个。

2.3.9 逗号运算符

逗号运算符只有 1 个,顾名思义,就是","。这是一个双目运算符,左结合,而且优先级是 C++所有运算符中最低的。逗号运算符的含义是:首先计算第一个操作数,然后再计算第二个操作数,同时把第二个操作数的值当作整个逗号表达式的结果。从上述流程可以看出,逗号运算符本质上没有做任何计算或者操作,只是一个语法形式。另外要注意的是,逗号是少数既可以做运算符又可以做标点符号的符号,在源代码中要注意区分。

2.3.10 类型转换运算

类型转换是一种特殊的单目前缀运算符、右结合。其表现形式是:(类型名)。所以类型转换运算符没有固定的表现形式,关键是要转换的类型。类型转换的操作含义就是将操作数的值转换为要转换的类型作为整个运算的结果。注意:操作数本身的值是不变的。例如,(int)4.6 的结果就是 4,但 4.6 本身的值是不会改变的。

上述类型转换形式是 C 语言就有的,C++语言继承了这一方式,同时也提供了自己的类型转换运算:static_cast<类型>(操作数)。这种形式与传统的运算符表达式形式相差甚远,看起来已经像函数形式了(函数见后续章节)。其操作含义与传统形式的一致,就是将操作数的值转换为要转的类型作为整个表达式的结果。例如,static_cast<int>(4.6) 的结果就是 4,同样 4.6 本身是不会改变的。

说明:C++语言是一种强数据类型语言,在很多地方都会对数据的类型有要求。如果类型不合适,就会尝试做默认类型转换后再进行操作。但 C++语言默认类型转换的规则有时会比较复杂,另一方面默认类型转换也不利于代码的阅读和理解(仅从源代码的词法形式是无法发现默认类型转换的,而强制类型转换则不一样,所以强制类型转换又称显式的类型转换)。所以建议大家必要时使用强制类型转换。

2.3.11 自增运算符和自减运算符

自增运算符的形式为++,俗称"加加";自减运算符的形式为--,俗称"减减"。自增运算符一共有 2 个,但形式上是一样的,都是++。一个是单目前缀运算符,另一个是单目后缀运算符,所以可以通过操作数的位置来判断到底是哪一种自增运算符。自减运算符也有两种,情况与自增运算符的类似。

自增运算符和自减运算符的操作数都必须是左值,也就是能够出现在赋值符号左边的量。所以++3、(a+b)++等都是语法错误的表达式。前缀自增运算符的含义是将操作数的原值取出,加 1,再将加 1 以后的值赋给操作数,同时整个前缀自增运算符表达式的估值结果是加 1 以后的值。后缀自增运算符的含义则是将操作数的原值取出,加 1,再将加 1 以后的值赋给操作数,同时整个后缀自增运算符表达式的估值结果是原值,即加 1

以前的值。所以前缀自增运算符和后缀自增运算符对操作数的操作是一致的,不一致的地方是表达式的估值结果。此外,前缀自增运算符表达式返回的是左值,后缀自增运算符表达式返回的是右值。自减运算符则是对操作数的原值进行减1操作再将新值赋给操作数,自减操作符的前缀运算符与后缀运算符的区别与自增操作符的一致。

说明:

(1) 单独使用自增运算符或者自减运算符,逻辑效果是一样的。例如,int a＝3;,则分别单独使用＋＋a和a＋＋效果是一样的,a的值最后会变成4。C＋＋语言原则上推荐使用前缀运算符,因为理论上前缀运算符的效率要比后缀运算符的高。

(2) 自增、自减运算符是带有副作用(side effect)的操作符,也就是自增、自减运算符操作完毕以后,会改变操作数的状态,与之类似的运算符还有各种赋值运算符。而不带副作用的操作符如加、减、乘、除等。C＋＋语言使用表达式的一个非常重要的原则就是带副作用的操作符的操作数在同一个表达式里不要出现2次或更多次(具体原因见2.3.12节)。简单地说,就是最好不要将自增、自减运算符与其他运算符混用,特别是同一个操作数的自增、自减运算不能出现多次。

(3) 如果是一个合理的混合了自增、自减运算符和其他运算符的表达式,则计算流程与混合了其他各种运算符的表达式并没有本质的不同,可以参考2.3.12节。

(4) 自增、自减运算的优先级都是比较高的,一个有意思的地方是:后缀运算符比前缀运算符的优先级要高。前缀运算符是右结合的,而后缀运算符则是左结合的。

2.3.12　表达式的估值

习惯上,会将最后计算的运算符当作整个表达式的类型。例如,2＋3就是一个算术表达式,2＋3＜5＋6就是一个关系表达式,2＋3＜5＋6&&5＋6＜8＋9就是一个逻辑表达式,等等。这种分类只是人们习惯上的称呼,C＋＋语言处理各种运算符表达式在本质上是没有区别的。对于一个含有多个运算符的表达式,其估值结果首先依赖于各运算符的优先级与结合性。

例如,2＋3＊4的估值结果是14,而不是20,因为＊的优先级比＋的高,所以乘法肯定比加法先计算;5－3－2的结果是0,而不是4,因为该算式的2个运算符的优先级一样高(这是显然的),就要考虑结合性,而减号是左结合,所以首先要计算左边的减号,再计算右边的减号。

但是,优先级高的运算符不一定会先算。例如,2－3＋4＊5,这个算式有3个运算符,运算顺序是怎样的? 在这个算式中,唯一能够肯定的是加号一定最后计算。至于减号和乘号,不能肯定;也就是乘号未必先于减号计算,虽然乘号的优先级高于减号的。

那么C＋＋语言是如何确定运算顺序的呢? 答案是C＋＋语言并不确定同一个运算符的不同运算对象的估值顺序。以a＋b为例,a、b可能是2个变量,也可能是2个表达式,但无论是什么,C＋＋语言都将a、b看作是表达式。区别在于如果a、b只是单独变量,a、b的估值过程可能就是将a、b的值从内存中取出;而a、b如果是一个"真正的"表达式,则其估值过程可能就是通常意义上的"计算"。表达式a＋b的估值结果其实就是表达式a的估值结果与表达式b的估值结果相加。但是,C＋＋标准并不规定表达式a与表达式 b 的计算顺序。所以，如果 a 的估值过程影响到了 b，或者 b 的估值过程影响到了 a，就会导致 a+b 可能出现不一样的结果。所以，估值结果依赖于运算对象计算顺序的表达式是必须避免的。

幸运的是，有一个非常容易区分的原则：带有副作用操作符的操作对象在同一个表达式中至多出现一次，这个表达式的估值结果就是"确定的"。令 a、b 都是单独的 int 变量，则下面的表达式的估值结果显然都是确定的：2-3+4*5、a+b*b-a、(a-4)*(b+7)。因为这些表达式都不含带有副作用的运算符。而下面这些表达式的估值结果也是确定的：a=b+4、a=++b。在第二个表达式当中，虽然赋值运算符与自增运算符都是带副作用的运算符，但赋值运算符的副作用作用于 a，而自增运算符的副作用作用于 b，所以仍然是确定的。但是下述表达式就是一些典型的不好的例子：(++a)-(++a)、(++a)+(++a)+(++a)、(a++)+(a++)+(a++)。这些例子之所以不好，不仅仅是因为运算对象顺序不确定，还因为序列点（sequence point，关于序列点，有兴趣的同学可以查阅文献进行深入了解）。总之，不要写这样的表达式。

说明：

(1) 诸如(++a)+(++a)+(++a)这样的表达式，在机器上编译、运行一定会得到一个估值结果，而且在统一环境下这个结果基本是确定的。但这并不意味着这个表达式的估值结果是确定的。因为不确定性是体现在不同编译器环境下的。

(2) 除了常用用法，尽量不要将自增、自减运算符与其他运算符混用，同一个表达式中也不要出现多次赋值符号。

(3) 尽管 C++语言不规定同一个运算符的不同运算对象的计算顺序，但是有 4 个运算符是例外。"&&"、"||"操作符必须首先计算左操作数，而右操作数是否计算依赖于左操作数的估值结果，这就是短路规则。?:操作符必须首先计算第 1 个操作数，而第 2、3 个操作数只会选择其中一个进行计算。逗号操作符必须首先计算左操作数，再计算右操作数。由于逗号运算符本身是左结合的且优先级最低，因此诸如 a,b,c,d,…的表达式，C++语言可以确保依次计算 a、b、c、d……

(4) 最后，很简单但很必要的一条原则是，给表达式加上括号。下面 2 个表达式估值结果各是多少？

    4|3+5<<1&2;
    4|(((3+5)<<1)&2);

2.4 语句

2.4.1 语句及三种结构

语句是 C++语言中的一个基本语法单位，从某种角度而言，一个程序就是由若干语句构成的。原则上，C++语言中的每一条语句执行一次且只执行一次，并且，按照从上到下、从左到右的顺序执行（此处指处在同一个函数内的语句）。这就是最基本的顺序执行结构。

然而，实际任务中有可能出现这样的情况：有些指令可能要根据具体情况决定执行与否，有些指令则可能需要重复执行多次，分别称之为选择结构和循环结构，C++语言提供了专门的语法来实现这两种结构。

顺序结构、选择结构和循环结构是面向过程程序设计的三种基本结构，已经证明：任何可解问题的解决过程都是由这三种结构通过有限次组合而成的。

2.4.2 表达式语句

C++语言中，任何表达式，其后跟上一个分号，语法上就成为 C++语言中的一个句子。例如：

```
a=3;
```

分号前面是一个赋值表达式，加上分号就变成一个赋值语句。其操作含义仍然是将 3 的值赋给变量 a。再例如：

```
3+4;
```

这也是一个简单语句，其含义就是计算一个加法表达式。但由于既没有保存这个计算结果，又没有输出这个计算结果，因此这个语句对用户而言其实是一句"废话"。

注意：单独的分号也被认为是一个语句，称为空语句。例如：

```
a=3;;
```

这就不是 1 个语句了，而是 2 个。

2.4.3 复合语句

复合语句又称语句块，形式上，就是由花括号"{"、"}"包围的若干个语句。例如：

```
{a=3;b=4;}
```

这就是 1 个复合语句，它是由 2 个表达式语句构成的，其操作含义就是按顺序执行这 2 个表达式语句。但是，形式上这是 1 个 C++语句。构成复合语句的语句数量不限；构成复合语句的语句形式也不限，可以是 C++中任意合法的语句，甚至又是复合语句。例如：

```
{int a=3;a=4;++a;}
{a=3;{b=4;++b;}}
```

第一个复合语句由 3 个语句构成，其中包含 1 个定义语句、2 个表达式语句。第二个复合语句则由 2 个语句构成，其中包含 1 个表达式语句、1 个复合语句。

2.4.4 C++标准输入/输出流（包括常用格式控制）

几乎所有的程序都需要和外界进行数据交互，也就是需要输入和输出（input and output）。本小节的输入/输出指标准输入/输出，标准输入指键盘，标准输出指显示器。传统 C 语言使用库函数进行输入/输出操作，在 C++语言中仍然有效。但 C++语言提供了更抽象的流方式进行输入/输出。

例 2.1 中的 cout 就是一个标准输出流，如要在程序中使用 cout，就必须包含 iostream 文件，并且使用命名空间 std。其输出格式非常简单：

cout<<要输出的内容1<<要输出的内容2<<...

所有C++基本数据类型以及原生字符串都可以通过此种方式进行输出。而符号"<<"也称流输出运算符,它其实就是左移移位运算符。C++使用了运算符重载机制将其专门用于输出。例2.1中最后输出了endl,这是C++提供的标准换行符,与转义字符'\n'类似,但是endl可以跨操作系统平台使用。

对于输入,C++提供标准输入流cin和流输入运算符">>",其用法与输出的类似。假设有int类型变量a和b,则从键盘输入的语句为

cin>>a>>b;

C++基本数据类型均可以通过此方式进行输入。字符串虽然不是C++数据类型,但通过字符数组(见后文3.5节)或者STL stirng对象,一样可以使用此方式进行输入。

使用流输入运算符与流输出运算符需要注意的是格式化输入/输出。对于输出而言,格式化输出指的是要控制格式。C++语言提供两种方式的格式控制,一种是利用cout的成员函数(成员函数的具体概念可以参考后文),另一种是利用流操作符。本章只介绍后者(使用此种方法还需要包含iomanip文件)。

1. 整数的进制操作符:dec、oct、hex

【例2.2】 输入一个整数,分三行输出其十进制、八进制和十六进制形式。

```
#include<iostream>
#include<iomanip>
using namespace std;

int main(){
    int a;
    cin>>a;
    cout<<dec<<a<<endl;
    cout<<oct<<a<<endl;
    cout<<hex<<a<<endl;
    return 0;
}
```

此处要注意的是:首先在输出过程中a的值是不变的,只是表现形式变了;其次要注意的是操作符的有效期。

2. 整数的操作符:showbase、noshowbase

【例2.3】 显示showbase和noshowbase操作符的作用。

```
#include<iostream>
#include<iomanip>
using namespace std;

int main(){
    int a=15;
    cout<<showbase;
```

```
        cout<<dec<<a<<endl;
        cout<<oct<<a<<endl;
        cout<<hex<<a<<endl;
        cout<<noshowbase;
        cout<<dec<<a<<endl;
        cout<<oct<<a<<endl;
        cout<<hex<<a<<endl;
        return 0;
    }
```

showbase 操作符起作用以后,八进制输出的数前面都会加前缀"0",而十六进制数都会加前缀"0x"。

3. 大小写控制操作符:uppercase、nouppercase

【例 2.4】 显示 uppercase 和 nouppercase 操作符的作用。

```
    #include<iostream>
    #include<iomanip>
    using namespace std;

    int main(){
        int a=15;
        cout<<showbase<<hex;
        cout<<a<<endl;
        cout<<uppercase<<a<<endl;
        cout<<nouppercase<<a<<endl;
        return 0;
    }
```

uppercase 操作符起作用后,如有字母输出,就都会以大写形式输出。典型的输出示例就是十六进制整数的输出。

4. 实数的有效数字个数操作符:setprecision(n)

【例 2.5】 控制实数输出的有效数字个数。

```
    #include<iostream>
    #include<iomanip>
    using namespace std;

    int main(){
        double x=1.23456789;
        cout<<x<<endl;
        cout<<setprecision(3)<<x<<endl;
        cout<<setprecision(12)<<x<<endl;
        return 0;
    }
```

通过例 2.5 可以清楚地看到:默认输出 6 个有效数字,但如果设置的有效数字个数多于输出内容本身,则全部输出;如果设置的有效数字个数少于输出本身,则四舍五入进行截断。所以控制有效数字个数不但可以对实数使用,还可以对整数使用。注意:无论输出多少个有效数字,输出内容本身的值是不变的。在例2.5中就是x的值不变,只是输出的表现形式不一样。

5. 实数表示法操作符:fixed、scientific

【**例2.6**】 控制实数的表示法。

```
#include<iostream>
#include<iomanip>
using namespace std;

int main(){
    double x=1.23456789;
    cout<<x<<endl;
    cout<<fixed<<x<<endl;
    cout<<scientific<<x<<endl;
    return 0;
}
```

一旦指定了表示法,无论是定点数还是指数形式,默认不再是6个有效数字,而是6位小数,同理,setprecision(n)不再用于设置有效数字的个数,而是用于设置小数位数。

【**例2.7**】 控制实数小数位数。

```
#include<iostream>
#include<iomanip>
using namespace std;

int main(){
    double x=12345678.9;
    cout<<fixed<<setprecision(3)<<x<<endl;
    cout<<fixed<<setprecision(12)<<x<<endl;
    cout<<scientific<<setprecision(3)<<x<<endl;
    cout<<scientific<<setprecision(12)<<x<<endl;
    return 0;
}
```

这一点在在线评测系统中非常有用,因为相当数量的题目会要求输出保留小数点后两位(或者后三位),此时就要将fixed和setprecision(n)配合使用。

6. 宽度控制操作符setw(n)

【**例2.8**】 控制输出宽度。

```
#include<iostream>
#include<iomanip>
using namespace std;
```

```
int main(){
    int a=123456;
    cout<<setw(3)<<a<<endl;
    cout<<setw(12)<<a<<endl;
    return 0;
}
```

setw(n)不仅可以控制整数的宽度,而且实际上可以控制所有输出的宽度;使用 setw(n)控制实数宽度的时候,要注意宽度和精度、有效数字个数是两码事;setw(n)仅对其后的一个实际输出有效。而上文提到的其他操作符都是持续有效的,除非进行相反设置。

7. 流输入可以用来判断输入的正误

对于 C++格式化输入,首先要注意的是流输入运算符可以用来进行输入正确与否的判断。

```
cin>>a;
```

上文是一个普通的流输入语句,但去掉分号后剩下的部分其实是一个表达式,而且这个表达式的估值结果可以用来判断是否正确地输入了 a 的值。

【例 2.9】 判断格式化输入的正误。

```
#include<iostream>
#include<iomanip>
using namespace std;

int main(){
    int a;
    if(cin>>a)cout<<"Input succ"<<endl;
    else cout<<"Input error"<<endl;
}
```

运行上述程序,从键盘输入任意非数字字母,即可看到"Input error"字样;若输入正确的整数,即可看到"Input succ"字样。所以流输入表达式经常会出现在 if、while、for 等需要条件判断表达式的地方(有关 if、while、for 等内容参考下文)。

8. 格式化流输入会略去空格、回车等

对于输入 cin>>a>>b,假设 a、b 都是 int 类型,从键盘输入 2 个整数,则用空格或者回车或者其他空白字符分隔都可以。假设 a、b 都是 char 类型,同样从键盘输入 2 个字符,则用空格或者回车或者其他空白字符分隔都可以。但是,如果希望将空格本身输入作为变量 b 的值怎么办?使用流输入运算符要办到这一点比较复杂,一般使用成员函数 get()。格式如下:

```
a=cin.get();
```

此处 a 是一个 char 类型,使用这种方式可以输入任意字符,包括空格、回车、Tab 键等。

9. 输入不含空格的字符串与含空格的字符串

使用格式化流输入可以输入字符串,但这个字符串内不能包含空格。因为即使输入空格,C++输入流的格式化输入会认为空格是一个分隔符,所以用格式化输入的字符串不会包含空格。如需输入含空格的字符串,则可以用成员函数 getline(),其基本格式为

   cin.getline(表示字符串的数组或者指针,字符个数,结束符);

其中字符串的表示方法见后文。字符的个数表示这一次想要读取的字符串所容纳的字符个数的最大值,如果输入超过这个数量就会截断;结束符是指用于结束的字符,当输入流读取到这个字符的时候,就会停止读取。所以第二个参数和第三个参数都用于输入结束控制。如无特殊情况,结束符一般就用"\n",即回车。当然这种用法显然也可以用于输入不含空格的字符串。

最后要注意的是,流输出运算符和流输入运算符本质上就是移位运算符,所以其优先级和结合性同移位运算符的。下列输出希望输出 a、b 中较大的那个,但其实是有问题的,某些编译器里不能通过(思考一下为什么):

   cout<<a>b? a:b<<endl;

2.4.5 选择语句

C++选择语句有三种形式,分别是单分支、双分支和多分支。

1. 单分支选择语句

   if(表达式)1个语句

if 是 C++关键字,其后的圆括号不可少,圆括号内的表达式不可少,右圆括号后接 1 个语句(任何语句均可,只要是 1 个语句)。最后,整个这种形式在 C++语言中作为 1 个语句,可以称之为单分支 if 语句。单分支 if 语句的执行逻辑如图 2.1 所示。首先计算圆括号内表示条件的表达式并将估值结果视为 bool 值,如果结果为真,则执行其后的语句,否则就不执行其后的语句。

注意:

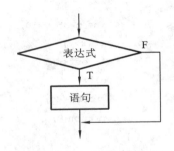

图 2.1 单分支选择结构流程图

(1) 圆括号内可以是任何表达式,只要该表达式的估值结果能够被转型为 bool 值。

   if(a==3)...
   if(a=3)...
   if(3+4)...

上述括号内的表达式都是合法的。特别要注意第二个括号内的赋值表达式,一般都是第一个关系表达式的误写。所以建议大家书写等于关系表达式的时候,把常量写在前面,写成

   if(3==a)...

当然,如果括号内的表达式不能转型为 bool 值,则该 if 语句是不合法的。

(2) 语句可以为任何合法的语句,只要形式上是 1 个语句即可。因此,该语句既可以是表达式语句,也可以是复合语句,还可以又是 if 语句,甚至可以包括后文中的循环语句等。下面的形式全部都是合法的。

```
if(x%2)cout<<x<<endl;
if(0==x%2){int a=x/2;cout<<a<<endl;}
if(a>3)if(b>4)cout<<a<<endl;
```

2. 双分支选择语句

```
if(表达式) 语句1 else 语句2
```

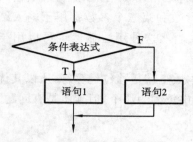

图 2.2 双分支选择结构流程图

双分支选择结构语句的前半部分与单分支 if 语句类似,后半部分加上了 else 关键字和 1 个语句。整个形式在 C++语言中作为 1 个语句,可以称为双分支 if 语句。其执行逻辑如图 2.2 所示。首先计算括号内的表达式并将估值结果视为 bool 值,如果结果为真,则执行 if 后面的语句,否则将执行 else 后面的语句。双分支 if 语句中,表达式及语句的注意事项同单分支 if 语句的。

【例 2.10】 实现打印变量 x、y 中较大者。

```
#include<iostream>
using namespace std;
int main()
{
    int x=35,y=10;
    if(x>y)
        cout<<x;
    else
        cout<<y;
    return 0;
}
```

运行结果:

　　35

小提示:为了增加程序的可读性,编写程序时建议采用锯齿形的书写形式。

注意:

(1) else 关键字是不能单独出现的,必须和 if 匹配。如下所示的源代码是语法错误的:

```
if(a>3)++a;cout<<a<<endl;
    else a=a-1;
```

(2) 如果是合法的形式,但存在多个 if,则 else 始终与前面的、最近的、未匹配的 if 相匹配。例如:

```
if(a>3)if(b>4)++a;else++b;
```

此例中,else 与第 2 个 if 匹配。而

```
if(a>3)if(b>4)++a;else++b;else a+=2;
```

此例中,第 2 个 else 就不会再与第 2 个 if 匹配,而是与第 1 个 if 匹配。

3. 多分支选择语句

双分支选择语句有两种形式,一种其实就是利用双分支 if 语句嵌套实现。其形式为

  if(表达式 1)语句 1
  else if(表达式 2)语句 2
  else if(表达式 3)语句 3
   ⋮
  else 语句 n

该情况的程序流程如图 2.3 所示。

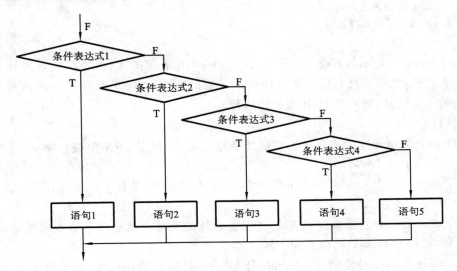

图 2.3 嵌套 if 语句实现多分支选择结构

【例 2.11】 计算阶跃函数 y 的值。

$$y=\begin{cases}-1 & (x<0)\\ 0 & (x=0)\\ 1 & (x>0)\end{cases}$$

```
#include<iostream>
using namespace std;
int main()
{
    int x,y;
    cin>>x;
    if(x>0)
        y=1;
    else if(0==x)
        y=0;
    else
        y=-1;
    cout<<y<<endl;
```

```
        return 0;
}
```

多分支选择结构的另一种形式如下：

```
switch(泛整型表达式)
{
case 常量表达式 1:语句列表
case 常量表达式 2:语句列表
  ⋮
case 常量表达式 n:语句列表
default:语句列表;
}
```

switch、case、default 都是 C++关键字。switch 语句的执行过程是：首先计算圆括号内的表达式，然后从具有相等值的 case 处开始向后执行；如果所有 case 的值都不等于表达式的估值结果，则从 default 处开始执行。

说明：

(1) switch 语句中的表达式的估值结果是整型、字符型、布尔型或枚举型，也就是泛整型。

(2) 当只有一个 case 且没有 default 或者只有 default 没有 case 的情况下，花括号可以省略，但一般不这么写。

(3) case 后面必须接常量表达式，不具备常性的变量及表达式是不能接在 case 后面的。另外，不同 case 其后的值必须不同。

(4) 每一个 case 分支(包括 default 分支)后面接的是语句列表，而不限于 1 个语句。最后一个分支不能为空，其余分支的语句列表都可以为空。

(5) switch 的流程是从匹配的 case 开始执行，若是要只执行匹配的 case，则必须使用"break;"语句(break 语句详情见后文)。

【例 2.12】 从键盘输入数字 1~7，对应输出星期几的英文单词。

```
#include<iostream>
using namespace std;
int main()
{
    int a;
    cin>>a;
    switch(a)
    {
      case 1:cout<<"Monday\n";break;
      case 2:cout<<"Tuesday\n";break;
      case 3:cout<<"Wednesday\n";break;
      case 4:cout<<"Thursday\n";break;
      case 5:cout<<"Friday\n";break;
      case 6:cout<<"Saturday\n";break;
```

```
        case 7:cout<<"Sunday\n";break;
        default:cout<<"error\n";
    }
    return 0;
}
```

读者可以试着将例 2.12 中的 break 语句全部删除,再运行该程序以观察效果。

2.4.6 循环语句

循环语句又称迭代语句,其循环体可以依据循环条件多次执行。C++语言提供三种形式的循环语句,一般习惯称为当型循环、直到型循环和 for 循环。

1. 当型循环

当型循环结构(见图 2.4)一般形式如下:

  while(表达式)1 个语句

其中,while 是 C++关键字,括号内的表达式表示循环条件,括号后的语句也称循环体,整个 while 语句形式上被视为 1 个语句。其流程是:首先计算括号内表达式的结果并视为 bool 值,结果为假则结束循环去执行下一个语句,结果为真则执行循环体,循环体执行完毕再次计算括号内的表达式,根据计算结果执行相应操作,如此反复。

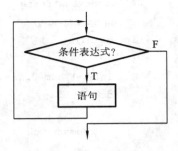

图 2.4　while 语句流程图

【例 2.13】 求简单算术级数 $\sum_{n=1}^{100} n$。

```
#include<iostream>
using namespace std;
int main()
{
    int i=1,sum=0,n;
    while(i<=100)
    {
        sum=sum+i;
        ++i;
    }
    cout<<sum<<endl;
    return 0;
}
```

说明:

(1) 循环体既可以是表达式语句,也可以是复合语句,还可以是选择语句,甚至又是循环语句。

(2) 可以通过设置,使得循环语句成为一个死循环,即永远不会退出循环。

2. 直到型循环

直到型循环结构(见图 2.5)一般形式如下：

do 语句 while(条件表达式);

其中,do 是 C++关键字,do 和 while 之间的 1 个语句是循环体,while 后面的括号内的表达式表示循环条件,括号后的分号不能省略。整个部分视为 1 个 do-while 语句。其执行流程是：首先执行循环体 1 次,然后计算表达式的结果并视为 bool 值,为假就退出循环,为真就再次执行循环体,然后再计算表达式,如此反复。

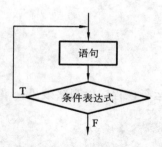

图 2.5 do-while 语句流程图

【例 2.14】 用 do-while 求例 2.6。

```
#include<iostream>
using namespace std;
int main()
{
    int i=1,sum=0,n;
    do
    {
        sum=sum+i;
        ++i;
    }while(i<=100);
    cout<<sum<<endl;
    return 0;
}
```

3. for 循环

for 语句(见图 2.6)是 C++使用最灵活、功能最强的循环语句,其一般形式如下：

for(表达式 1;表达式 2;表达式 3)1 个语句

for 语句的执行流程如下：

(1) 求解表达式 1 的值。

(2) 求解表达式 2 的值,若其值为真,执行循环体,然后执行(3),否则结束循环。

(3) 求解表达式 3 的值,返回(2)。

【例 2.15】 用 for 语句求例 2.13。

```
#include<iostream>
using namespace std;
int main()
{
    int sum=0,n;
    for(int i=1;i<=100;++i)
```

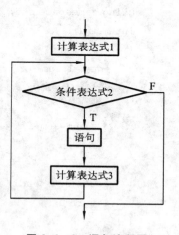

图 2.6 for 语句流程图

```
        {
            sum=sum+i;
        }
        cout<<sum<<endl;
        return 0;
}
```

说明:

(1) 括号内的表达式1、表达式2、表达式3可以任意省略,但两个分号不能省。

(2) 循环条件其实是表达式2,当表达式2省略时,表示循环条件一直为真。只有for里面的表达式可以省略,if、switch、while等括号内的表达式均不能省。

(3) for语句是使用最灵活的循环语句形式,一个最简单的用法就是:表达式1作为循环的起点,表达式2包含循环终点作为终止条件,表达式3为每次迭代的步长。以例2.13为例,从1加到100,起点为1,终点为100,步长为1。如果将题目改为求100以内所有奇数的和,则见例2.16。

(4) for语句看起来功能最强大,但实际上三种形式的循环语句在功能上是完全等价的。

【例2.16】 求1到100之间所有奇数的和。

```
#include<iostream>
using namespace std;
int main()
{
    int sum=0,n;
    for(int i=1;i<=100;i+=2)
    {
        sum=sum+i;
    }
    cout<<sum<<endl;
    return 0;
}
```

2.4.7 break语句和continue语句

1. break语句

break语句只能用于循环语句和switch语句,用于跳出本层循环或者switch语句。也就是说,break之后,这个语句就执行完毕了。

2. continue语句

continue语句只能用于循环语句,遇到continue语句,执行点将直接跳至本层循环体的末尾;换言之,continue之后的循环体语句将被忽略。

注意:continue与break语句的区别是:continue只结束本次循环,再进行下一次循环结束条件判断,而不是终止整个循环的执行;而break则是终止整个循环,不再进行条件判断。

比较下列循环程序：

(1) break 语句(见图 2.7(a))。

```
while(表达式 1)
{
   ⋮
   if(表达式 2)break;
   ⋮
}
```

(2) continue 语句(见图 2.7(b))。

```
while(表达式 1)
{
   ⋮
   if(表达式 2)continue;
   ⋮
}
```

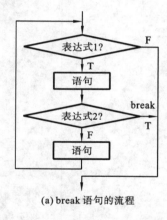 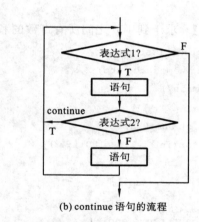

(a) break 语句的流程　　　　　(b) continue 语句的流程

图 2.7　break 与 continue 语句流程结构的区别

2.4.8　goto 语句

goto 语句需要与标签配合使用，其基本形式如下：

```
goto label;
```

label 指标签，就是一个标识符。标签语句的基本形式如下：

```
label:语句
```

goto 语句的作用就是跳至对应的标签语句开始执行。因此，利用 goto 可以在程序之间自由跳转。

说明：goto 语句的自由度非常大，因此普遍认为 goto 语句是有害的。无论如何，不要滥用 goto 语句。或者，最好不要使用 goto 语句。

2.4.9 程序设计综合举例

【例 2.17】 求 1 到 500 之间的素数。

素数:一个大于 1 的除了它自身和 1 以外,不能被其他任何正整数所整除的整数。判断某数 m 是否为素数,最简单的方法是:用 i=2,3,…,m-1 逐个除,只要有一个能整除,m 就不是素数。可以用 break 提前结束循环,若都不能整除,则 m 是素数。

```
#include<iostream>
using namespace std;
int main()
{
    int yes=0;
    int m,k,i,n=0;
    for(m=2;m<=500;m++)
    {
        yes=1;                      //标志变量,为1时为素数
        for(i=2;i<m;i++)
            if(m%i==0)
            {
                yes=0;
                break;
            }
        if(yes==1)
        {
            cout<<m<<'\t';
            n++;                    //记录素数的个数
            if(n%10==0)             //每行输出10个素数
                cout<<endl;
        }
    }
    return 0;
}
```

如果 m 不是素数,则必然能被分解为两个因子 a 和 b,并且其中之一必然小于等于 sqrt(m)(m 的平方根),另一个必然大于等于 sqrt(m)。所以要判断 m 是否为素数,可简化为判断它能否被 2 至 sqrt(m) 之间的数整除即可。因为若 m 不能被 2 至 sqrt(m) 之间的数整除,则必然也不能被 sqrt(m) 至 m-1 之间的数整除。另外,题目要求 1 到 500 之间的素数,4 到 500 之间的所有的偶数都不会是素数,因此,循环递增时的步长可以修改为 2。改进后的算法如下:

```
#include<iostream>
#include<cmath>
using namespace std;
```

```
int main()
{
    int m,i,k;
    cout<<2<<'\t';
    for(m=3;m<500;m+=2)
    {
        k=int(sqrt(m));
        for(i=2;i<=k;i++)
            if(m%i==0)
                break;
        if(i>k)
            cout<<m<<'\t';
    }
    return 0;
}
```

【例 2.18】 求 Fibonacci 数列：$1,1,2,3,5,8,\cdots$ 的前 40 个数。

数列的特征：第 1、2 个位置上的数都为 1，从第 3 个位置开始，第 i 个位置上的数等于前 2 个数的和。

$$\begin{cases} F_1=1, \quad F_2=1 \\ F_n=F_{n-1}+F_{n-2} \quad (n>2) \end{cases}$$

源程序：

```
#include<iostream>
using namespace std;
int main()
{
    long f1,f2;
    int i;
    f1=1;
    f2=1;
    for(i=1;i<=20;i++)
    {
        cout<<f1<<"\t"<<f2<<'\t';
        if(i%3==0)
            cout<<endl;
        f1=f1+f2;
        f2=f2+f1;
    }
    return 0;
}
```

输出结果如下：

1	1	2	3	5	8
13	21	34	55	89	144
233	377	610	987	1597	2584
4181	6765	10946	17711	28657	46368
75025	121393	196418	317811	514229	832040
1346269	2178309	3524578	5702887	9227465	14930352
24157817		39088169		63245986	102334155

【例 2.19】 求一元二次方程 $ax^2+bx+c=0$ 的根，a、b、c 从键盘输入。

首先，需要判断输入的 a、b、c 是否构成一元二次方程，然后根据 b^2-4ac 是否为 0、大于 0、小于 0 来求其方程的根。

```cpp
#include<iostream>
#include<cmath>
using namespace std;
int main()
{
    float a,b,c,disc,x1,x2,r,i;
    cout<<"Please input a,b,c:";
    cin>>a>>b>>c;
    if(fabs(a)<=1e-6)        //计算机中一般用一个很小的数表示 0
        cout<<"不是二次方程\n";
    else
    {
        disc=b*b-4*a*c;
        if(fabs(disc)<=1e-6)
        {
            x1=x2=-b/(2*a);
            cout<<endl<<"x1=x2="<<x1<<endl;
        }
        else
            if(disc>1e-6)
            {
                x1=(-b+sqrt(disc))/(2*a);
                x2=(-b-sqrt(disc))/(2*a);
                cout<<endl<<"x1="<<x1<<",x2="<<x2<<endl;
            }
            else
            {
                r=-b/(2*a);
                i=sqrt(-disc)/(2*a);
                cout<<endl<<"x1="<<r<<"+"<<"("<<i<<"i)";
                cout<<endl<<"x2="<<r<<"-"<<"("<<i<<"i)"<<endl;
```

```
        }
    }
    return 0;
}
```

2.5 ACM 国际大学生程序设计竞赛中的输入/输出

在 ACM 国际大学生程序设计竞赛中,评测系统一般要求程序从标准输入设备读取数据,并把结果打印到标准输出设备中。在 C、C++语言中,标准输入/输出的使用都是很简单的,只是要注意题目中输入、输出的格式。另外,一般比赛题目都要求连续输入多组数据,大多数题目通过指定测试数据个数或者规定数据结束标记来避免程序显示的判断文件结束。

下面我们来看一个 ACM 国际大学生程序设计竞赛题目实例。

【例 2.20】 A+B for input-output practice.

[Problem Description]

Your task is to calculate a+b.

Too easy?! Of course! I specially designed the problem for ACM beginners.

[Input]

The input will consist of a series of pairs of integers a and b, separated by a space, one pair of integers per line.

[Output]

For each pair of input integers a and b you should output the sum of a and b in one line, and with one line of output for each line in input.

[Sample Input]
```
1 5
10 20
```

[Sample Output]
```
6
30
```

此题的输入不说明有多少个 Input Block,而是以 EOF 为结束标志。在编写这类问题程序的时候需解决两个问题:第一,连续读入多组数据;第二,不知道具体有多少组数据,而是要以某个标记结束数据的输入。

C++程序如下:

```cpp
#include<iostream>
using namespace std;
int main()
{
    int a,b;
    while(cin>>a>>b)
        cout<<a+b<<endl;
    return 0;
}
```

思考：不同语言是如何判断文件结束的？

【例2.21】 A+B for input-output practice.

[Problem Description]

Your task is to calculate a+b.

[Input]

Input contains an integer N in the first line, and then N lines follow. Each line consists of a pair of integers a and b, separated by a space, one pair of integers per line.

[Output]

For each pair of input integers a and b you should output the sum of a and b in one line, and with one line of output for each line in input.

[Sample Input]
```
2
1 5
10 20
```

[Sample Output]
```
6
30
```

此题输入一开始就说明有 N 个 Input Block，下面接着是 N 个 Input Block。在编写这类问题程序的时候先读入 N，然后用 N 来作为循环控制变量。

C++程序如下：

```cpp
#include<iostream>
using namespace std;
int main()
{
    int n,a,b;
    cin>>n;
```

```
        while(n--)
        {
            cin>>a>>b;
            cout<<a+b<<endl;
        }
        return 0;
    }
```

提示：在输出时要特别注意输出的格式：要不要换行、每行结尾是否有多余的空格等。更多的有关输入/输出的练习请参看《C＋＋程序设计教程习题答案和实验指导》。

习　题　2

2.1　[题号]10452。
[题目描述]编写一个函数，求3个数中的最大值。
[输入]输入有若干行，每行有3个32位整数。
[输出]对每一行输入，输出1行，为该行输入的3个数中最大的数值。
[样例输入]
　　2　5　9
　　8　24　1
[样例输出]
　　9
　　24

2.2　[题号]10454。
[题目描述]求n的阶乘。
[输入]输入的第1行是1个正整数m。接下来有m行，每行1个整数n，1≤n≤10。
[输出]对每一个n，输出1行，为n!。
[样例输入]
　　3
　　1
　　5
　　10
[样例输出]
　　1
　　120
　　3628800

2.3　[题号]10459。
[题目描述]本题中的水仙花数是指一个3位正整数，其各位数字的立方和等于该数。例如：$407=4×4×4+0×0×0+7×7×7$，所以407是一个水仙花数。判断给定的数n是否为水仙花数。

[输入]输入有若干行,每行 1 个整数 n,1≤n≤999。

[输出]对每一个输入,输出 1 行,如果是水仙花数,则输出"YES",否则输出"NO"。

[样例输入]

    153
    100

[样例输出]

    YES
    NO

2.4　[题号]10461。

[题目描述]完数是指不包括其本身的所有因子之和恰好等于其本身的数。例如,6 就是一个完数,因为 6 的所有因子(除了 6 本身之外)是 1、2、3,其和恰好是 6。给定整数 n,判断其是否为完数。

[输入]输入有若干行,每行 1 个正的 32 位整数 n。

[输出]对每个输入,输出 1 行。首先输出"Case 序号:",然后输出 n 和逗号,再输出 "Yes"或"No"。

[样例输入]

    6
    9
    15

[样例输出]

    Case 1:6,Yes
    Case 2:9,No
    Case 3:15,No

2.5　[题号]10464。

[题目描述]素数是只能被 1 和本身整除的整数。例如,2、3、5、7 是素数,4、6、8、9 不是素数。判断给定的整数 n 是否为素数。

[输入]第 1 行是 1 个正整数 T,其后有 T 行,每行 1 个正整数 n,n<10000。

[输出]对每一个输入 n,输出 1 行。n 是素数输出 1,否则输出 0。

[样例输入]

    3
    2
    7
    9

[样例输出]

    1
    1
    0

2.6　[题号]11601。

[题目描述]求 n 个数的平均值。

[输入]输入有若干行,每行第1个是1个正整数n(n<1000),其后还有n个32位整数。

[输出]对每一行输入,输出这n个数的平均值,保留2位小数。

[样例输入]

  2 3 4

[样例输出]

  3.50

2.7 [题号]11602。

[题目描述]对n个数求其最小值。

[输入]输入有若干行,每行第1个是1个正整数n(n<1000),其后还有n个32位整数。

[输出]对每一行输入,输出这n个数中最小数的数值。

[样例输入]

  2 3 4

[样例输出]

  3

2.8 [题号]10453。

[题目描述]有如下分段函数。给定自变量,计算因变量的值。

$$y=\begin{cases} x & (x<1) \\ 2x-1 & (1\leqslant x<10) \\ 3x-11 & (x\geqslant 10) \end{cases}$$

[输入]第1行输入的是1个正整数n,其后有n行。每行1个数为x。

[输出]根据x计算y值。如果y值是整数,直接输出;否则保留1位小数,四舍五入。

[样例输入]

  2

  5

  30

[样例输出]

  9

  79

2.9 [题号]10454。

[题目描述]给定如下表达式及其参数,计算表达式的值。

$$\frac{(x+1)(y-3)}{x+y+z}$$

[输入]输入第1行为1个正整数n,其后有n行。每行3个数,分别是x、y、z。

[输出]对每一组x、y、z,输出1行为表达式的值。保留4位小数。

［样例输入］
   2
   1 2 3
   7 8 20
［样例输出］
   -0.3333
   1.1429

2.10 ［题号］11603。

［题目描述］判断某年是否为闰年。

［输入］输入有若干行,每行1个正整数 y,y≤9999。

［输出］对每一个输入,输出1行。y 是闰年输出"Yes",否则输出"No"。

［样例输入］
   1996
   1997

［样例输出］
   Yes
   No

2.11 ［题号］10458(因为学生对二进制表示可能不太熟练,所以本题描述较长)。

［题目描述］计算机中的每一个数都是用二进制表示的。例如,数值5,因为将其看作是一个32位整型数,在计算机中就表示为:0000 0000 0000 0000 0000 0000 0000 0101。一共是32个二进制位。

现在将其循环右移1位,将变成1000 0000 0000 0000 0000 0000 0000 0010。这个数是多少呢？如果是整型,这个数是-2147483646。

如果将其循环右移2位,将变成0100 0000 0000 0000 0000 0000 0000 0001。这个数就变成了1073741825。

非常奇妙,对整型数做循环移位将使得结果在正负之间来回变换。循环左移的原理是一样的。而且,应该能够发现将其循环左移31位,就等于将其循环右移1位。当然这也与5是用32位表示有关,如果用64位表示就不是这样了。

［输入］输入第1行为1个正整数 T,其后有 T 行。每行2个32位整数 n、m。n≥0时,表示将 m 循环右移 n 位;否则,将 m 循环左移 n 位。

［输出］对每个输入,输出1行,为移位后的结果。

［样例输入］
   2
   1 2
   -2 2

［样例输出］
   1
   8

2.12 ［题号］11604。

［题目描述］很多公式可以用来计算π，甚至还可以用概率的方法。我们这里提供一个最简单的公式：

$$\pi/4 = 1 - 1/3 + 1/5 - 1/7 + 1/9 - \cdots$$

请利用该公式将π计算到指定位数。

［输入］输入有若干行，每行1个非负整数n，表示输出π的小数位数，n小于等于12。n等于-1时，测试结束。

［输出］对每个输入(-1除外)，输出对应小数位数的π，四舍五入。

［样例输入］

    2
    3
    -1

［样例输出］

    3.14
    3.142

2.13 ［题号］11605。

［题目描述］计算完π，来计算一下自然对数的底e吧。这里有一个简单的公式：

$$e = 1/0! + 1/1! + 1/2! + 1/3! + \cdots$$

［输入］输入有若干行，每行1个非负整数n，表示输出e的小数位数，n小于等于12。n等于-1时，测试结束。

［输出］对每个输入(-1除外)，输出对应小数位数的e，四舍五入。

［样例输入］

    2
    3
    -1

［样例输出］

    2.72
    2.718

2.14 ［题号］11606。

［题目描述］写一个可以计算表达式的程序。

［输入］输入的数据仅由操作数a、运算符c和操作数b三部分组成。其中a、b为$(0, 2^{15})$范围内的正整数，操作符c为"＋"、"－"、"＊"、"／"或"％"这5个字符之一，分别表示加、减、乘、整除、取余。

［输出］按照格式输出原表达式及其值。

［样例输入］

    2+3
    5/2
    5%2
    4*4

[样例输出]

2+3=5
5/2=2
5%2=1
4*4=16

第 3 章 数组与字符串

[本章主要内容] 本章主要讨论各种不同类型的数组、数组的概念、数组的形式化定义、数组的初始化方法、数组元素的访问规则；在此基础上介绍数组的使用方法，如数组的查找、排序、计算等。字符数组作为一种特殊的数组，用来存储字符串。学生通过数组的学习可以提高数据管理能力和编程能力。

3.1 数组

3.1.1 数组的概念

相对于第 2 章的基本数据类型，数组是一种复合类型。在介绍数组的基本功用之前，首先看两个小例子。

【例 3.1】 从键盘输入 3 个 32 位整数，求其和（其输入应保证输出结果不超过 32 位整数范围）。

```cpp
#include<iostream>
using namespace std;
int main(){
    int a,b,c;
    cin>>a>>b>>c;
    cout<<a+b+c<<endl;
    return 0;
}
```

【例 3.2】 从键盘输入 10 个 32 位整数，求其和（其输入应保证输出结果不超过 32 位整数范围）。

```cpp
#include<iostream>
using namespace std;
int main(){
    int a,b,c,d,e,f,g,h,i,j;
    cin>>a>>b>>c>>d>>e>>f>>g>>h>>i>>j;
    cout<<a+b+c+d+e+f+g+h+i+j<<endl;
    return 0;
}
```

很明显，例 3.2 非常丑陋。如果处理 10 个整数就需要 10 个变量，那么处理一个班级的所有学生的考试成绩该怎么办？处理一个跨国企业的全体员工的工资该怎么办？这个时候，可以使用数组，或者说必须使用数组。

3.1.2 数组的定义

数组是一种符合类型,每一个数组类型的变量均存储了一系列的值,而非单个值。数组变量的定义格式如下:

  数组元素类型名 数组名[数组长度];

例如:

```
int a[3];        //数组名为 a,数组元素类型为 int,数组长度为 3
float x[10];     //数组名为 x,数组元素类型为 float,数组长度为 10
char s[100];     //数组名为 100,数组元素类型为 char,数组长度为 100
```

说明:

(1) 数组类型的变量定义,既要指明该变量是数组,又要指明该数组中元素的类型。定义格式中的方括号就是用来说明该变量为数组的。例如,定义语句 int a;,则变量 a 只是一个普通的整型数,但是,定义 int a[3];,则变量 a 是一个整型数组。注意:数组只能含有相同类型的元素。同一个数组中,不可能既含有整型元素,又含有浮点型元素。

(2) 数组元素类型名,目前而言即第 2 章中的基本数据类型名,实际上也可以是本章及其后续章节讲到的复合类型名。

(3) 数组长度表明了该数组内的元素的数量,定义语句 int a[3];说明数组 a 包含 3 个元素(3 个整型);定义语句 float x[10];则说明数组 x 包含 10 个元素。

(4) 数组可以与其他数组或者普通变量一起定义,例如:

```
int a,b[10];         //a 是整型变量,b 是长度为 10 的整型数组
int a[3],b[10];      //a 是长度为 3 的整型数组,b 是长度为 10 的整型数组
```

(5) C++标准要求数组长度必须是一个具有常性的量或者表达式,简单地说就是,不能是变量及其表达式。例如:

```
int n;
int a[n];        //错误,数组长度不能是变量

int n=3;
int a[n];        //错误,即使给 n 赋值,数组长度也不能是变量

const int n=3;
int a[n];        //正确,因为 n 是一个具有常性的变量,具体请参考 const 关键字部分

int a[3+4];      //正确,数组长度是一个表达式,参与表达式运算的都是常量,所以表达
                 //  式的结果也具有常性

int n=5;
int a[n+3];      //错误,表达式含有变量
```

(6) 一个数组型变量所占据的内存空间由它的长度与元素类型共同决定。例如:int a[3];,数组 a 占据 12 个字节,因为其含有 3 个整型,而一个整型占据 4 个字节。

关于数组的另外一个重要概念是下标。仍然以 int a[3]; 为例，a 是一个三元素的数组，名字 a 代表的是整个数组。如果想要使用其中单个的元素，就需要用到下标。单个数组元素的表达格式如下：

    数组名[下标]

说明：

（1）假设数组的长度是 N，则下标合法的范围是[0,N−1]的整数。

（2）下标必须是整型或者结果为整型的表达式。假设 a 是数组名，若不考虑超范围问题，则 a[3]、a[4+5]都是合法的数组元素表达，而 a[1.5]则是非法的。注意，下标不需要是具有常性的量或者表达式。假设 i 是整型变量，若不考虑超范围问题，则 a[i−1]、a[i]、a[i+1]都是合法的元素表达。

（3）初学者一定要牢记：所谓[0,N−1]是合法范围指的是语义合法，语法上，任何整数值都能作为下标。例如，在源代码中书写 a[−1]、a[N]、a[N+1]，编译器是不会报错的，因为其语法是合法的，所以检查下标是否越界，是程序员的责任，编译器不检查此项。

（4）包含下标的方括号实际上是一个运算符，名为取下标运算符，其优先级非常高。所以，在绝大部分情况下，都可以把数组元素看作是一个整体，去参与其他运算。

c[0]	c[1]	c[2]	c[3]	c[4]	……	c[49]
95	54	75	78	96	……	86

  图 3.1 数组元素与对应值之间的关系

图 3.1 显示了整型数组 c，这个数组包含 50 个元素。数组中的第 1 个元素下标为 0，这样，c 数组中的第 1 个元素为 c[0]，c 数组中的第 2 个元素为 c[1]，数组中的第 50 个元素为 c[49]。一般来说，c 数组中的第 i 个元素为 c[i−1]。

3.1.3 数组的初始化

数组在定义的时候可以做初始化，更具体一点，即在数组定义的时候就指定数组元素的值。数组初始化的格式如下：

    数组元素类型名 数组名[数组长度]={值列表};

前半部分就是数组定义的格式，值列表是用逗号隔开的值，列表中的值会依次初始化给数组元素。例如：

    int a[3]={1,2,3};

初始化之后，a[0]的值是 1，a[1]的值是 2，a[2]的值是 3。

说明：

（1）如果不是显式的初始化，则全局数组的元素全部被初始化为默认值，对基本类型而言就是初始化为 0；局部数组会被初始化为随机值(有关全局与局部的概念请参考后续章节)。因此，最好显式初始化。

（2）可以部分初始化。例如，int a[10]={1,2,3};，则 a[0]、a[1]、a[2]分别被初始化为 1、2、3，而 a[3]到 a[9]全被初始化为 0。也就是说，部分初始化时，靠前部分的元素被初始化为指定值，靠后部分的元素被初始化为默认值(对简单类型就是 0)。

(3) 完全初始化时,可以省略数组长度。例如,int a[]={1,2,3};,因为列表中有 3 个值,所以编译器认为省略的长度就是 3。

有了数组以后,重新来做一遍例 3.2。

【例 3.3】 从键盘输入 10 个 32 位整数,求其和(其输入应保证输出结果不超过 32 位整数范围)。

```
#include<iostream>
using namespace std;

int main(){
    int a[10];
    for(int i=0;i<10;++i) cin>>a[i];
    int sum=0;
    for(int i=0;i<10;++i) sum+=a[i];
    cout<<sum<<endl;
}
```

【例 3.4】 从键盘输入 10 个 32 位整数,求其中最大的值。

```
#include<iostream>
using namespace std;

int main(){
    int a[10];
    for(int i=0;i<10;++i)cin>>a[i];
    int ret=a[0];
    for(int i=1;i<10;++i)
        if(ret<a[i])
            ret=a[i];
    cout<<ret<<endl;
}
```

从这两个例子可以看出,使用数组编程一般都会用到循环语句。使用循环变量配合数组下标的使用,可以完成大量的重复性工作。

【例 3.5】 Fibonacci 数列:1,1,2,3,5,8,…,其规律是从第 3 个数开始,每一项等于前 2 项的和,即 a[i]=a[i-1]+a[i-2],i=2,3,…,求该数列的前 M(M=10)项。

```
#include<iostream>
using namespace std;

int main(){
    int a[10]={0,1,1};//a[0]省略不用
    for(int i=3;i<=10;++i)
        a[i]=a[i-2]+a[i-1];
    for(int i=1;i<=10;++i)
```

```
                cout<<a[i]<<endl;
       }
```

数组的存储模型:数组中的元素是按顺序连续存储的,即数组元素排成一行保存在一起。有数组 int a[6];,并且假设 1 个 int 占 4 个字节,则数组 a 占据 6×4 个字节,且这 24 个字节是连续的。

上文提到的数组也称一维数组。一维数组的存储模型如表 3.1 所示。

表 3.1 一维数组的存储模型

数组元素在数组中的序号	0	1	2	3	4	5
数组元素索引	a[0]	a[1]	a[2]	a[3]	a[4]	a[5]
数组元素相对于数组首地址的偏移量	0	4	8	12	16	20

3.1.4 二维数组

对于某些数学问题或者实践问题,一维数组是不够用的,此时可以使用到二维数组甚至更高维数组。二维数组的定义格式如下:

    类型名 数组名[第 1 维长度][第 2 维长度];

其中,类型名、数组名、数组长度的规定与一维数组的没有区别。值得注意的是,第 1 维是高维,第 2 维是低维,也就是从左往右,维度从高到低。

二维数组的下标运算也与一维数组的类似,例如:

```
       int a[2][3];
```

则数组 a 一共包含 6 个元素,其第 1 维下标的合法范围从 0 到 1,第 2 维下标的合法范围从 0 到 2,因此所有合法的 a 的元素分别是 a[0][0]、a[0][1]、a[0][2]、a[1][0]、a[1][1] 和 a[1][2]。

经常使用矩阵的行和列的概念来看待数组,数组 a[2][3] 的 6 个元素可以视为

  a[0][0] a[0][1] a[0][2]
  a[1][0] a[1][1] a[1][2]

这刚好对应矩阵的 2 行×3 列。注意:行、列只是一种理解方式,C++语言本身不存在这种概念,计算机内部的运行与存储机制也不存在这种概念。

二维数组的初始化比较复杂,大致可以分为如下几种情况。

(1) 初始化列表只有一个维度,例如:

```
       int a[2][3]={1,2,3,4,5,6};
```

该语句定义了一个二维数组,但是初始化列表只有一层花括号,可以视为只有一个维度。该初始化的结果是:a[0][0]、a[0][1]、a[0][2]、a[1][0]、a[1][1] 和 a[1][2] 依次为 1、2、3、4、5、6。

(2) 初始化列表有两个维度,例如:

```
       int a[2][3]={{1,2,3},{4,5,6}};
```

该初始化列表有两层花括号,可以视为与数组的两个维度对应。考虑到阅读代码的方便,经常可以写成如下形式:

第3章 数组与字符串

```
int a[2][3]={
    {1,2,3},
    {4,5,6}
};
```

（3）不完全初始化，例如：

```
int a[2][3]={1,2,3,4};
int a[2][3]={{1,2},{3,4}};
```

在第一个例子中，a[0][0]、a[0][1]、a[0][2]、a[1][0]、a[1][1]和a[1][2]依次为1、2、3、4、0、0。

在第二个例子中，a[0][0]、a[0][1]、a[0][2]、a[1][0]、a[1][1]和a[1][2]依次为1、2、0、3、4、0。

（4）完全初始化时，高维度可以省略，例如：

```
int a[][3]={1,2,3,4,5,6};
```

二维数组的存储模型（见表3.2）与一维数组的实际上并无不同，尽管为了便于理解，经常使用行、列来说明二维数组，但在计算机内部，二维数组的元素也是一个挨着一个保存的。

数组 int a[2][3]被定义以后，计算机就会连续分配2×3×4个字节（假设1个int占4个字节），最开始的单位分配a[0][0]，然后依次分配a[0][1]、a[0][2]、a[1][0]、a[1][1]、a[1][2]。

表 3.2 二维数组的存储模型

数组元素在数组中的序号	0	1	2	3	4	5
数组元素索引	a[0][0]	a[0][1]	a[0][2]	a[1][0]	a[1][1]	a[1][2]
数组元素相对于数组首地址的偏移量	0	4	8	12	16	20

对照表3.1可知，计算机保存一维数组和二维数组的形式并无区别。

【例3.6】 给定2个2×3阶的矩阵，求其和，并输出。

```
#include<iostream>
using namespace std;

int main(){
    int a[2][3]={1,2,3,4,5,6};
    int b[2][3]={6,5,4,3,2,1};
    int c[2][3];
    for(int i=0;i<2;++i){
        for(int j=0;j<3;++j){
            c[i][j]=a[i][j]+b[i][j];
        }
    }
    for(int i=0;i<2;++i){
        for(int j=0;j<3;++j){
```

```
            cout<<c[i][j]<<" ";
        }
        cout<<endl;
    }
}
```

从这个例子可以看出,二维数组经常与双重循环配合使用。

3.1.5 数组应用举例

数组是表示和存储数据的一种重要方法,是一种典型的数据组织形式,在实际中应用非常广泛,如计算、统计、排序、查找各种运算。

【例 3.7】 已知两个矩阵 A 和 B 如下:

$$A=\begin{bmatrix}7, & -5, & 3\\ 2, & 8, & -6\\ 1, & -4, & -2\end{bmatrix}, B=\begin{bmatrix}3, & 6, & -9\\ 2, & -8, & 3\\ 5, & -2, & -7\end{bmatrix}$$

编一程序计算出它们的和、差。

分析 两个矩阵相加或相减的条件是参与运算的两个矩阵的行数和列数必须分别对应相等,它们的和或差仍为一个矩阵,并且与两个相加或相减的矩阵具有相同的行数和列数。此题中的两个矩阵均为 3 行×3 列,所以它们的和矩阵同样为 3 行×3 列。两矩阵相加或相减的运算规则是,结果矩阵中每个元素的值等于两个相加或相减矩阵中对应位置上的元素相加或相减,即 $C_{ij}=A_{ij}+B_{ij}$,或 $C_{ij}=A_{ij}-B_{ij}$,其中 A 和 B 表示两个操作矩阵,C 表示运算结果矩阵。在程序中,首先定义 4 个二维数组,假定分别用标志符 a、b、c、d 表示,并对 a 和 b 进行初始化;接着根据 a 和 b 计算出 c、d,然后按照矩阵的书写格式输出数组 c、d。根据分析编写出程序如下:

```
#include<iostream>
#include<iomanip>
using namespace std;
const int N=3;
int main()
{
    int a[N][N]={{7,-5,3},{2,8,-6},{1,-4,-2}};
    int b[N][N]={{3,6,-9},{2,-8,3},{5,-2,-7}};
    int i,j,c[N][N],d[N][N];
    for(i=0;i<N;i++)
    for(j=0;j<N;j++)
    {
        c[i][j]=a[i][j]+b[i][j];    //计算矩阵 a,b 对应元素的和
        d[i][j]=a[i][j]-b[i][j];    //计算矩阵 a,b 对应元素的差
    }
    cout<<"Matrix a+b:"<<endl;
    for(i=0;i<N;i++)                //输出矩阵 c
```

```
        {
            for(j=0;j<N;j++)
                cout<<setw(5)<<c[i][j];
            cout<<endl;
        }
        cout<<"Matrix a-b:"<<endl;
        for(i=0;i<N;i++)                    //输出矩阵 d
        {
            for(j=0;j<N;j++)
                cout<<setw(5)<<d[i][j];
            cout<<endl;
        }
        return 0;
    }
```

【例 3.8】 有一家公司,生产一种型号的产品,上半年各月的产量如表 3.3 所示,每种型号的产品的单价如表 3.4 所示,编一个程序计算上半年的总产值。

表 3.3 产量统计表

月份 \ 型号 产量/个	TV-14	TV-18	TV-21	TV-25	TV-29
1	438	269	738	624	513
2	340	420	572	726	612
3	455	286	615	530	728
4	385	324	713	594	544
5	402	382	550	633	654
6	424	400	625	578	615

表 3.4 单价表

型　号	单价/元
TV-14	500
TV-18	950
TV-21	1340
TV-25	2270
TV-29	2985

分析 表 3.3 需要用一个二维数组来存储,该数组的行下标表示月份,即用 0～5 依次表示 1—6 月份,该数组的列下标表示产品型号,即用 0～4 依次表示 TV-14、TV-18、TV-21、TV-25 和 TV-29,数组中的每一元素值为相应月份和型号的产量。

表 3.4 需用一个一维数组来存储,该数组的下标依次对应每一种产品型号,每一元素

值为该型号的单价。

要计算出上半年的总产值,首先必须计算出每月的产值,然后再逐月累加起来。为此,设一维数组 d[6]用来存储各月的产值,即用 d[0]存储 1 月份的产值,d[1]存储 2 月份的产值,依此类推。设用变量 sum 累加每月的产值,当从 1 月份累加到 6 月份之后,sum 的值就是该公司上半年的总产值。根据数组 b 和 c 计算出 i+1 月份产值的公式为

$$d[i] = \sum_{j=0}^{4} b[i][j] \times c[j] \quad (0 \leqslant i \leqslant 5)$$

根据分析,编写出此题的完整程序如下:

```
#include<iostream>
using namespace std;
int main()
{
    int b[6][5]={{438,269,738,624,513},{340,420,572,726,612},
                 {455,286,615,530,728},{385,324,713,594,544},
                 {402,382,550,633,654},{424,400,625,578,615}};
    int c[5]={500,950,1340,2270,2985};
    int d[6]={0};
    int sum=0;
    int i,j;
    for(i=0;i<6;i++)
    {
        for(j=0;j<5;j++)
            d[i]+=b[i][j]*c[j];
        cout<<d[i]<<" ";              //输出 i+1 月份的产值
        sum+=d[i];                    //将 i+1 月份的产值累加到 sum 中
    }
    cout<<endl<<"sum:"<<sum<<endl;    //输出上半年总产值
    return 0;
}
```

若上机输入和运行该程序,则得到的输出结果如下:

```
4411255    4810320    4699480    4427940    4690000    4577335
sum:2761330
```

【例 3.9】 某社区对所属 N 户居民进行月用电量统计,每隔 50 度用电量为一个统计区间,但当用电量大于等于 500 度时为一个统计区间。编一程序,分析统计每个用电区间的居民户数。

分析 由题意可知,可将用电区间分成 11 个,其中 0～49 度为第 1 个区间,50～99 度为第 2 个区间,依此类推。为此定义一个统计数组,假定用 c[11]表示,用它的第 1 个元素 c[0]统计用电量为 0～49 度区间的用户数,用它的第 2 个元素 c[1]统计用电量为 50～99 度区间的用户数……用它的第 11 个元素 c[10]统计电量大于等于 500 度的用户数。在程序的主函数中,应首先定义数组 c[11]并初始化每个元素的值为 0;接着通过 N

次循环,从键盘上依次输入每户的用电量 x,并统计到相应的元素中去,即下标为 x/50 的元素中,当然若 x≥500 度,则统计到 c[10]元素中,最后通过循环输出在数组 c[11]中保存的统计结果。根据分析编写出程序如下:

```cpp
#include<iostream>
using namespace std;
const int N=100;//假定 N 的值为 100
int main()
{
    int c[11]={0};
    int i,x;
    for(i=1;i<=N;i++)
    {
        cin>>x;
        if(x<500)   c[x/50]++;
        else c[10]++;
    }
    for(i=0;i<=10;i++)
        cout<<"c["<<i<<"]="<<c[i]<<endl;
    return 0;
}
```

【例 3.10】 已知 10 个常数 42、65、80、74、36、44、28、65、94、72,编写一个程序,采用插入排序法对其进行排序,并输出结果。

分析 (1)定义一个能容纳 n 个数据的一维数组 a,并将待排序的数据存入其中。

(2)开始时将 a[0]看成是一个有序表,它只有一个元素,把 a[1]~a[n−1]看成是一个无序表。

(3)依次从无序表中取 a[i](i=1,2,…,n−1),把它插入前面有序表的适当位置,使之仍为一个有序表,直至无序表中的元素个数为 0 为止。

(4)插入方法:在第 i 次把无序表中的第 1 个元素 a[i]插入前面的有序表 a[0]~a[i−1]中,使之成为一个新的有序表 a[0]~a[i]。从有序表的表尾 a[i−1]开始,依次向前使每一个 a[j](j=i−1,i−2,…,1,0)与 a[i]进行比较,若 a[i]<a[j],则把 a[j]后移一个位置,直至条件不成立或 j<0 为止,此时空出的下标 j+1 的位置就是 x 的插入位置,接着把 x 的值存入 a[j+1]即可。

```cpp
#include<iostream>
using namespace std;
const int n=10;
int main()
{
    void InsertSort(int a[],int n);             //函数声明
    int a[n]={42,65,80,74,36,44,28,65,94,72};   //定义一个数组
    InsertSort(a,n);                            //调用函数进行插入排序
```

```
        for(int i=0;i<n;i++)                    //输出排序后的结果
            cout<<a[i]<<" ";
        cout<<endl;
}

void InsertSort(int a[],int n)
{
    int i,j,x;
    for(i=1;i<n;i++)
    {
        x=a[i];                                 //将待排序的元素 a[i]存储
                                                  在 x 中
        for(j=i-1;j>=0;j--)                     //寻找插入位置
            if(x<a[j])
                a[j+1]=a[j];                    //后移一个位置
            else
                break;
        a[j+1]=x;                               //将 x 插入已找到的插入位置
    }
}
```

对数组 a[10]中的元素进行插入排序的过程中,每次从无序表中取出第 1 个元素插入前面的有序表后,各元素值的排列情况如图 3.2 所示,其中方括号内为本次得到的有序表,其后为无序表。

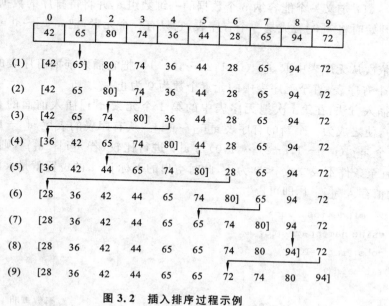

图 3.2 插入排序过程示例

【例3.11】 假定在一维数组 a[10]中保存着10个整数42、55、73、28、48、66、30、65、94、72,编译程序从中顺序查找出具有给定值 x 的元素,若查找成功,则返回该元素的下标位置,否则表明查找失败,返回-1。

此程序比较简单,假定把从一维数组中顺序查找的过程单独用一个函数模块来实现,调用该函数进行顺序查找通过主函数来实现,则整个程序如下:

```cpp
#include<iostream>
using namespace std;
const int N=10;                      //假定将数组中保存的整数个数用常量 N 表示
int a[N]={42,55,73,28,48,66,30,65,94,72};
int SequentialSearch(int x)          //顺序查找算法
{
    for(int i=0;i<N;i++)
        if(x==a[i]) return i;        //查找成功返回元素 a[i]的下标值
    return-1;                        //查找失败,返回-1
}
int main()
{
    int x1=48,x2=60,f;
    f=SequentialSearch(x1);          //从数组 a[N]中查找值为 x1 的元素
    if(f==-1)   cout<<"查找:"<<x1<<"失败!"<<endl;
    else cout<<"查找:"<<x1<<"成功!"<<"下标为"<<f<<endl;
                                     //查找成功或失败分别显示出相应的信息
    f=SequentialSearch(x2);          //查找值为 x2 的元素,返回值赋给 f
    if(f==-1)   cout<<"查找:"<<x2<<"失败!"<<endl;
    else cout<<"查找:"<<x2<<"成功!"<<"下标为"<<f<<endl;
    return 0;
}
```

上机输入和运行该程序,输出结果如下:

  查找 48 成功! 下标为 4
  查找 60 失败!

【例3.12】 假如一维数组 a[N]中的元素是一个按从小到大顺序排列的有序表,编写程序从 a 中二分查找出其值等于给定值 x 的元素。

分析 二分查找又称折半查找或对分查找。它比顺序查找要快得多,特别是当数据量很大时效果更显著。二分查找只能在有序表上进行,对于一个无序表,则只能采用顺序查找。在有序表 a[N]上进行二分查找的过程为:确定待查找区间为所有 N 个元素 a[0]~a[N-1],将其中点元素 a[mid](mid=(N-1)/2)的值与给定值 x 进行比较。若 x=a[mid]则表明查找成功,返回该元素的下标 mid 的值;若 x<a[mid],则表明待查元素只可能落在该中点元素的左区间 a[0]~a[mid-1]中,接着在这个左区间 a[0]~a[mid-1]中继续进行二分查找;若 x>a[mid],则只要在这个右区间 a[mid+1]~a[N-1]内继续进行二分查找即可。这样经过一次比较后就使得查找区间缩小一半,如此进行下去,直到查找到对应的元素,返回下标值,或者查找区间变为空(即区间下界 low 大于区间上界 high),表明查找失败,返回 −1。

假定数组 a[10]中的 10 个整型元素如图 3.3 所示。

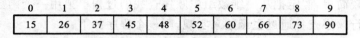

图 3.3　数组 a[10]

若要从中二分查找出值为 37 的元素,则具体过程为:开始时查找区间为 a[0]~a[9],其中点元素的下标 mid 为 4。因 a[4]值为 48,其给定值 37 小于它,所以应接着在左区间 a[0]~a[3]中继续二分查找。此时中点元素的下标 mid 为 1,因 a[1]的值为 26,其给定值 37 大于它,所以应接着在右区间 a[2]~a[3]中继续二分查找。此时中点元素的下标 mid 为 2,因 a[2]的值为 37,给定值与它相等,到此查找结束,返回该元素的下标值 2。此查找过程可用图 3.4 表示出来,其中每次二分查找区间用方括号括起来,该区间的下界和上界分别用 low 和 high 表示。

```
下标  0   1   2   3   4   5   6   7   8   9
(1) [15  26  37  45  48  52  60  66  73  90]
     ↑low            ↑mid                ↑high
(2) [15  26  37  45] 48  52  60  66  73  90
     ↑low↑mid    ↑high
(3)  15  26 [37  45] 48  52  60  66  73  90
            low,mid↑ ↑high
```

图 3.4　二分查找 37 的过程示意图

若要从数组 a[10]中二分查找其值为 70 的元素,则经过 3 次对比后因查找区间变为空,即区间下界 low 大于区间上界 high,表明查找失败。其查找过程如图 3.5 所示。

```
下标  0   1   2   3   4   5   6   7   8   9
(1) [15  26  37  45  48  52  60  66  73  90]
     ↑low            ↑mid                ↑high
(2)  15  26  37  45  48 [52  60  66  73  90]
                        ↑low    ↑mid    ↑high
(3)  15  26  37  45  48  52  60  66 [73  90]
                                    low,mid↑ ↑high
(4)  15  26  37  45  52  60  66] [73  90
                                ↑high ↑low
```

图 3.5　二分查找 70 的过程示意图

根据以上的分析和举例说明,编写出此题完整程序如下:

```
#include<iostream>
using namespace std;
const int N=10;                                    //假定 N 值等于 10
int a[N]={15,26,37,45,48,52,60,66,73,90};          //定义数组 a[N]并初始化
int BinarySearch(int x)                            //二分查找算法
{
    int low=0,high=N-1;                            //定义并初始化区间下界和上界变量
```

```cpp
        int mid;                          //定义保存中点元素下标的变量
        while(low<=high)
        {                                 //在当前查找区间进行一次二分查找
                                          //过程
            mid=(low+high)/2;             //计算出重点元素的下标
            if(x==a[mid]) return mid;     //查找成功返回
            else if(x<a[mid]) high=mid-1; //修改得到左区间
            else low=mid+1;               //修改得到右区间
        }
        return -1;                        //查找失败,则返回-1
    }
    int main()
    {
        int b[3]={37,48,70};              //假定待查元素值用数组b表示
        int f;                            //保存调用二分查找函数的返回值
        for(int i=0;i<3;i++)
        {
            f=BinarySearch(b[i]);
            if(f! =-1)
                cout<<"二分查找"<<b[i]<<"成功!"<<"下标为"<<f<<endl;
            else
                cout<<"二分查找"<<b[i]<<"失败"<<endl;
        }
        return 0;
    }
```

该程序运行结果如下:

    二分查找 37 成功! 下标为 2
    二分查找 48 成功! 下标为 4
    二分查找 70 失败!

3.2 字符串

3.2.1 C++原生字符串

C++原生字符串就是指本书 2.2.6 中的字符串常量。对照其他基本数据类型,如整型 int,可以发现 C++语言中既可以定义整型常量,也可以定义整型变量。C++原生字符串只有常量的书写格式,没有对应的变量定义,即 C++语言的基本数据类型中没有字符串这种类型。

C++使用字符数组来表示字符串。

1. 利用字符串初始化字符数组

利用字符串初始化字符数组,除了用于初始化的是字符串之外,其他与数组初始化本

身并无不同。

（1）显式地给出数组长度且与字符串所需空间一致。

    char a[4]="abc";

注意,字符串后面还有一个结束标志'\0'占1个字节。此种情况下,a[0]、a[1]、a[2]、a[3]分别是'a'、'b'、'c'和'\0'。

（2）显式地给出数组长度,且要多于字符串所需空间。

    char a[10]="abc";

此时,a[0]、a[1]、a[2]、a[3]仍然分别是'a'、'b'、'c'和'\0'。a[4]~a[9]全部是'\0'。注意,如果数组长度小于所需空间,则将导致未知的错误。

（3）逐个字符赋给数组中各元素。

    char a[4]={'a','b','c','\0'};

该定义与第(1)条是等价的。注意后面的'\0'是绝对不能省略的。

（4）不给出数组长度,初始化为字符串。

    char a[ ]="abc";

省略的长度为4,所以,char a[]="abc";与char a[]={'a','b','c'};是不等价的。

2. 字符串的输入/输出

可以通过使用字符数组的名字实现字符串的输入/输出,例如:

    char a[10];

    cin>>a;

    cout<<a<<endl;

注意,此时可以输入一个长度最大为9的字符串,并输出。另外还要注意,输入时不应包括空格、回车等不可显示的字符,否则计算机会有另外的处理。输入时,不需要输入'\0',事实上通过键盘也没有办法输入'\0'。程序运行时,读取到字符串内容以后会自动在后面加一个字符串结束标识'\0'。

如果需要从键盘输入包含空格的字符串,就使用2.4.4小节所述方法:

    char a[10];

    cin.getline(a,100,'\n');

其中:a是需要保存字符串的数组;100表示最多读入99个字符(因为最后需要有一个'\0');'\n'表示遇到'\n'即结束输入。所以第2个参数与第3个参数都表示输入结束,以先满足者为准。第2个参数一般都是一个比较大的数字。第3个参数可以不写,默认为'\n'。

3. 利用二维数组存储字符串

一维字符数组能够保存一个字符串,而二维字符数组能够同时保存若干个字符串,每行保存一个字符串,每个字符串长度至多为二维字符数组的列数减1,而且最多能保存的字符串个数等于该数组的行数。例如:

    char a[7][4]={"SUN","MON","TUE","WED","THU","FRi","SAT"};

在该语句中定义了一个二维字符数组a,它包含7行,每行具有4个字符空间,每行用来保存长度小于等于3的一个字符串。该语句同时对a进行了初始化,使得"SUN"被保存到行下标为 0 的行里，该行包括 a[0][0]、a[0][1]、a[0][2]和 a[0][3]这 4 个二维元素，每个元素的值依次为'S'、'U'、'N'和'\0'，同样"MON"被保存到行下标为 1 的行里……"SAT"被保存到行下标为 6 的行里。以后既可以利用二维数组元素 a[i][j]（0≤i≤6,0≤j≤20）访问每个字符元素，也可以利用只带行下标的单下标变量 a[i]（0≤i≤6）访问每个字符串。如 a[2]则表示字符串"TUE"，a[5]则表示字符串"FRi"，cin<<a[i]则表示向屏幕输出 a[i]中保存的字符串。

```
char b[][8]={"well","good","middle","pass","bad"};
```

该语句定义了一个二维字符数组 b，它的行数没有显式地给出，隐含为初值表中所列字符串的个数。因所列字符串为 5 个，所以数组 b 的行数为 5；又因为列数被定义为 8，所以每一行所存字符串的长度要小于等于 7。该语句被执行后 b[0]表示字符串"well"，b[1]表示字符串"good"……

```
char c[6][8]={"int","double","char"};
```

该语句定义了一个二维数组 c，它最多能存储 6 个字符串，每个字符串的长度要不超过 9，该数组前 3 个字符串 c[0]、c[1]和 c[2]分别被初始化为"int"、"double"和"char"，后 3 个字符串均被初始化为空串。

【例 3.13】 编写一个程序，从键盘上依次输入 10 个字符串到二维字符数组 w 中保存起来，输入的每个字符串的长度不得超过 29。

```
#include<iostream>
using namespace std;
int main()
{
    const int N=10;
    char w[N][30];
    for(int i=0;i<N;i++)//从键盘输入 N 个字符串
        cin>>w[i];
    //按相反的次序依次输出在数组 w 中保存的所有字符串
    for(int i=N-1;i>=0;i--)
        cout<<w[i]<<endl;
    return 0;
}
```

3.2.2 原生字符串函数

看下面的代码片段：

```
char a[10],b[10];
cin>>a;
b=a;
cout<<a<<endl<<b<<endl;
```

这个代码片段希望从键盘输入一个字符串保存到 a，然后将字符串 a 赋值给 b，最后将 a、b 输出。这段代码在语法上就是错误的，无法通过编译。因为，C++语言用字符数组存储字符串,但本质上还是数组。C++语言不支持数组整体赋值。因此,C++原生字符串的处理多半需要使用函数。

C++系统专门为处理字符串提供了一些预定义函数供编程者使用,这些函数的原型被保存在 cstring 头文件中。当用户在程序文件开始使用#include<cstring>命令把该头文件引入之后,就可以调用头文件 cstring 中定义的字符串函数,对字符串做相应的处理。

C++系统提供的处理字符串的预定义函数有许多,从 C++库函数资料中可以得到全部说明,下面简要介绍其中几个主要的字符串函数。

1. 求字符串长度

函数原型:

```
int strlen(const char s[]);
```

此函数用来求一个字符串的长度。例如,strlen("C++ programming")表示求字符串"C++ programming"的长度,其结果是 15。

调用该函数时,将返回实参字符串的长度。

2. 字符串拷贝

函数原型:

```
char *strcpy(char *dest,const char *src);
```

此函数将指针 src 指向的字符串复制到目标指针 dest 指向的存储空间中。

因为该函数只需要从 src 字符串中读取内容,不需要修改它,所以用 const 修饰,而对于第 1 个参数 dest,需要修改它的内容,所以就不能用 const 修饰。

【例 3.14】 验证字符串拷贝函数。

```cpp
#include<iostream>
#include<cstring>                        //头文件采用标准 C++语言时,可以
                                         //省略
using namespace std;
int main()
{
    char a[10],b[10]="copy";
    strcpy(a,b);                         //将 b 指向的字符串"copy"复制到
                                         //a 指向的字符串中
    cout<<a<<' '<<b<<' ';                //输出字符串 a 和 b,它们应该相同
    cout<<strlen(a)<<' '<<strlen(b)<<endl; //输出这两个字符串的长度
    return 0;
}
```

程序段首先定义了两个字符数组 a 和 b,并对 b 初始化为"copy";接着调用 strcpy 函数,把 b 所指向(即数组 b 保存)的字符串"copy"拷贝到 a 所指向(即数组 a 占用)的存储空间中,使得数组 a 保存的字符串同样为"copy",该函数返回 a 的值自动丢失;该程序段中的第 3 条语句输出 a 和 b 所指向的字符串,或者说输出数组 a 和 b 中所保存的字符串;第 4 条语句输出 a 和 b 所指向的字符串的长度。该程序段的运行结果如下:

```
copy copy 4 4
```

3. 字符串连接

函数原型：

```
char *strcat(char *dest,const char *src);
```

该函数功能是把第 2 个参数 src 所指向的字符串拷贝到第 1 个参数 dest 所指向的字符串之后的存储空间中，或者说，把 src 所指向的字符串连接到 dest 所指向的字符串之后。该函数返回 dest 的值。

使用该函数时要确保 dest 所指向的字符串之后有足够的存储空间用于存储 src 所指向的字符串。

调用此函数之后，第 1 个实参所指向的字符串的长度将等于两个实参所指向的字符串的长度之和。

【例 3.15】 字符串连接函数的使用。

```cpp
#include<iostream>
#include<cstring>            //头文件采用标准 C++语言时,可以省略
using namespace std;
int main()
{
        char a[20]="string";     //字符串长度为 6
        char b[]="catenation";   //字符串长度为 10
        strcat(a," ");           //连接一个空格到 a 串之后
        strcat(a,b);             //把 b 串连接到 a 串之后
        cout<<a<<' '<<strlen(a)<<endl;
        return 0;
}
```

执行该程序段得到的输出结果如下：

```
string catenation 17
```

4. 字符串比较

函数原型：

```
int strcmp(const char *s1,const char *s2);
```

此函数带有两个字符指针参数，各自指向相应的字符串，函数的返回值为整型。

该函数的功能：比较 s1 串和 s2 串的大小：若 s1 串大于 s2 串，则返回一个大于 0 的值，在 C++6.0 中返回 1；若 s1 串等于 s2 串，则返回值为 0；若 s1 串小于 s2 串，则返回一个小于 0 的值，在 C++6.0 中返回 −1。

比较 s1 串和 s2 串的大小是一个循环过程，需要从两个串的第 1 个字符起依次向后比较对应字符的 ASCII 码值：ASCII 码值大的字符串就大；ASCII 码值小的字符串就小；若两个字符串的长度相同，则对应字符的 ASCII 码值也相同，这两个字符串相等。整个比较过程可用下面的程序段描述出来。

【例 3.16】 字符串比较函数的使用。

```cpp
#include<iostream>
```

```
#include<cstring>//头文件采用标准C++时,可以省略
using namespace std;
int main()
{
        char a[20]="string";              //字符串长度为6
        char b[]="catenation";            //字符串长度为10
        cout<<"strcmp(a,\"1234\")="<<strcmp(a,"1234")<<endl;
        cout<<"strcmp(a,b)="<<strcmp(a,b)<<endl;
        cout<<"strcmp(a,\"123\")="<<strcmp(a,"123")<<endl;
        cout<<"strcmp(\"A\",\"a\")="<<strcmp("A","a")<<endl;
        cout<<"strcmp(\"英文\",\"汉字\")="<<strcmp("英文","汉字")<<endl;
        cout<<a<<' '<<strlen(a)<<endl;
        return 0;
}
```

运行结果如下:

```
strcmp(a,"1234")=1
strcmp(a,b)=1
strcmp(a,"123")=1
strcmp("A","a")=-1
strcmp("英文","汉字")=1
string 6
```

【例3.17】 编写一个函数实现两个字符串的比较功能。

```
int compare(char s1[],char s2[])
{
    //在这个程序段中使用的s1[i]和s2[i]分别为s1和s2数组中下标为i的元素,
        分别表示s1和s2所指字符串中的第i+1个字符。
    int i;
    for(i=0;s1[i]&&s2[i];i++)
    { //循环的正常结束要等到任一个字符串中的字符比较完
        if(s1[i]>s2[i])
            return 1;
        else if(s1[i]<s2[i])
            return-1;
        if(s1[i]==0&&s2[i]==0)//等号右边的数值0可改为'\0'
            return 0;
    }
    if(s1[i]!=0)
        return 1;
    else return -1;
}
```

3.2.3　C++STL string

C++标准模板库(STL,standard template library,详细内容请参考 13.3 节)提供 string 类型供用户使用。使用 string 类型需要包含头文件 string,以及使用标准命名空间中的名字。注意 3.2.2 小节中,使用原生字符串函数包含的头文件是 cstring。

原则上,string 并非 C++基本数据类型,用户只需将 string 当作一种类型即可,定义、使用 string 变量与定义、使用 int 变量并无不同。当然,string 类型的使用要更加复杂一些。

【例 3.18】　string 类型的基本使用。

```
#include<iostream>
#include<string>
using namespace std;

int main(){
    string a;
    cin>>a;
    string c=a+a;
    cout<<c<<endl;
    return 0;
}
```

例 3.18 实现了从键盘输入 1 个字符串,并将其与自身连接之后输出。需要注意的是,使用 cin 输入 string,不能包含空格或者回车等特殊字符,否则,程序将视其为多个字符串而非 1 个字符串。如果想输入带有空格的字符串,应该使用 getline()函数。

【例 3.19】　输入带有空格的 string 对象。

```
#include<iostream>
#include<string>
using namespace std;

int main(){
    string a;
    getline(cin,a);
    string c=a+a;
    cout<<c<<endl;
    return 0;
}
```

(1) string 类型的初始化。可以直接使用字符串常量为 string 初始化。

```
string a("abcd");
string b="xyz";
string c(a);
string d=b;
```

经过初始化以后，a 与 c 都是"abcd"，而 b 与 d 都是"xyz"。

（2）string 类型的赋值。string 类型可以如同 int 那样直接赋值。

```
string a,b;
cin>>a;
b=a;
cout<<a<<endl<<b<<endl;
```

（3）string 类型的遍历。

```
string a("abcd");
for(int i=0;i<a.length();++i)
    cout<<a[i]<<endl;
```

假设 string 类型的变量的名字为 a，则字符串的长度通过 a.length() 获取。每一个字符则通过 a[i] 获取，这一点在形式上如同原生字符串。

（4）string 类型的运算。

可以直接使用加号运算符表示字符串的连接，也可以使用复合赋值运算符"＋＝"。除此之外，其他算术运算符不能对 string 类型使用。

另外，可以直接使用 6 个关系运算符。string 类型变量的大小关系比较规则与原生字符串函数的比较规则一致，即逐个字符按照 ASCII 码进行比较。

（5）string 类型与原生字符串的相互转换。

假设 string 类型变量的名字为 a，则 a.c_str() 可以视为一个与其内容一模一样的原生字符串。可以对其使用原生字符串函数，但是不能修改其中的内容。例如：

```
string a("abcd");
cout<<strlen(a.c_str())<<endl;
```

给定表示原生字符串的字符数组名，可以非常容易地得到与其内容一模一样的 string 类型变量。例如：

```
char a[]="abcd";
string b(a);            //直接使用数组名初始化
string c;
c=a;                    //也可以写成赋值语句
cout<<b<<endl<<c<<endl;
```

习 题 3

3.1　[题号]10477。

[题目描述]给定 1 个非负整数 n，打印杨辉三角前 n 行。

[输入]输入数据有若干行。每一行有 1 个非负整数 n($1 \leqslant n \leqslant 20$)对应 1 种情形。

[输出]对于每一种情形，先输出"Case ♯:"(♯为序号，从 1 起)，换行；然后输出结果（参见输出样例）。设置 setw(6) 使数据占 6 个字符宽；每种情形中，最后一行第 1 个数字从第 6 列开始，每行最后一个数字后面不需要输出空格。

[样例输入]

    3
    4

[样例输出]

    Case 1:
            1
          1   1
        1   2   1
    Case 2:
            1
          1   1
        1   2   1
      1   3   3   1

3.2 [题号]10475。

[题目描述]下面是一个 5×5 阶螺旋方阵。试输出逆时针方向旋进的 n×n 阶螺旋方阵。

    1 16 15 14 13
    2 17 24 23 12
    3 18 25 22 11
    4 19 20 21 10
    5   6   7   8   9

[输入]输入文件只有 1 行,它是由若干个(少于 50 个)整数 n(1≤n≤70)组成的,每 2 个整数之间有 1 个空格,尾部无多余空格。

[输出]对输入文件中的每个整数 n,先在一行上输出"n=",再输出 n 的值。接着在下面的 n 行上按 n 行 n 列的方式输出 n×n 阶螺旋方阵,行尾无空格,同一行上 2 个数之间空 1 格。2 个螺旋方阵之间空 1 行。

[样例输入]

    4 5

[样例输出]

    n=4
    1 12 11 10
    2 13 16   9
    3 14 15   8
    4   5   6   7

    n=5
    1 16 15 14 13
    2 17 24 23 12
    3 18 25 22 11
    4 19 20 21 10
    5   6   7   8   9

3.3 [题号]10474。

[题目描述]有 n 个整数,已按从小到大的顺序排列好,再输入 1 个数,把它插入原有的数列中,而且仍保持有序,同时输出新数列。

[输入]第 1 行是 1 个整数 T,表示有 T 组数据。每组数据 2 行:第 1 行,第 1 个数为 n,表示数列中数的个数,后面是数列中的 n 个数;第 2 行,待插入有序数列中的 1 个数。

[输出]对于每组测试数据,输出新的数列。数据间用 1 个空格分隔,行最后一个数据后面无空格,换行。

[样例输入]

```
2
6 1 3 5 8 9 10
2
5 2 10 98 456 871
900
```

[样例输出]

```
1 2 3 5 8 9 10
2 10 98 456 871 900
```

3.4 [题号]10472。

[题目描述]已知 2 个矩阵 A、B,求 A 与 B 的乘积矩阵 C 并输出,其中 C 中的每个元素 c[i][j] 等于 $\sum A[i][k] \times B[k][j]$。

[输入]第 1 行是测试数据的组数 T(1≤T≤10),接着是对 T 组测试数据的描述。

每一组数据的第 1 行是 3 个整数 p、q、r(p、q、r 均小于等于 10),表示第 1 个矩阵的阶为 p×q,第 2 个矩阵的阶为 q×r。接着的 p 行,每行有 q 个整数,表示第 1 个矩阵,再空 1 行。然后有 q 行,每行有 r 个整数,表示第 2 个矩阵。2 组测试数据之间空 1 行。

[输出]对于每组测试数据,先输出"Case #:"(#为序号,从 1 起),换行,输出矩阵。数据间用 1 个空格分隔,每行最后一个数据后面无空格。

[样例输入]

```
2
2 2 3
3 4
2 5

3 2 5
5 7 2

3 4 3
-4 17 -4 17
7 5 14 22
-7 3 -10 11
```

```
-12   3    2
  0  14   -3
  8  10   -1
  8   5    2
```

[样例输出]

```
Case 1:
29 34 23
31 39 20
Case 2:
152 271 -21
204 341  29
 92 -24   9
```

3.5 [题号]10471。

[题目描述]已知 1 个数值矩阵,求出该矩阵的转置矩阵并输出,其中转置矩阵中[i][j]位置上的元素等于原矩阵中的[j][i]位置上的元素。

[输入]第 1 行有 1 个整数 T,表示有 T 组数据。每组数据的第 1 行为 2 个整数 m、n(m≤100,n≤100),表示矩阵为 m 行 n 列,接下来 m 行,每行 n 个整数,表示矩阵中的数据,数据间用空格隔开。

[输出]对于每组测试数据,先输出"Case ♯:"(♯为序号,从 1 起),换行,输出矩阵。数据间用 1 个空格分隔,每行最后一个数据后面无空格。

[样例输入]

```
2
2 3
1 2 3
3 4 5
3 3
1 2 3
4 5 6
7 8 9
```

[样例输出]

```
Case 1:
1 3
2 4
3 5
Case 2:
1 4 7
2 5 8
3 6 9
```

3.6 [题号]10468。

[题目描述]有 1 个数列,它的第 1 项为 0,第 2 项为 1,以后每一项都是它的前两项之

和,试产生此数列的前 n 项,并按逆序输出。

[输入]多行数据,每行 1 个整数 n(n≤40),表示数列前 n 项。

[输出]按逆序输出此数列前 n 项,数据间用 1 个空格分隔,最后一个数据后面无空格。

[样例输入]
  5

[样例输出]
  3 2 1 1 0

3.7 [题号]10469。

[题目描述]输入 1 个字符串,假定该字符串的长度不超过 256,试统计出该串中所有十进制数字字符的个数。

[输入]第 1 行有 1 个整数 T,表示有 T 组数据。以下 T 行,每行是 1 个字符串。

[输出]对于每组测试数据,输出结果,换行。

[样例输入]
  2
  a123
  qethghd23fg./>>45

[样例输出]
  3
  4

3.8 [题号]10473。

[题目描述]输入 1 个字符串,假定字符串的长度小于等于 256,分别统计出每一种英文字符的个数,不区分大小写。

[输入]第 1 行有 1 个整数 T,表示有 T 组数据。以下 T 行,每行是 1 个字符串。

[输出]对于每组测试数据,先输出"Case ♯:"(♯为序号,从 1 起),换行,按字母表顺序输出结果在 1 行上。数据间用 1 个空格分隔,行最后一个数据后面无空格。

[样例输入]
  2
  ab,cd345!.,/
  abcdefghijklmnopqrstuvwxyz

[样例输出]
```
Case 1:
1 1 1 1 0 0 0 0 0 0 0 0 0 0 0 0 0 0 0 0 0 0 0 0 0 0
Case 2:
1 1 1 1 1 1 1 1 1 1 1 1 1 1 1 1 1 1 1 1 1 1 1 1 1 1
```

3.9 [题号]10476。

[题目描述]将 1 个字符数组 a 中下标为单号的元素赋给另一个字符数组 b,并将其转换成大写字母,然后输出字符数组 b。

[输入]第 1 行有 1 个整数 T,表示有 T 组数据。以下 T 行,每行是 1 个字符串,代表

字符数组 a,假定长度不超过 256。

［输出］对于每组测试数据,输出结果,换行。

［样例输入］

    2
    ab,cd345!.,/
    abcdef ghijklmnopqrstuvwxyz

［样例输出］

    B D4!,
    BDFGIKMOQSUWY

3.10　［题号］10478。

［题目描述］将字符串 b 连接在字符串 a 的后面,不要用 strcat 函数。

［输入］第 1 行有 1 个整数 T,表示有 T 组数据。每组数据 2 行,第 1 行为字符串 a,第 2 行为字符串 b。2 组数据间空 1 行,假定字符串长度不超过 100 个字符。

［输出］对于每一组数据,先输出"Case ♯:"(♯为序号,从 1 起),换行,然后输出连接之后的字符串 a。

［样例输入］

    2
    How do
      you do!

    ab,cd345!.,/
    abcdefghijklmnopqrstuvwxyz

［样例输出］

    Case 1:
    How do you do!
    Case 2:
    ab,cd345!.,/abcdefghijklmnopqrstuvwxyz

3.11　［题号］10484。

［题目描述］编写程序,将输入的 1 行字符加密和解密。加密时,每个字符依次反复加上"4962873"中的数字,如果范围超过 ASCII 码的 032(空格)至 122("z"),则进行模运算。解密与加密的顺序相反。编制加密与解密函数,打印各个过程的结果。

［输入］第 1 行有 1 个整数 T,表示有 T 组数据。每组数据 1 行,为 1 个字符串,长度不超过 1000 个字符。

［输出］对于每一组数据,先输出"Case ♯:"(♯为序号,从 1 起),换行,然后输出加密的结果,空 1 行,再输出解密后的结果,换行。

［样例输入］

    2
    By My Side

A Little Too Not Over You

[样例输出]

Case 1:
F'&O&'Vmmk

By My Side
Case 2:
E)Rk! oi)Zqw'Qs"&Q#lu$buw

A Little Too Not Over You

3.12 [题号]10487。

[题目描述]写1个函数，求1个字符串的长度，不能使用 strlen 函数。

[输入]第1行有1个整数 T，表示有 T 组数据。每组数据1行，为1个字符串（长度小于等于 255 个字符）。

[输出]对于每一组数据，先输出"Case ♯:"（♯为序号，从1起），换行，然后输出字符串长度，换行。

[样例输入]

2
By My Side
A Little Too Not Over You

[样例输出]

Case 1:
10
Case 2:
25

3.13 [题号]10367。

[题目描述]

Julius Caesar lived in a time of danger and intrigue. The hardest situation Caesar ever faced was keeping himself alive. In order for him to survive, he decided to create one of the first ciphers. This cipher was so incredibly sound, that no one could figure it out without knowing how it worked.

You are a sub captain of Caesar's army. It is your job to decipher the messages sent by Caesar and provide to your general. The code is simple. For each letter in a plaintext message, you shift it five places to the right to create the secure message (i. e., if the letter is "A", the cipher text would be "F"). Since you are creating plain text out of Caesar's messages, you will do the opposite:

Cipher text

A B C D E F G H I J K L M N O P Q R S T U V W X Y Z

Plain text

V W X Y Z A B C D E F G H I J K L M N O P Q R S T U

Only letters are shifted in this cipher. Any non-alphabetical character should remain the same, and all alphabetical characters will be upper case.

[输入]

Input to this problem will consist of a (non-empty) series of up to 100 data sets. Each data set will be formatted according to the following description, and there will be no blank lines separating data sets. All characters will be uppercase.

A single data set has 3 components:

Start line-A single line, "START".

Cipher message-A single line containing from one to two hundred characters, inclusive, comprising a single message from Caesar.

End line-A single line, "END".

Following the final data set will be a single line, "ENDOFINPUT".

[输出]

For each data set, there will be exactly one line of output. This is the original message by Caesar.

[样例输入]

```
START
NS BFW,JAJSYX TK NRUTWYFSHJ FWJ YMJ WJXZQY TK YWNANFQ HFZXJX
END
START
N BTZQI WFYMJW GJ KNWXY NS F QNYYQJ NGJWNFS ANQQFLJ YMFS XJHTSI NS WTRJ
END
START
IFSLJW PSTBX KZQQ BJQQ YMFY HFJXFW NX RTWJ IFSLJWTZX YMFS MJ
END
ENDOFINPUT
```

[样例输出]

```
IN WAR,EVENTS OF IMPORTANCE ARE THE RESULT OF TRIVIAL CAUSES
I WOULD RATHER BE FIRST IN A LITTLE IBERIAN VILLAGE THAN SECOND IN ROME
DANGER KNOWS FULL WELL THAT CAESAR IS MORE DANGEROUS THAN HE
```

3.14 [题号]11607。

[题目描述]给定1个32位整数n,将其各位数字剥离。

[输入]输入有若干行,每行1个非负整数n。

[输出]对每个输入,从高位到低位输出其各位数字,每个数字之间空1格。

[样例输入]

546

1231

[样例输出]

5 4 6
1 2 3 1

第4章 函　　数

［本章主要内容］　本章主要介绍C++函数的基本概念,包括函数的定义和声明、参数的传递、结果的返回,以及函数重载等内容。

4.1　函数与程序结构概述

实际的软件和程序大多是非常复杂的,一般有几万行甚至几百万行代码,要由许多人共同完成。根据结构化程序的设计思想,一个大的软件或程序一般需要分成若干个相对容易管理、编写、阅读和维护的程序模块(或子程序),每个模块完成一定的功能,C++语言中基本程序模块(或子程序)用函数来实现。

C++语言中的程序通常由一个主函数main和若干个函数或类构成,通过调用来使用函数,使得程序执行相应的程序功能模块,调用结束后返回到原来发生调用的下一条语句。任何程序都是由主函数main开始执行,最开始由主函数main调用其他函数,以后其他函数之间可以互相调用,而且一个函数可以由其他函数调用任意次。

函数的调用关系如图4.1所示。

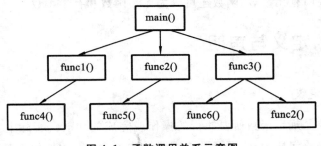

图4.1　函数调用关系示意图

【例4.1】　函数及函数调用举例。编写一个程序,从键盘输入2个数,然后求其中较大者。要求:用函数实现,并返回这个较大的数。

```
#include<iostream>
using namespace std;
int max(int x,int y);         //函数声明
int main()
{
    int a,b,c;
    cin>>a>>b;
    c=max(a,b);               //函数调用
    cout<<c<<endl;
    return 0;
}
```

```
int max(int x,int y)            //函数定义
{
return x>y?x:y;
}
```

说明:

(1) C++程序一般由若干个源程序文件组成。

(2) 一个源程序文件由若干个函数组成,并且组成编译单位。

(3) 任何程序由 main 函数开始运行和结束,一个程序必须有,并且只能有一个 main 函数,由 main 开始运行,并可调用其他函数。

(4) 函数必须遵循"先声明,后调用"的原则,不能调用没有声明的函数。

(5) 除了 main 函数外,所有函数地位都是平等的,可以任意互相调用,既可以调用其他函数,也可以由其他函数调用。

(6) C++语言中的函数可分为标准库函数和用户自定义函数两大类,其中:标准库函数是 C++语言提供的可以在任何程序中调用的公共函数集,一般将各种常用的功能模块编写成函数,放在标准函数库中,用户(程序员)可以随意调用,从而减少程序员的编程工作量;而用户自定义的函数则是程序员自己开发或编写的实际应用程序模块,或针对具体应用的公共模块,可以由自己或其他程序员调用。

(7) 按函数调用有无参数,函数还可分为无参函数和有参函数。

4.2　函数的定义与声明

4.2.1　函数的定义

函数定义主要是规定函数所要执行的操作或完成的功能。实际上,函数可以看成一个完成某个功能的语句块,与主调函数之间通过输入参数和返回值来联系,函数定义的过程实际上就是进行程序设计的过程。

函数定义的一般形式:

[存储类型][返回值类型]　函数名([形式参数列表])
{
函数体
}

说明:

(1) 存储类型指函数的作用范围,有 static 和 extern 两种形式。这是一个可选项,一般用缺省值。其中:static 说明函数只能被其所在的源文件的函数调用,称为内部函数;extern 说明函数可以被其他源文件中的函数调用,称为外部函数;缺省情况下为 extern。

(2) 返回值类型又称函数类型,可以为 int、float、char 等任何数据类型。由函数中 return 语句结束函数执行过程,并返回给调用函数;若函数没有返回值,则可为 void。

(3) 函数名由标识符构成,一般取为一个反映函数功能、有意义的英文单词(或其缩

写),或者是动宾结构的短语。

(4) 形参列表为若干用逗号分开的形参变量说明列表,例如,例 4.1 中的"int x,int y"。最简单的情况是无形参变量,此时形参列表为空。

(5) 用{}包围的部分是函数的实现部分(或称函数体),是实际的程序模块。

【例 4.2】 add 函数的定义。

求 2 个实数的和并返回该和的函数定义如下:

```
float add(float x,float y)      //函数定义
{
    return x+y;
}
```

注意:函数中不能再定义函数,即函数不允许嵌套定义。

例如:fun1 中嵌套定义 fun2 是不允许的。

```
void fun1()
{
    void fun2()               //此处是函数定义,故不允许
    {…}
    ⋮
}
```

4.2.2 函数声明与函数原型

函数定义是对函数功能的确定或编程实现功能。函数定义包括函数名、函数值类型、形参及其类型、函数体等。而函数声明则是将函数的名字、类型,以及形参的类型、个数和顺序通知编译系统,以便调用函数时进行对照检查,从而能够正确调用函数。

对照检查函数名正确与否,形参、实参的类型和个数是否一致等。

函数必须先声明,后调用。

例如,例 4.1 中,如果在调用 max(int x,int y)函数前没有声明该函数,则编译器会报错。

函数定义与函数声明的区别:函数定义实际上就是编写程序代码,以实现函数的功能,而函数声明则主要包括函数定义中的头部,即函数类型、函数名、形参及其类型等,不包括函数体,主要目的是向编译系统声明后面将要调用该函数,用于编译时进行语法检查。

说明:

(1) 如果被调函数的定义出现在主调函数之前,则可不加声明。

例如:

```
float add(float x,float y)      //函数定义
{
    ⋮
}
int main()
```

```
        {
         ⋮
            add(a,b);                    //函数调用
        }
```

（2）最好不要在函数内部声明所需调用的函数,而应该在所有函数外部(即 4.5 节所提到的全局作用域)进行函数声明。

```
        #include<iostream>
        using namespace std;
        int main()
        {
            int max(int x,int y);        //此处也可进行函数声明,但最好不要这么做
            int a,b,c;
            cin>>a>>b;
            c=max(a,b);                  //函数调用
            cout<<c<<endl;
            return 0;
        }
        int max(int x,int y)             //函数定义
        {
            return x>y?x:y;
        }
```

函数声明实际上就是函数原型,甚至可以不要函数声明中的参数名,而只要参数类型。它主要用于在编译阶段对函数的合法性进行检查。

一般形式：

　　函数类型 函数名(形参列表);

例如,max 的函数原型：

```
        int max(int x,int y);            //函数原型或函数声明
```

声明甚至可以写成下列形式：

```
        int max(int,int);                //无函数形参名
        int max(int m,int n);            //这是同一个函数声明
```

注意:参数名是否书写或者书写成什么名字没有必然的联系,编译系统不会检查。但是建议按上述形式进行声明。

4.3 函数参数和函数返回值

4.3.1 函数形式参数和实际参数

函数定义的一般形式中,主调函数与被调函数之间存在参数传递关系。

定义函数时,形参列表中的变量名称为形式参数(形参),而调用函数时的参数称为实际参数(实参)。

例如,max 函数定义

    int max(int x,int y)

其中:x、y 是形参。

而函数调用

    c=max(a,b);

其中:函数调用时的 a、b 是实参。

说明:

(1) 定义函数时,指定的形参变量未调用时不占用内存单元,调用时才分配内存单元,调用结束时释放所占内存单元。

(2) 形参必须指定类型,实参和形参类型必须匹配一致。

(3) 实参可以是常量、变量或表达式等。

(4) 除了第 5 章所讲的引用类型,实参与形参关系的基本原则就是单向值传递。

【例 4.3】 实参向形参的单向值传递。

```
#include<iostream>
using namespace std;

void f(int x){
    ++x;
    cout<<x<<endl;
}

int main(){
    int a=3;
    f(a);
    cout<<a<<endl;
    return 0;
}
```

例 4.3 中,x 的输出值为 4,而 a 的输出值为 3。因为 a 是实参,x 是形参。a 被初始化为 3,函数调用时将 a 的值传递给 x,所以 x 的值也是 3。++以后再输出,所以 x 的值是4。而 a 的值仍然是 3。

如果设计者的目的就是在调用 f 函数之后主函数中的 a 值要加 1,则可以使用指针或者引用类型做形参(可以参考第 5 章)。

4.3.2 函数的返回值

有时主调函数需要通过函数调用才得到一个确定的值,这就是函数的返回值。例如,主调函数希望通过调用 sin(x),得到数学函数 sin(x)的值;或通过调用 max(a,b),得到 a、b 中的较大者。

说明:

(1) 返回值相当于从被调函数中复制到主调函数处,作为调用点函数调用的估值结果。因此,如果返回类型是一个非常复杂的类型(如后文提到的 struct 或者 class),则效率会比较低。

(2) 函数值的类型与 return 语句中的表达式的值不一致时,则以函数类型为准,会发生一个类型转换。

(3) 如果调用的函数中没有带 return 语句,则返回值不确定(显然,这样做是不好的);若明确不带返回值,则可以用 void 说明定义函数。

读者可能注意到在进行 C++程序设计时,main 函数的类型是 int,因此 main 函数需要 return 一个整型。但是 C++语言规定,如果源代码没有显式的 return 语句,则隐式地插入一条 return 0;语句。

C++程序是运行在操作系统之上的,return 0;的意思就是告诉操作系统本 C++程序执行完毕、成功退出。如果返回非 0 值则表示程序执行中出现错误而退出。具体的错误类型、错误代码与具体的操作系统有关。

4.3.3 函数调用

1. 函数调用的一般形式——语句形式

函数名([实参列表]);

例如,调用 add 函数的语句如下:

add(a,b);

说明:

(1) 主调函数中用函数名,加若干实际参数来调用函数,实参列表是可选项。如果调用无参函数,则没有该项,只有圆括号,但后面的分号不能少。

(2) 调用函数时,该函数必须已经定义,或是标准库函数中的函数;使用标准库函数时,还应该在本文件开头用 #include 命令将调用库函数的有关信息包含到文件中来。例如:

#include<iostream>

(3) 实参和形参必须类型相同、个数相等,实参可以是一个表达式。

(4) 函数调用时,对主调函数来说,类似于表达式,函数调用得到的是一个返回值。

2. 函数调用的方式

C++语言中函数调用是非常灵活的,函数调用可以是单独的函数语句,也可以将函数调用写入表达式,甚至作为函数参数。例如:

max(a,max(b,c));   //可以求出变量 a,b,c 中的较大者
add(3*a,3+4);

4.4 函数的嵌套与递归调用

4.4.1 函数的嵌套调用

由于函数之间的平行调用关系,故函数调用过程中,可能又要调用其他函数,这样就

出现了嵌套调用。例如：

```
    ⋮
int main()
{
    float t;
    int x,y;
    t=fun1(x,y);
        ⋮
}
float fun1(int x,int y)
{
        ⋮
    fun2();//注意此处是调用,而非定义
}
void fun2()
{
        ⋮
}
```

fun1 和 fun2 分别是两个独立的函数，main 函数调用了 fun1 函数，而 fun1 函数在执行过程中又调用了 fun2 函数，形成了嵌套调用。

4.4.2 递归调用

1. 函数的递归调用

如果在函数调用的过程中，函数又直接或间接地调用函数自己本身，则称为递归调用。其中：直接调用自己本身称为直接递归，而通过调用别的函数，再间接调用自己，称为间接递归调用。

C++语言允许递归调用，利用递归，可以使得程序的可读性好、编程设计更加清晰和方便，简化程序设计，其缺点是增加系统开销，而且若编程使用不当，也可能陷入无限递归状态，导致错误。

递归调用举例如下。

```
int f(int x)
{
    int y,z;
    z=f(y);
    return(5*z);
}
```

函数 f 在执行过程中，又调用它自己，所以 f 是一个函数的递归调用。

【例 4.4】 用递归调用求 n!。

```
#include<iostream>
using namespace std;
```

```cpp
long fac(int n)
{
  long f;
  if(n==1)
    return 1;
  else
    f=n*fac(n-1);
  return f;
}
int main()
{
  int x;
  long y;
  cin>>x;
  y=fac(x);
  cout<<y<<endl;
  return 0;
}
```

2. 递归调用的条件

(1) 必须有完成任务的非递归调用的语句。

函数除了递归调用外,还必须有非递归调用的语句。

(2) 先进行确定退出递归的条件测试,然后再进行递归调用。

例如,求 n! 的函数中,先判断 n 是否等于 1,再决定是否递归调用。

(3) 递归函数中应该逐渐逼近退出递归的条件,这样最后能退出递归,从而正确执行函数的功能。如果不能退出递归,则函数无条件地调用自己,形成无限递归,使计算机栈空间溢出。

例如:以下函数将形成无限递归。

```cpp
void funa(int x)
{
    long f;
    f=funa(x-1);
    if(x==1)return f;
}
```

4.5 变量作用域和存储类型

4.5.1 局部与全局变量

从变量的作用范围(空间)看,变量可以分为全局变量和局部变量。

1. 局部变量

在函数内部定义的变量只在函数内部有效,是内部变量,即只在该函数内部才能使用它们,否则不能使用它们,又称局部变量。

2. 全局变量

在函数外部定义的变量,称为外部变量,为本文件中各函数所共有,又称全局变量。函数调用只有一个返回值,全局变量主要可以增加函数间数据联系的渠道,一个函数中改变了全局变量的值,就能影响到其他函数。

4.5.2 动态存储和静态存储

变量的存储类型针对变量占用存储空间的区域,存储区域主要有代码区、静态存储区和动态存储区。静态存储指在程序运行期间分配固定的存储空间,全局变量放在静态存储区,局部变量也可以放在动态存储区;而动态存储则是根据需要动态分配存储空间,动态存储区一般存放函数形参、局部变量、函数调用时的现场保护和返回地址等。

根据变量的存在时间(生存期),变量可以分为静态存储变量和动态存储变量,具体包含静态变量、自动变量、寄存器变量和外部变量。

1. 静态变量

所谓静态存储方式是指,程序运行期间分配固定的存储空间。

全局变量放在静态存储区,程序开始执行时,给全局变量分配空间,程序执行完后才释放该空间,程序执行过程中占据固定的单元。

静态变量在变量名前用 static 加以说明。

有时希望函数中的局部变量的值在函数调用结束后不消失,而保留原值,即其占用的存储单元不释放,在下一次调用时已有值(上次函数调用结束时的值),可以指定该局部变量为静态局部变量。静态局部变量用 static 加以说明,例如:

```
void fun(int a)
{
    static int x=15;
    ⋮
}
```

其中:x 就是静态局部变量。

一般情况下,全局变量允许其他文件中的函数引用,而如果希望只能被本文件中的函数引用,则可以将其声明为静态全局变量,在全局变量的定义前面加上 static,例如:

```
file1:                          file2:
#include<iostream>              #include<iostream>
using namespace std;            using namespace std;
static int a;                   int a;
int main()                      void fun()
{                               {
    a=12;                           a++;
    cout<<a<<endl;                  cout<<a<<endl;
```

```
        return 0;                           }
    }
```
输出结果如下：
```
    12
    1
```
此时，file1 中的静态全局变量 a 与 file2 中的全局变量互不相关。file1 中的 a 只能被本文件中的函数引用，而函数 fun 访问的是 file2 中的 a，而与 file1 中的 a 无关。

2. 动态变量与自动变量

动态变量就是指按动态存储方式进行存储的变量。而动态存储方式则是指程序运行期间，根据需要进行动态分配空间。

函数中的动态局部变量，不用做专门的说明，也可在局部变量定义前加上 auto，称为自动变量。一般情况下，auto 关键字可以省略。所以在函数中定义的局部变量多是自动变量。例如：

```
    void fun1()
    {
        int x,int y;
        ⋮
    }
```

函数 fun2 中定义的整型变量 x、y 就是动态局部变量，也是自动变量。

3. 寄存器变量

对于频繁使用的变量，可以将其定义为寄存器变量，以提高执行效率。这种变量必须定义在函数体内或分程序体内，定义时在前边加 register 修饰符。这类变量有可能放在 CPU 的通用寄存器中，或者按自动变量处理。能否放入寄存器中取决于当时通用寄存器是否空闲。例如：

```
    register int b=5;
```

4. 外部变量

外部变量（即全局变量）是在函数的外部定义的，它的作用域为从变量的定义处开始，到本程序文件的末尾。在此作用域内，全局变量可以为程序中各个函数所引用。编译时将外部变量分配在静态存储区。例如：

```
    int main()
    {
    extern a,b;          //外部变量声明
    cout<<a+b;
    return 0;
    }
    int   a=10,b=20;     //定义外部变量
```

一般而言，extern 是跨文件使用的。在某个文件中定义了一个全局变量，在另外一个文件中想要使用这个变量，就需要使用 extern 来声明。例如，在 a.cpp 中有如下定义语句：

```
        int a=10;              //定义语句
```
在 b.cpp 中想要使用到该变量,则需要
```
        extern int a;          //这是声明
```
如果在 b.cpp 中写成
```
        int a;                 //这也是定义语句
```
就达不到在 b.cpp 中使用 a.cpp 中变量 a 的目的,不仅如此,这样的代码是不能通过编译的,因为变量 a 被重复定义了。

4.6 内联函数

1. 内联函数的概念

函数调用需要进行保存断点和中断现场、传递参数、恢复断点和现场等工作,以继续执行原来的被中断的程序,这些工作都必须有一定的时间开销。而有些函数使用频率高、代码又比较短,当希望调用这些函数时,不要按常规的函数调用,而是在调用处直接插入函数的代码,从而省去了这些时间开销,提高了程序执行效率,同时又使得程序比直接在调用处插入函数的代码的可读性好。这样的函数称为内联函数(或内嵌函数)。

2. 内联函数的使用

定义内联函数的方法就是在通常的函数定义时,在前面加上一个 inline 关键字。

注意:内联函数不能含有复杂的流程控制语句,如 switch 语句、while 语句等。

【例 4.5】 编程求 1~10 各个数的平方。

```
#include<iostream>
using namespace std;
inline int power_int(int x)//内联函数
{return x*x;}

int main()
{
    for(int i=1;i<=10;i++)
    {
        int p=power_int(i);
        cout<<i<<" *"<<i<<"="<<p<<endl;
    }
    return 0;
}
```

4.7 重载函数与默认参数函数

4.7.1 重载函数

1. 重载的概念

C++语言中函数可以重载,不同函数可以同名,但形参列表不能完全相同(注意,形

参列表不包括形参的名字)。

【例 4.6】 求 2 个操作数之和。

```
#include<iostream>
using namespace std;
int add(int,int);
double add(double,double);
int main()
{
    cout<<add(3,7)<<endl;
    cout<<add(10.9,8.7)<<endl;
    return 0;
}
int add(int x,int y)
{
    return x+y;
}
double add(double x,double y)
{
    return x+y;
}
```

本程序中定义了两个同名函数 add，前一个 add 函数的两个形参为 int 类型，而后一个 add 函数的两个形参为 double 类型。调用时系统根据实参类型决定实际调用其中一个，这就是函数的重载。

2. 函数的匹配

例 4.6 中，在调用一个重载函数 add 时，必须分清楚 add 究竟是调用哪一个函数。编译器实际上是通过将实参类型与被调用的函数 add 的形参类型一一对比来判断的。

4.7.2 默认参数函数

1. 默认参数的作用

通常调用函数时，实参个数应该与形参个数相同。C++语言还允许形参定义默认（或缺省）值，当没有给出形参表中的实参变量时，函数使用所定义的默认值。

例如，函数定义为

```
void fun(int x,int y,int z=100);
```

函数调用可以为 fun(10,38,73);，则形参 x、y、z 的值分别为 10、38、73；调用如写成 fun(10,38);，则 x、y、z 的值就分别为 10、38、100。

说明：允许函数使用默认参数，可以使得函数的使用更加灵活。

2. 默认参数函数的使用

默认参数在函数声明中提供，如果同时有函数定义和函数声明，则不允许在函数定义中使用默认参数。例如：

```
    void point(int x=200,int y=300);
    void point(int x,int y)
    {
      cout<<x<<endl;
      cout<<y<<end1;
    }
```

4.8 编译预处理

编译预处理:C++编译系统对程序进行通常的编译之前,先对程序中的一些特殊的预处理命令进行预处理,生成临时文件,然后对该结果和源程序一起进行编译处理,生成目标代码。常用的预处理命令包括文件包含、宏定义和条件编译。

4.8.1 文件包含

文件包含命令是♯include,它可以把另外一个源文件的内容全部包含到该文件中来,是目前用得最多的,也是非常有用的预处理命令。它的两种格式如下:

1. ♯include<文件名>

其用途是将文件名给出的文件嵌入当前文件的该点处。所要嵌入的文件一般是C++系统提供的头文件。其中:搜索的文件目录是C++系统目录中的include子目录。

2. ♯include"文件名"

与方式1的区别在于,该方式下,嵌入文件的搜索目录,系统首先在当前文件所在目录中搜索,如果找不到,再到C++系统目录的include子目录中搜索。

说明:

(1) 文件包含通常可以节省程序员的重复劳动。

(2) 包含可以嵌套。

4.8.2 宏定义

宏定义指令 ♯define 主要用来实现文本替换,有两种格式:不带参数的宏定义和带参数的宏定义。

不带参数的宏定义格式如下:

```
#define  宏名  宏内容
```

带参数的宏定义格式如下:

```
#define  宏名(参数列表) 宏内容
```

注意:

(1) 宏名和宏内容之间用空格隔开,宏名和参数列表之间不能出现空格。宏定义后面是没有分号的。

(2) 宏定义是在编译前对宏进行替换的,但对程序中用双引号括起来的字符串内容,如果其中有与宏名相同的部分,是不进行文本替换的。

(3) 定义带参数宏定义时,到处都要加上括号,否则将可能出现优先级不符的问题,导致结果与人们通常期望的不同。

考虑下面代码片段：

```
#define  F(a,b)  a+b
cout<<F(3,4)*F(3,4)<<endl;
```

其输出结果是 19,而不是 49。因为与宏有关的部分展开以后是 3+4*3+4,所以应该写成：

```
#define  F(a,b)  (a+b)
```

但这样还是不够的,考虑如下程序片段：

```
#define  G(a,b)  (a*b)
cout<<G(3+4,3+4)<<endl;
```

这个输出结果同样是 19,而不是 49,所以带参数宏的正确写法是到处都要加上括号,如下：

```
#define  F(a,b)  ((a)+(b))
#define  G(a,b)  ((a)*(b))
```

即便如此,带参数宏依然有其自身难以克服的缺点。考虑下面这个宏：

```
#define  MIN(a,b)  ((a)<(b)?(a):(b))
cout<<MIN(3*4,3+4)<<endl;
```

该宏展开以后实际上为 3*4>3+4? 3*4:3+4,在这个具体数值的表达式中,3*4 被计算了两遍。

4.8.3 条件编译

条件编译指令有 #if、#else、#endif、#ifdef、#ifndef 和 #undef 等。条件编译常用于协调多个头文件。

例如：

```
#ifdef  identifier
    program1
#else
    program2
#endif
```

习 题 4

4.1 [题号]10452。

[题目描述]编写一个函数,求 3 个数中的最大值。

[输入]输入有若干行,每行有 3 个 32 位整数。

[输出]对每一行输入,输出 1 行,为该行输入的 3 个数中最大数的数值。

[样例输入]

2 5 9

8 24 1

[样例输出]

9

24

4.2 [题号]10454。

[题目描述]编写一个求阶乘的函数。

[输入]输入的第 1 行是 1 个正整数 m。接下来有 m 行,每行 1 个整数 n,1≤n≤10。

[输出]对每一个 n,输出 1 行,为 n!。

[样例输入]

3

1

5

10

[样例输出]

1

120

3628800

4.3 [题号]10459。

[题目描述]本题中的水仙花数是指一个 3 位正整数,其各位数字的立方和等于该数。例如,407＝4×4×4＋0×0×0＋7×7×7,所以 407 是一个水仙花数。判断给定的数 n 是否为水仙花数。编写一个函数实现判断水仙花数的功能。

[输入]输入有若干行,每行 1 个整数 n,1≤n≤999。

[输出]对每一个输入,输出 1 行,如果是水仙花数,则输出"YES",否则输出"NO"。

[样例输入]

153

100

[样例输出]

YES

NO

4.4 [题号]10461。

[题目描述]完数是指不包括其本身的所有因子之和恰好等于其本身的数。例如,6 就是一个完数,因为 6 的所有因子(除了 6 本身之外)是 1、2、3,其和恰好是 6。给定整数 n,判断是否为完数。编写一个函数判断完数。

[输入]输入有若干行,每行 1 个正的 32 位整数 n。

[输出]对每个输入,输出 1 行。首先输出"Case 序号:",然后输出 n 和逗号,再输出"Yes"或"No"。

[样例输入]

6

9

15

[样例输出]

Case 1:6,Yes
Case 2:9,No
Case 3:15,No

4.5 [题号]10464。

[题目描述]素数是只能被1和本身整除的整数。例如,2、3、5、7是素数,4、6、8、9不是素数。编写一个函数判断给定的整数n是否为素数。

[输入]第1行是1个正整数T,其后有T行,每行1个正整数n,n<10000。

[输出]对每一个输入n,输出1行。若n是素数,则输出1,否则输出0。

[样例输入]

3
2
7
9

[样例输出]

1
1
0

4.6 [题号]11601。

[题目描述]对n个数求均值。

[输入]输入有若干行,每行第1个数是1个正整数n(n<1000),其后还有n个32位整数。编写一个求平均值的函数。

[输出]对每一行输入,输出这n个数的平均值,保留2位小数。

[样例输入]

2 3 4

[样例输出]

3.50

4.7 [题号]11602。

[题目描述]对n个数求其最小值。

[输入]输入有若干行,每行第1个数是1个正整数n(n<1000),其后还有n个32位整数。编写一个函数实现。

[输出]对每一行输入,输出这n个数中最小数的数值。

[样例输入]

2 3 4

[样例输出]

3

4.8 [题号]10453。

[题目描述]有如下分段函数。给定自变量,计算因变量的值。编写一个函数。

$$y = \begin{cases} x & (x<1) \\ 2x-1 & (1 \leqslant x < 10) \\ 3x-11 & (x \geqslant 10) \end{cases}$$

[输入]输入第1行是1个正整数n,其后有n行。每行1个数为x。

[输出]根据x计算y值。如果y值是整数,则直接输出;否则保留1位小数,四舍五入。

[样例输入]

　　2
　　5
　　30

[样例输出]

　　9
　　79

4.9　[题号]10454。

[题目描述]给定如下表达式及其参数,计算表达式的值。编写一个函数。

$$\frac{(x+1)(y-3)}{x+y+z}$$

[输入]输入第1行为1个正整数n,其后有n行。每行3个数,分别是x、y、z。

[输出]对每一组x、y、z,输出1行,为表达式的值,保留4位小数。

[样例输入]

　　2
　　1 2 3
　　7 8 20

[样例输出]

　　-0.3333
　　1.1429

4.10　[题号]11603。

[题目描述]编写一个函数判断给定年份是否为闰年。

[输入]输入有若干行,每行1个正整数y,y≤9999。

[输出]对每一个输入,输出1行。若y是闰年,则输出"Yes",否则输出"No"。

[样例输入]

　　1996
　　1997

[样例输出]

　　Yes
　　No

4.11　[题号]10458。

[题目描述]计算机中的每一个数都是用二进制表示的。例如,数值5,因为将其看作是一个32位整型,在计算机中就表示为:0000 0000 0000 0000 0000 0000 0000 0101。一

共是32个二进制位。

现在将其循环右移1位,将变成1000 0000 0000 0000 0000 0000 0000 0010。这个数是多少呢?如果是int类型,这个数是-2147483646。

如果将其循环右移2位,将变成0100 0000 0000 0000 0000 0000 0000 0001。这个数就变成了1073741825。

非常奇妙,对int做循环移位将使得结果在正负之间来回变换。循环左移的原理是一样的。而且,你应该能够发现把5的二进制数循环左移31位,就等于将其循环右移1位。当然这也与5的二进制数用32位表示有关,如果用64位表示就不是这样了。

[输入]输入第1行为1个正整数T,其后有T行。每行2个32位整数n、m。n≥0时,表示将m循环右移n位;否则,将m循环左移-n位。

[输出]对每个输入,输出1行,为移位后的结果。

[样例输入]

2
1 2
-2 2

[样例输出]

1
8

4.12 [题号]11604。

[题目描述]很多公式可以用来计算π,甚至还可以用概率的方法。这里提供一个最简单的公式:

$$\pi/4 = 1 - 1/3 + 1/5 - 1/7 + 1/9 - \cdots$$

请利用该公式将π计算到指定位数。编写一个函数计算π的值。

[输入]输入有若干行,每行1个非负整数n,n小于等于12。n等于-1时,测试结束。

[输出]对每个输入(-1除外),输出对应的小数位数的π,四舍五入。

[样例输入]

2
3
-1

[样例输出]

3.14
3.142

4.13 [题号]11605。

[题目描述]计算完π,来计算一下自然对数的底e吧。这里有一个简单的公式:

$$e = 1/0! + 1/1! + 1/2! + 1/3! + \cdots$$

编写一个函数计算e的值。

[输入]输入有若干行,每行1个非负整数n,n小于等于12。n等于-1时,测试

结束。

[输出]对每个输入(−1 除外),输出对应的小数位数的 e,四舍五入。

[样例输入]

2
3
-1

[样例输出]

2.72
2.718

第 5 章 指 针

[本章主要内容] 本章主要介绍指针的概念,指针变量的定义、初始化,指针运算符的使用方法,一维数组与指针、二维数组与指针、字符串与指针和函数与指针的关系。

C++语言通过指针变量展示它的强大功能。指针变量简称指针,是一种包含其他变量地址的变量。与 char、int、float、double 等类型的变量不同,它是专门用来存放其他变量的地址。通过指针变量可以访问存储在内存中其他变量的值。正确运用指针存取数据可以提高程序的运行效率。

5.1 指针的概念

指针是存放其他变量的地址的变量,即某一变量内存单元的地址。在 C++语言中,所有数据类型都有相应类型的指针变量,如整型指针、字符型指针、浮点型指针、双精度型指针等。根据指针变量定义的位置,可以将指针变量声明为局部指针或全局指针。

每一种类型的数据在内存中占用固定字节数的存储单元,如 char 类型数据(即字符)占用 1 个字节的存储单元,short int 类型整数占用 2 个字节的存储单元,int 类型整数占用 4 个字节的存储单元,double 类型实数占用 8 个字节的存储单元。计算机系统在保存一个数据时,为该数据分配一个固定大小的存储空间。该空间的大小,即所含的字节数等于该数据所属类型的长度。一般称某一类型数据所占用内存空间的第一个内存单元的地址为指向该数据的指针。值得注意的是,该指针的类型必须与所指向数据的类型相同,否则可能会产生错误。

在 C++语言中,每个指针占用 4 个字节的存储空间,用来存储一个数据对象(或变量)的首地址。通过指针访问它所指向的数据时,必须把指针定义为指向该数据类型的指针,因为不同类型的指针指向不同类型的数据对象。如把一个指针变量定义为指向 int 类型的指针,则通过该指针存取的它所指向的数据将是一个整数;若把一个指针变量定义为指向 double 类型的指针时,则存取的它所指向的数据将是一个双精度数。

5.2 指针变量

5.2.1 指针定义

1. 定义格式

<类型关键字>*<指针变量名>[=<指针表达式>];

例如,int *pi;表示定义了 int 指针类型的变量 pi,该语句中,int 表示类型关键字,pi 为指针变量名,pi 前面的间接引用操作符 *告诉 C++语言,该变量是一个指针变量,在 *和指针变量名之间可以有空格,也可以没有空格,二者均可。

定义指针变量与定义普通变量一样,都需要给出类型名(即类型关键字)和变量名,同时可以有选择地给出初值表达式,用于给指针变量赋初值,当然,初值表达式的类型应与赋初值号左边的被定义变量的类型相一致。例如:

  int a=10, *pa=&a;

此语句定义了一个整型变量 a 和一个整型指针变量 pa,并将整型变量 a 的地址赋给指针变量 pa,即 pa 指向变量 a,可以通过 pa 存取 a 的值。如图 5.1 所示,变量 a 的值为 10,指针变量 pa 的值是变量 a 的地址 &a。

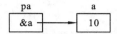

图 5.1　整型指针变量 pa 指向整型变量 a 示意图

2. 指针定义举例

除了可以定义上面整型指针外,还可以定义其他类型的指针。举例如下:

1) char c='a', *pc=&c;

该语句定义了一个字符变量 c 并赋初值'a'和另一个字符指针变量 pc,并将字符变量 c 的地址赋给指针变量 pc,即 pc 指向变量 c,可以通过 pc 存取 c 的值,如图 5.2 所示。

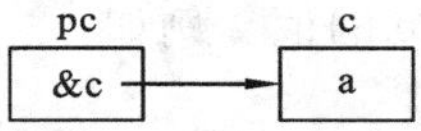

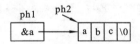

图 5.2　字符型指针变量 pc 指向字符型变量 c 示意图

2) char *ph1="abc", *ph2=ph1;

该语句定义了一个字符型指针变量 ph1、ph2,定义时将字符串"abc"赋给 ph1,即 ph1 指向常量字符串"abc"所在存储空间的首地址,指针 ph2 被初始化为 ph1,即 ph2 也指向常量字符串"abc",如图 5.3 所示。

图 5.3　字符型指针变量 ph1 和 ph2 均指向常量字符串示意图

3) int c=10, *pc=&c;　void *p1=0, *p2=pc;

这两条语句中,第一条语句定义了一个整型变量 c 并赋初值 10,定义一个指针 pc,它指向变量 c。第二条语句定义了两个空类型的指针 p1 和 p2,给 p1 赋初值 0(即空指针 NULL),对 p2 赋初值 pc,即 p2 和 pc 都指向整型变量 c。

指针应在声明或在赋值语句中初始化。指针可以初始化为 0、NULL 或一个地址。初始化为 0 或 NULL 的指针不指向任何内容。记住,指针在使用前必须初始化。

在 C++语言中,指针类型也是一种数据类型。指针类型关键字可以理解为由一般数据类型关键字后加星号 *所组成,如 int * 为 int 指针类型关键字。void 是一个特殊的类型关键字,它只能用来定义指针变量,表示该指针变量无类型,或者说只指向一个存储单元,不指向任何具体的数据类型。

5.2.2 指针运算符

指针运算符有两个重要运算符：一个是 &；另一个是 *。

& 运算符为取地址运算符，&a 表示取变量 a 的地址。注意 & 与指针一起运用时，即为取地址运算符。

*运算符是间接引用操作符，产生指针所指向的数据。例如：

```
float a=20,*pa=&a;
cout<<a<<" "<<*pa<<endl;
```

第一条语句定义了一个 float 类型的变量 a，并赋初值 20，还定义了一个 float 类型的指针 pa，并将变量 a 的地址赋给 pa。在第二条输出语句中，*pa 表示指针 pa 所指向的数据对象，即变量 a，这实际上是对变量 a 间接引用，所以该语句的输出的结果为：20 20。

假定 x 是一个变量，则 *&x 的结果仍为 x，这是因为，按照 * 和 & 的运算规则，它们属于同一级运算，并且其结合性是从右向左，所以先进行 & 运算，取出 x 的地址，再进行 *运算，访问该地址所指定的对象 x，因此整个运算结果仍为 x；同样，若 p 是一个指针对象，则 &*p 的值仍为 p 的值，因为应先进行 *运算，得到 p 所指向的对象，接着进行 & 运算，得到该对象的地址，该地址就是 p 的值。例如：

【例 5.1】 理解运算符 & 和 *。

```
#include<iostream>
using namespace std;
int main()
{
    double x=100,*px=&x;
    cout<<x<<"  "<<*&x<<endl;
    cout<<px<<"  "<<&*px<<endl;
    return 0;
}
```

运行结果如下：

```
100   100
0x22ff70   0x22ff70
```

该结果说明：*&x 的运行结果是 x，&*px 的运算结果就是 px。

在变量定义语句中，一个变量前面有星号（*），表示该变量为指针变量。在引用指针运算的语句中，指针变量前面的星号（*）是一个间接引用运算符，表示该指针变量指向的数据对象。

指针变量与定义普通变量有所不同之处：它要在指针变量名前加上星号 *，表示后跟的为指针变量，而不是普通变量。

5.2.3 引用变量

引用是给数据对象或变量取一个别名，即建立一个数据对象或变量的同义词。定义引用变量的格式如下：

```
<类型关键字> &<引用变量名>=<已定义的同类型变量>;
```
例如：
```
int i;          //定义一个整型变量 i
int &j=i;       //定义一个整型引用 j,j 是 i 的地址的别名
i=5;            //i,j 的值均为 5
j=i+1;          //i,j 的值均为 6
```

引用是引入了一个数据对象或变量的同义词，i 和 j 是同义词，它们表示同一数据对象。因此在上例中，将 5 赋给变量 i 后，i 和 j 的值均为 5，继而将 i+1 的值赋给 j 后，i 和 j 的值均为 6，说明 i 和 j 表示同一个数据对象。特别值得注意的是，定义引用时必须马上对它进行初始化，不能定义后再赋值。下列定义是错误的：

```
int i;          //定义一个整型变量 i
int &j;         //定义一个整型引用 j,但没有马上对它进行初始化,因此将产生错误
j=i;
```

引用与指针一样，不是一种单独的数据类型，它们必须与其他类型组合使用。如 int & 为 int 类型引用，该类型的变量是对它进行初始化的一个对象的别名，它共享（或称引用）初始化对象所具有的存储空间。

例如：
```
double x=10;                    //定义了整型变量 x 并被赋值为 10
double &y=x;                    //定义双精度型引用变量 y 并初始化为 x,这样 y
                                //  就成为 x 的别名
cout<<x<<' '<<y<<endl;          //依次输出 x,y 的值
cout<<&x<<' '<<&y<<endl;        //依次输出 x,y 和 z 的地址
```

该程序段的运行结果如下：
```
10  10
0x0066FDF0 0x0066FDF0
```

从运行结果可以看出，y 和 x 占用同一存储空间，即系统为 x 分配的存储空间，x 和 y 的值相同，即为共用的存储空间中保存的双精度数 10。

定义引用变量所使用的符号标记与取对象地址运算符相同，即为 &，读者可根据它所出现的场合判明它的用途：当出现在变量定义语句（或函数参数表）中，一个被定义的变量之前时，则表示该变量为引用；当出现在其他任何地方时，则表示为取地址运算符。

由于引用变量是使用它所引用的对象的存储空间，因此对它赋值等价于对它所引用的对象赋值，反之亦然。例如：
```
char h='a',&r=h;
cout<<h<<' '<<r<<endl;
r='b';
cout<<h<<' '<<r<<endl;
```

该程序的运行结果如下：
```
a  a
b  b
```

任何一种数据类型与 & 结合都可以构成引用类型，从而定义引用变量。下面给出定义指针引用变量的例子。

【例 5.2】 指针引用变量的使用。

```
#include<iostream>
using namespace std;
int main()
{
    int a[5]={10,20,30,40,50};
    int *p=a;
    int *&r=p;                              //r是p的引用,p和r均指向
                                            //  a[0]元素
    cout<<&p<<"  "<<&r<<endl;               //输出p,r存储空间的地址
    cout<<p<<"  "<<r<<"  "<<&a[0]<<endl;    //p和r的值为a[0]的地址
    cout<<*p<<"  "<<*r<<endl;               //*p和*r表示对象a[0]
    p++;                                    //p,r同时指向a[1];
    r++;                                    //p,r同时指向a[2];
    cout<<&p<<"  "<<&r<<endl;               //输出p,r存储空间的地址
    cout<<p<<"  "<<r<<"  "<<&a[2]<<endl;    //p和r的值为a[2]的地址
    cout<<*p<<"  "<<*r<<endl;               //*p和*r表示对象a[2]
    return 0;
}
```

执行结果如下：

```
0x22ff4c  0x22ff4c
0x22ff50  0x22ff50  0x22ff50
10  10
0x22ff4c  0x22ff4c
0x22ff58  0x22ff58  0x22ff58
30  30
```

引用类型主要使用在对函数形参的说明中，使该形参成为传送给它的实参对象的别名。

5.2.4　多级指针与指针数组

1. 多级指针

如果一个指针变量的值是一个同类型变量的地址，则称该指针为一级指针。如果一个指针的值是一个一级指针变量的地址，则称该指针为二级指针。依此类推，可以定义多级指针变量。

```
int n=20, *pn=&n, **pp=&pn;
```

该语句定义了一个整型变量 n，并赋初值 20，定义指针 pn 指向整型变量 n，而后又定义二级指针变量 pp 指向指针 pn。其关系如图 5.4 所示。

指针 pn 的值是整型变量 n 的地址，称 pn 为一级指针，而指针 pp 的值是一级指针 pn

的地址,称 pp 为二级指针。在指针的定义语句中,如果指针变量前面只有一个星号(*),那么该指针为一级指针,如果指针变量前面有两个星号(**),那么该指针为二级指针,依此类推,可以定义多级指针。

2. 指针数组

如果一个数组的每一个元素都是指针,则该数组称为指针数组,如图 5.5 所示,例如:

```
double *pd[5],*qd=pd[0];
```

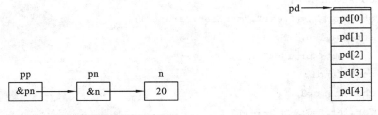

图 5.4　指向指针的指针示意图　　图 5.5　指针数组

像定义普通数组一样,可以定义指针数组,在指针数组中的每一个元素都是指针,通过数组名和下标来操作指针数组中的每一个元素。在该语句中定义了一个 double 类型的指针数组 pd,它包含 5 个指针 pd[0]、pd[1]、pd[2]、pd[3]、pd[4],qd 是一个 double 类型的指针变量,并赋初值 pd[0]。指针之间赋值要求类型相同,如 qd＝pd[0]是正确的,指针 qd、pd[0]都是 double 类型的指针。

指针 pd 指向指针 pd[0],所以指针 pd 是一个二级指针。

定义指针数组时要求对指针进行初始化,使指针指向某一数组对象或为空指针。

例如:

```
int *pi[10]={0};
```

该语句定义了一个指向整型数据的指针数组 pi,该数组中的每一个元素都是 int *型变量,各自用来保存一个整数存储空间的地址,该语句对 pi 数组进行了初始化,使得每个元素的值为 0,即空指针 NULL。

```
char *pr[3]={"rear","middle","front"};
```

该语句定义了一个字符型指针数组 pr,它的每一个元素都是字符型指针,并且分别被初始化为相应字符串常量的地址,如图 5.6 所示。

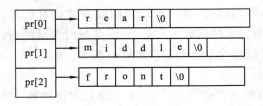

图 5.6　指针数组元素使用

pr[0]指向字符串"rear",pr[1]指向字符串"middle",pr[2]指向字符串"front"。pr[0]、pr[1]和 pr[2]的值分别为对应字符串第一个字符的存储地址。

【例 5.3】 通过指针数组操作字符串。

```cpp
#include<iostream>
#include<cstring>
using namespace std;
int main()
{
    const int N=3;
    char *pr[N]={"rear","middle","front"};
    for(int i=0;i<N;i++)
        cout<<pr[i]<<" ";
    cout<<endl;
    char *temp=0;
    for(int i=0;i<N-1;i++)
    {
        for(int j=0;j<N-1-i;j++)
            if(strcmp(pr[j],pr[j+1])>=0)
            {
                temp=pr[j];
                pr[j]=pr[j+1];
                pr[j+1]=temp;
            }
    }
    for(int i=0;i<N;i++)
        cout<<pr[i]<<" ";
    cout<<endl;
    return 0;
}
```

5.2.5 指针与常量限定符

(1) 在变量定义语句的前面加上 const 保留字,将使得所定义的普通变量成为常量,即除了在定义时赋初值外,其后只允许读取它的值而禁止对它的修改。若将 const 加在指针定义的前面,则使所定义的指针为常量指针(即指向常量的指针),它所指向的对象只能被读取,而不允许被修改,这个指针的值可以被修改。如:

```cpp
const int a[3]={-1,0,1};
```

该语句定义 a[3]为整型常量数组,其 3 个元素依次被初始化为 -1、0 和 1,该数组被初始化后不允许被修改,而只能够从中读取每个元素的值。又如:

```cpp
int n=20,m=30;
const int *p=&n;
*p=30;          //错误,不能通过常量指针修改它所指向对象的值
n=30;           //正确,变量 n 可以被修改
```

第 5 章 指针

```
    p=&m;              //指针值可以被修改
```

上面第二条语句定义了一个整型指针 p,并将其初始化为整型变量 n 的地址,使 p 指向 n。由于 p 是一个常量指针,因此不允许修改 p 所指向的对象 n,但允许修改 p 的值,使之指向另一个对象 m,即第三条语句使常量指针 p 指向了另一个整数对象 m。

(2) 若把 const 保留字放在变量定义语句中的星号 *与变量名之间,则定义的指针变量为一个指针常量,即不允许修改该指针的值。例如:

```
    char *const cp="const";
    cp="variable";//错误
```

第一条语句定义 cp 为一个字符型指针常量,它指向字符串"const",以后不允许修改 cp 的值,使它指向其他存储位置。第二条语句是非法的,因为它试图修改指针常量 cp 的值。

这里顺便指出,一个字符串常量被存储在内存中常量数据区内。无论把它的地址赋给任何字符指针,都不允许通过这个指针修改所指向的字符串常量。

(3) 如果将上述两种情况结合在一起,可以定义一个指向常量的指针常量,它必须在定义时初始化。

```
    const int i=5;              //定义常变量 i
    int a=3;
    const int *const pi=&i;
    *pi=20;                     //错误
    const int *const pa=&a;
    *pa=30;                     //错误
    a=30;
    pa=&i;                      //错误
```

如果初始化值是变量的地址,那么不能通过该指针修改该变量的值。

5.3 指针与数组

5.3.1 指针与一维数组

1. 用指针操作一维数组

在 C++语言中,数组名代表数组中第 1 个元素(即序号为 0 的元素)的地址。因此,对于一个含有 n 个元素的数组 a,第 1 个元素的地址是 a,第 2 个元素的地址是 a+1……第 n 个元素的地址是 a+n-1。例如:

```
    int a[10],*p;        //定义了一个整型数组 a,一个指针 p
    p=a;                 //指针 p 指向数组 a,p 的值为数组 a 的首地址,即 a[0]的地址
```

这样可以通过指针 p 引用数组元素。

```
    *p=1;                //对 p 当前所指向的数组元素 a[0]赋予数值 1
    *(p+i)=2;            //表示将指针 p+i 所指元素 a[i]赋予数值 2
```

注意:如果指针 p 已指向数组中的一个元素,则 p+1 指向同一数组中的下一个元素。

假设 p 的初值为 &a[0]：

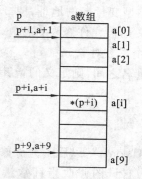

图 5.7 数组元素的多种表示

（1）p+i 和 a+i 就是 a[i] 的地址，或者说，它们指向数组 a 的第 i 个元素，如图 5.7 所示。

（2）*(p+i) 或 *(a+i) 是 p+i 或 a+i 所指向的数组元素，即 a[i]。

对 a[i] 的求解过程是：先按 a+i×d 计算数组元素的地址，然后找出此地址所指向的单元中的值。其中，d 为数组元素所属类型在内存中占用存储空间的长度。例如，整型数据占用 4 个字节，字符型数据占用 1 个字节，等等。

（3）指向数组元素的指针变量也可以带下标，如 p[i] 与 *(p+i) 等价。

【例 5.4】 输出数组中的全部元素。

假设有一个整型数组 a，有 10 个元素。要输出各元素的值有如下方法：

（1）下标与指针法。

```
#include<iostream>
using namespace std;
int main()
{
    int a[10];
    int i;
    for(i=0;i<10;i++)
        cin>>a[i];              //引用数组元素 a[i]
    for(i=0;i<10;i++)
        cout<<*(a+i)<<" ";      //通过指针引用数组元素 a[i]
    cout<<endl;
    return 0;
}
```

运行结果如下：
```
9 8 7 6 5 4 3 2 1 0
9 8 7 6 5 4 3 2 1 0
```

（2）用指针变量指向数组元素。

```
#include<iostream>
using namespace std;
int main()
{
    int a[10];
    int i,*p=a;                 //指针变量 p 指向数组 a 的首元素 a[0]
    for(i=0;i<10;i++)
        cin>>*(p+i);            //输入 a[0]～a[9]共 10 个元素
    for(p=a;p<a+10;p++)
```

```
            cout<<*p<<" ";           //p先后指向 a[0]~a[9]
        cout<<endl;
        return 0;
    }
```
运行情况与采用下标与指针法的相同。请仔细分析 p 值的变化和 *p 的值。

注意：

(1) 关于 *p++。由于后缀++的优先级比取内容运算符 * 的高，因此它等价于 *(p++)。

其作用是先得到 p 指向的变量的值(即 *p)，然后再使 p 的值加 1。例 5.4 第(2)种方法所采用的程序中最后一个 for 语句：

```
        for(p=a;p<a+10;p++)
            cout<<*p<<" ";
```
可以改写为
```
        for(p=a;p<a+10;)
            cout<<*p++<<" ";
```

(2) *(p++)与 *(++p)作用不同。前者是先取 *p 值，然后使 p 加 1。后者是先使 p 加 1，再取 *p。若 p 的初值为 a(即 &a[0])，输出 *(p++)得到 a[0]的值，而输出 *(++p)则得到 a[1]的值。

(3) (*p)++ 表示 p 所指向的元素值加 1，即(a[0])++。如果 a[0]=3，则(a[0])++的值为 4。注意：是元素值加 1，而不是指针值加 1。

(4) 如果 p 当前指向 a[i]，则

① *(p--)：先对 p 进行"*"运算，得到 a[i]，再使 p 减 1，p 指向 a[i-1]。

② *(++p)：先使 p 自加 1，再作 *运算，得到 a[i+1]。

③ *(--p)：先使 p 自减 1，再作 *运算，得到 a[i-1]。

将++和--运算符用于指向数组元素的指针变量十分有效，可以使指针变量自动向前或向后移动，指向下一个或上一个数组元素。例如，想输出数组 a 中的 100 个元素，可以用以下语句：

```
        p=a;
        while(p<a+100)
            cout<<*p++;
```
或
```
        p=a;
        while(p<a+100)
            {cout<<*p;p++;}
```

由于数组名是指针常量，其值不能被改变(也不应该被改变，若改变了就无法再找到该数组)，因此不能够对数组名施加增 1 或减 1 运算。但若用一个指针变量指向一个数组，则可改变这个指针变量的值，从而使它指向数组中任何一个元素。据此可将上述程序段改写如下：

```
        int a[10],i,s=0;
```

```
        int *p=a;              //p 指向数组 a 的第 1 个元素 a[0]
        for(i=0;i<10;i++)
            cin>>*p++;
        p=a;                   //使 p 重新指向数组 a 的开始位置
        for(i=0;i<10;i++)
        {
            s+=*p;
            cout<<*p++<<' ';
        }
        cout<<endl<<s<<endl;
```

使用指针指向数组后，同样有下标和指针两种访问数组元素的方式。若把上述程序段改写为下标访问方式，则为

```
        #include<iostream>
        using namespace std;
        int main()
        {
            int a[10],i,s=0;
            int *p=a;              //p 指向数组 a 的第 1 个元素 a[0]
            for(i=0;i<10;i++)
                cin>>p[i];
            p=a;                   //使 p 重新指向数组 a 的开始位置
            for(i=0;i<10;i++)
            {
                s+=p[i];
                cout<<p[i]<<" ";
            }
            cout<<endl<<s<<endl;
            return 0;
        }
```

2. 指针作为函数的参数

指针作为函数的参数，接收数组的地址，可以用来传递大量的数据。

【例 5.5】 编写程序，要求：

(1) 编写一个函数从键盘输入 N 个学生某门功课的成绩；

(2) 编写函数求该门功课 N 个学生的平均成绩并输出；

(3) 编写函数对 N 个学生的成绩进行降序排序；

(4) 编写函数从高到低输出该门功课 N 个学生的成绩。

```
        #include<iostream>
        #include<iomanip>
        using namespace std;

        int main()
```

```cpp
{
    const int N=4;
    void input_score(int *score,int n);
    double average_score(int score[],int n);
    void print_score(int score[],int n);
    void sort_score(int *score,int n);
    int scores[N];
    int  *pscores=scores;
    cout<<"input"<<N<<"scores:";
    input_score(pscores,N);
    double aver_score;
    aver_score=average_score(scores,N);
    cout<<"average scores is"<<aver_score<<endl;
    sort_score(scores,N);
    cout<<"Output"<<N<<"scores:"<<endl;
    print_score(pscores,N);
    return 0;
}
void input_score(int *score,int n)
{
    for(int i=0;i<n;i++)
        cin>>*(score+i);
}
double average_score(int score[],int n)
{
    double total=0;
    for(int i=0;i<n;i++)
        total+=score[i];
    return(total/n);
}
void print_score(int score[],int n)
{
    for(int i=0;i<n;i++)
    {
        cout<<setw(5)<<score[i];
        if((i+1)% 5==0)
            cout<<endl;
    }
}
void sort_score(int *score,int n)
{
    int k,temp;
```

```
        for(int i=0;i<n-1;i++)
        {
            k=i;
            for(int j=i+1;j<n;j++)
                if(*(score+k)<*(score+j))
                    k=j;
            if(k!=i)
            {
                temp=*(score+k);
                *(score+k)=*(score+i);
                *(score+i)=temp;
            }
        }
```

从上面的例子可以看出,数组和指针都可以作为函数的参数使用,它们之间的关系可以用表 5.1 来描述。

表 5.1 数组和指针作为函数参数的关系

序 号	实 参	形 参
1	指针	指针
2	指针	数组
3	数组	数组
4	数组	指针

5.3.2 指针与二维数组

如果一个一维数组的每一个元素仍是一个一维数组,那么该一维数组就是一个二维数组。一般情况下,一个二维数组可以表示如下:

```
        const int M=10,N=20;
        int a[M][N];
```

该数组的第 1 行可以看成一个一维数组,数组名为 a[0],有 a[0][0],a[0][1],…,a[0][N−1]N 个元素。类似地,第 2 行也可以看成一个一维数组,数组名为 a[1],有 a[1][0],a[1][1],…,a[1][N−1]N 个元素。依此类推,第 M 行也可以看成一个一维数组,数组名为 a[M−1],有 a[M−1][0],a[M−1][1],…,a[M−1][N−1]N 个元素。而 a[0],a[1],…,a[M−1]构成一个一维数组,数组名为 a。根据数组名的含义,a[0],a[1],…,a[M−1]分别表示二维数组第 1 行、第 2 行……第 M−1 行的首地址,是一级地址。这里数组名 a 是地址的地址,它表示二级地址。如上分析过程如图 5.8 所示。

因为一个数组的数组名就是指向该数组第 1 个元素的指针,所以 a[i]就是指向二维数组 a 中行下标为 i 的元素类型为 int 的一维数组的指针,即 a[i]的值为 a[i][0]元素的地址,类型为 int*。同理,二维数组名 a 是指向第 1 个元素 a[0]的指针,由于 a[0]表示具有 N 个 int 类型元素的一维数组,即 a[0]的类型为 int[N],因此 a 的值为具有 int(*)[N]

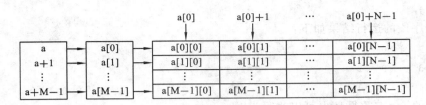

图 5.8 二维数组的指针表示

类型的指针。

一般称具有 int（*）[N]（N 为整型常量）类型的指针为指向具有 N 个 int 类型元素数组的指针。例如：

    const int N=10;int(*p)[N];

定义了一个指向具有 N 个 int 类型元素的一维数组的指针 p，它是一个二级指针。

由于二维数组名 a 的值为 int（*）[N]类型，该值增 1 就使指针后移 4N 个字节，因此 a+i 指向数组 a 的行下标为 i 的一维数组的开始位置，即 a[i][0]元素的位置。

对于二维数组 a 中的一维元素 a[i]，其指针访问方式为 *(a+i)，所以二维数组 a[M][N] 中任一元素 a[i][j]可以等价表示为（*(a+i)）[j]或 *（*(a+i)+j)或 *(a[i]+j)。

以上所加的圆括号确保间接访问操作优先于下标运算符（按照 C++运算规则，下标运算优先于间接访问运算符）。

二维数组 a[M][N]中，a、a[0]和 &a[0][0]的地址值都相同，但类型不同，a 的值为 int（*）[N]类型，而 a[0]和 &a[0][0]的值均为 int *类型。a+1 则比 a 增加 4N 个字节，而 a[0]+1(或 &a[0][0]+1)则比 a[0]（或 &a[0][0]）只增加 4 个字节。

若把一个指针定义为指向具有 N 个元素的一维数组的类型，并用一个具有列数为 N 的二维数组的数组名进行初始化，则该指针就指向了这个二维数组。通过指向二维数组的指针，同样可以访问该二维数组元素。

【例 5.6】 运用指针输出二维数组。

```
#include<iostream>
#include<iomanip>
using namespace std;
int main()
{
    int a[3][4]={{2,4,6,8},{3,6,9,12},{4,8,12,16}};
    int(*p)[4]=a;//p 与 a 的值具有相同的指针类型，均为 int（*）[4]型
    int i,j;
    for(i=0;i<3;i++)
    {
        for(j=0;j<4;j++)
            cout<<setw(5)<<p[i][j];//采用下标方式访问 p 所指向的二维数组
        cout<<endl;
    }
    return 0;
```

}
```

该程序段的运行结果如下：

```
2   4   6   8
3   6   9   12
4   8   12  16
```

上面的 for 双重循环也可以改写为

```
for(i=0;i<3;i++)
{
    int *q=p[i];                    //或使用 *p++,或使用 *(p+i)
    for(j=0;j<4;j++)
      cout<<setw(5)<<*q++;          //采用指针访问方式
    cout<<endl;
}
```

还可以改写如下形式：

```
int *q=a[0];                        //或 &a[0][0],或(int *)a
for(i=0;i<3;i++)
{
    for(j=0;j<4;j++)
      cout<<setw(5)<<*q++;
    cout<<endl;
}
```

5.3.3 指针与字符数组

对于一个存储字符串的数组，其数组名就是指向其字符串的指针，因为它的值为字符串中第 1 个字符的存储地址。

(1) 定义字符数组时，可以给字符数组赋初值。

```
char ch[30]="character array";
char ch1[30];
ch1="character array";//错误
```

(2) 定义字符型指针指向字符串常量，例如：

```
#include<iostream>
#include<cstring>
using namespace std;
int main()
{
    char ch2[30],*pch2;
    pch2=ch2;
    strcpy(ch2,"Hello,world!");
    cout<<ch2<<" "<<pch2<<endl;
    pch2="I love my country!";
```
```

```
        cout<<ch2<<" "<<pch2<<endl;
        return 0;
    }
```

(3) 指向一个字符串中任一字符位置的指针都是一个指向字符串的指针,该字符串从所指位置开始到末尾空字符为止,它是整个字符串的一个子串。

【例 5.7】 指针指向字符串的操作。

```
    #include<iostream>
    using namespace std;
    int main()
    {
        char slp[]="StringPointer";
        char *sp=slp;                              //sl 的值为 char *类型
        int i;
        cout<<sp<<endl;
        cout<<slp+6<<endl;
        char s2[10];
        for(i=0;i<6;i++)   s2[i]=sp[i];
        s2[i]=0;
        cout<<s2<<" "<<&slp[6]<<endl;              //&sl[6]等于 sl+6
        return 0;
    }
```

该程序段的运行结果如下:

```
StringPointer
Pointer
Sting Pointer
```

对于每个字符串常量,从任一字符开始也都是一个字符串,它是整个字符串的一个尾部子串。例如:

```
    char *s1="AddSubtruct";
    char *s2=s1+3;
    cout<<s1<<" "<<s2<<endl<<s1+3<<endl;
```

该程序段的运行结果如下:

```
AddSubtruct Subtruct
Subtruct
```

(4) 指向字符串的指针可以作为函数的参数,也可以作为函数的返回值。

```
    char *strcat(char *str1,char *str2)
    {
        int i=0,j=0;
        while(*(str1+i))
            i++;
        while(*(str2+j))
```

```
        {
            *(str1+i)=*(str2+j);
            i++;j++;
        }
        *(str1+i)=0;
        return str1;
}
```

5.3.4 指针与函数

函数指针包含函数在内存中的地址。第4章介绍的数组名实际上是数组中第1个元素的内存地址。同样，函数名实际上是执行函数任务的代码在内存中的开始地址。函数指针可以传入函数、从函数返回、存放在数组中和赋给其他函数指针。

函数指针的定义形式：

<类型标识符><(*函数名)><(形参表)>

例如：

```
int(*compare)(int x,int y);
```

如何使用函数指针，通过设计冒泡排序程序来说明。程序提示用户选择按升序或降序排序。如果用户输入1，则向函数bubble传递ascending函数的指针，使数组按升序排列。如果用户输入2，则向函数bubble传递descending函数的指针，使数组按降序排列。

【例5.8】 使用函数指针的多用途排序程序。

```
#include<iostream>
#include<iomanip>
using namespace std;
void bubble(int work[],const int size,int(*compare)(int,int));
int ascending(int a,int b);
int descending(int a,int b);
int main()
{
    const int arraySize=10;
    int order,counter,
    a[arraySize]={2,6,4,8,10,12,89,68,45,37};
    cout<<"Enter 1 to sort in ascending order,\n"
        <<"Enter 2 to sort in descending order:";
    cin>>order;
    cout<<"\nData items in original order\n";
    for(counter=0;counter<arraySize;counter++)
        cout<<setw(4)<<a[counter];
    if(order==1)
    {
        bubble(a,arraySize,ascending);
```

```
            cout<<"\nData items in ascending order\n";
        }
        else{
            bubble(a,arraySize,descending);
            cout<<"\nData items in descending order\n";
        }
        for(counter=0;counter<arraySize;counter++)
            cout<<setw(4)<<a[counter];
        cout<<endl;
        return 0;
    }
    void bubble(int work[],const int size,int(*compare)(int,int))
    {
        void swap(int *element1Ptr,int *element2Ptr);
        for(int pass=1;pass<size;pass++)
            for(int count=0;count<size-1;count++)
                if((*compare)(work[count],work[count+1]))
                    swap(&work[count],&work[count+1]);
    }
    void swap(int *element1Ptr,int *element2Ptr)
    {
        int temp;
        temp=*element1Ptr;
        *element1Ptr=*element2Ptr;
        *element2Ptr=temp;
    }
    int ascending(int a,int b)
    {
        return b<a;//swap if b is less than a
    }
    int descending(int a,int b)
    {
        return b>a;//swap if b is greater than a
    }
```

bubble 函数的首部中出现下列参数：

```
    int(*compare)(int,int)
```

告诉 bubble 该参数为一个函数指针，这个函数接收两个整型参数和返回一个整型值。

*compare 要用括号括起来，因为 * 的优先级低于函数参数圆括号的优先级。如果不用圆括号，则声明变成

```
    int *compare(int,int)
```

声明函数接收两个整型参数并返回一个整型值的指针。

bubble 函数原型中的对应参数如下：

```
int  (*)(int,int)
```

注意：这里只包括类型，程序员可以加上名称，但参数名只用于程序中的说明，编译器将其忽略。

if 语句中调用传入 bubble 的函数，如下所示：

```
if((*compare)(work[count],work[count+1])
```

就像复引用变量指针可以访问变量值一样，复引用函数指针可以执行这个函数。也可以不复引用指针而调用函数，如下所示：

```
if(compare(work[count],work[count+1])
```

相比较而言，第一种通过指针调用函数的方法更直观，因为它显式说明 compare 是函数指针，通过间接引用指针调用这个函数。第二种通过指针调用函数的方法使 compare 好像是个实际函数。程序用户可能会被搞糊涂，认为 compare 函数就是一个普通函数。

函数指针的一个应用是建立菜单驱动系统，提示用户从菜单选择一个选项（例如，从 1 到 5）。每个选项由不同函数提供服务，每个函数的指针存放在函数指针数组中。用户选项作为数组下标，数组中的指针用于调用这个函数。

程序提供了声明和使用函数指针数组的一般例子。这些函数(function 1、function2、function3)都定义成取整数参数并且不返回值。这些函数的指针存放在数组 f 中，声明如下：

```
void(*f[3])(int)={function1,function2,function3}
```

声明从最左边的括号读起，表示 f 是包含 3 个函数指针的数组，各取整数参数并返回 void。数组用 3 个函数名（是指针）初始化。用户输入 0 到 2 的值时，用这些值作为函数指针数组的下标。函数调用如下所示：

```
(*f[choice])(choice);
```

调用时，f[choice]选择数组中 choice 位置的指针。复引用指针以调用函数，并将 choice 作为参数传入函数中。每个函数打印自己的参数值和函数名，表示正确调用了这个函数。

【例 5.9】 使用指向函数的指针数组来调用函数。

```
#include<iostream>
using namespace std;
void function1(int);
void function2(int);
void function3(int);
int main()
{
    void(*f[3])(int)={function1,function2,function3};
    int choice;
    cout<<"Enter a number between 0 and 2,3 to end:";
    cin>>choice;
    while(choice>=0 && choice<3){
```

```
            (*f[choice])(choice);
            cout<<"Enter a number between 0 and 2,3 to end:";
            cin>>choice;
        }
        cout<<"Program execution completed."<<endl;
        return 0;
    }

    void function1(int a)
    {
        cout<<"You entered"<<a
            <<"so function1 was called\n\n";
    }
    void function2(int b)
    {
        cout<<"You entered"<<b
            <<"so function2 was called\n\n";
    }
    void function3(int c)
    {
        cout<<"You entered"<<c
            <<"so function3 was called\n\n";
    }
```

程序运行结果如下：

```
Enter a number between 0 and 2,3 to end:0
You entered 0 so function1 was called
Enter a number between 0 and 2,3 to end:1
You entered 1 so function2 was called
Enter a number between 0 and 2,3 to end:2
You entered 2 so function3 was called
Enter a number between 0 and 2,3 to end:3
Program execution completed.
```

5.4 指针运算

指针运算除了取地址 &、间接访问运算 *外，还可以对指针进行赋值、比较、增 1、减 1 等操作。

1. 赋值(＝)

指针之间也能够赋值，它是把赋值号右边指针表达式的值赋给左边的指针对象，该指针对象必须是一个左值，并且赋值号两边的指针类型必须相同。但有一点例外，那就是允许把任一类型的指针赋给 void *类型的指针对象。例如：

```
char ch='d',*pch;
pch=&ch;              //把 ch 的地址赋给 cp
void *pv=pch;         //将字符指针赋给 void *的指针
```

2. 增1(++)和减1(--)

增1和减1操作符同样适用于指针类型,使指针值增加或减少所指数据类型的长度值。

例如,分析下面的程序段:

```
int a[4]={10,25,36,48};   //定义了一个整型数组 a,并将其初始化
int *p=a;                 //定义整型指针 p 并使之指向数组 a 中的第 1 个元素 a[0]
cout<<*p<<' ';            //输出 p 所指向对象 a[0]的值
p++;                      //p 增加 1,即 p 指向 a[1]
cout<<*p++<<' ';          //先计算 *p,即输出 a[1],然后 p 增加 1,指向 a[2]
cout<<*++p<<endl;         //先使 p 增加 1,即 p 指向 a[3],再计算 *p,即输出 a[3]
```

该程序段的运行结果如下:

```
10  25  48
```

设 p 是一个指向 A 类型的指针变量,则 p++表示先得到 p 的值,然后 p 增 1,实际上 p 增加了 A 类型的长度值,使 p 指向了原数据的后面一个数据。例如:

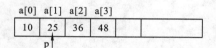

图 5.9 指针运算

在图 5.9 中若指针 p 指向 a[1],则

(1) p++表示 p 增 1,使指针 p 指向 a[2]。

(2) p--表示 p 减 1,使指针 p 指向 a[0]。

表达式 *p++若写成(*p)++,则将首先访问 p 所指向的对象,然后使这个对象的值增 1,而指针 p 的值将不变。

又如,分析下面的程序段:

```
char b[10]="abcde";       //定义一个字符数组 b,用字符串"abcde"对其进行初始化
char *p=b;                //定义了一个字符指针 p 并使之指向数组 b 中的第 1 个元素 b[0]
cout<<*p++<<;             //输出 *p,并使 p 指向 b[1]
p++;                      //使 p 指向 b[2]
p++;                      //使 p 指向 b[3]
cout<<*p-<<" ";           //输出 *p,即 b[3],并使 p 反向指向 b[2]
cout<<*--p<<endl;         //使 p 指向 b[1],输出 *p,即 b[1]
```

程序运行结果如下:

```
a  d  b
```

3. 加(+)和减(-)

一个指针可以加上或减去一个整数(假定为 n),得到的值将是该指针向后或向前第 n 个数据的地址。例如:

```
char a[10]="ABCDEF"
int b[6]={1,2,3,4,5,6};
```

```
char *p1=a,*p2;
int *q1=b,*q2;
p2=p1+4;q2=q1+2;
cout<<*p1<<' '<<*p2<<' '<<*(p2-1)<<endl;
cout<<*q1<<' '<<*q2<<' '<<*(q2+3)<<endl;
```

程序运行结果如下：

```
A E D
1 3 6
```

一个指针也可以减去另一个指针,其值为它们之间的数据个数。若被减数较大,则得到正值,否则为负值。例如：

```
double a[10]={0};              //定义数组 a,所有元素初始化为 0
double *p1=a,*p2=p1+8;         //指针 p1 指向元素 a[0],p2 指向元素 a[8]
p1++;--p2;                     //p1 增 1,指向 a[1],p2 减 1,指向 a[7]
cout<<p2-p1<<' '<p1-p2<<endl;
```

程序运行结果如下：

```
6 -6
```

4．强制指针类型转换

若需要把一个指针表达式的值赋给一个与之不同的指针类型的变量时,应把这个值强制转换为被赋值变量所具有的指针类型。当然,在转换后,只有类型发生了变化,其具体的地址值(即一个十六进制的整数代码)不变。例如：

```
char *cp;
int a[10];
cp=(char *)&a[0];
```

在这里 cp 为 char * 类型的指针变量,而 &a[0] 为 int 类型的地址表达式,要把这个表达式的值赋给 cp 必须把它强制转换为 char * 类型。

5．比较(＝＝、！＝、＜、＜＝、＞、＞＝)

因为指针是一个地址,地址也有大小,即后面数据的地址大于前面数据的地址,所以两个指针可以比较大小。设 p 和 q 是两个同类型的指针,则

(1) 当 p 大于 q 时,关系式 p＞q、p＞＝q 和 p！＝q 的值为真,而关系式 p＜q、p＜＝q 和 p＝＝q 的值为假。

(2) 若 p 的值与 q 的值相同,则关系式 p＝＝q、p＜＝q 和 p＞＝q 成立,其值为真,而关系式 p！＝q、p＜q 和 p＞q 不成立,其值为假。

(3) 当 p 小于 q 时,关系式 p＜q、p＜＝q 和 p！＝q 的值为真,而关系式 p＞q、p＞＝q 和 p＝＝q 的值为假。

单个指针也可以与其他任何对象一样,作为一个逻辑值使用,当它的值不为空时则为逻辑值真,否则为逻辑值假。该条件可表示为 p 或 p！＝NULL。

5.5 动态存储分配

5.5.1 new 操作符

在 C++语言中，使用 new 操作能够实现动态存储分配，使用 new 操作符的格式如下：

  new<数据类型标识符>[(初值表达式)]；

对于非数组类型，中括号内为可选项，对于数组类型，中括号内应给出作为数组长度的表达式。举例说明如下：

1) int *pi=new int;

该语句定义了一个整型指针 pi，系统将分配到 4 个字节的整型存储空间，并将该存储空间的首地址赋给整型指针变量 pi。

2) int *pi=new int(5);

执行该语句时，系统将分配到 4 个字节的整型存储空间，并将该存储空间的首地址赋给整型指针变量 pi，同时对存储空间进行初始化，使之存储一个整数 5。

3) char *pch=new char[10];

执行该语句时，首先分配到具有 10 个字节的字符型数组空间，然后将该存储空间中第 1 个元素的地址赋给字符型指针变量 pch。

4) int *pi=new int[n];

执行该语句时，首先分配到能够存储 n 个整数的数组空间，然后将该存储空间首地址，即数组第 1 个元素的地址，赋给整型指针变量 pi。

说明：

(1) new 操作符是一种单目操作符，操作数紧跟其后，该操作数是一种数据类型。当数据类型不是数组时，还可以初始化动态分配得到的数据空间。

(2) 当程序执行 new 运算时，将首先从内存中相应的存储区内分配一块存储空间，该存储空间的大小等于 new 运算符后指明的数据类型长度，然后返回该存储空间的地址，对于数组类型返回的是该空间中存储第 1 个元素的地址。

(3) 若执行 new 操作时，无法得到所需的存储空间，则表明动态分配失败。此时返回空指针，即运算结果为 NULL。

(4) 采用 new 运算能够实现数据存储空间的动态分配，但用户只有把它的返回值保存到一个指针变量后，才能够通过这个变量间接地访问这个存储空间（即数据对象）。当然用户所定义的指针变量的类型必须与 new 运算返回值的类型相同。

  double(*pd)[N]=new double[M][N];

执行该语句时，首先分配 M×N 个双精度数存储空间，它是一个二维双精度数组空间，然后返回第 1 个元素的地址。由于对应的一维数组的元素类型为 double[N]，因此返回值的类型为 double(*pd)[N]。

  char **pch=new char*(&x);

执行该语句时,首先动态分配一个4个字节的用于存储一个字符指针的数据空间,并使这个数据空间初始指向 x,假定 x 是一个 char 类型的对象,然后返回这个数据空间的地址。由于该数据空间保存的是字符型指针,因此返回值的类型为 char**。

(5)当采用 new 运算动态分配一维数组空间时,该数组的长度 n 既可以为一个常量表达式,又可以为一个变量表达式。而在变量定义语句中定义的数组,其数组的长度必须是一个常量表达式,不允许是变量表达式。当只有在程序运行时才能确定待使用数组的长度时,则只能采用动态分配建立该数组,不能采用变量定义语句定义它。

(6)当采用 new 运算动态分配二维以上数组空间时,只有第1维的尺寸是可变的,其余的尺寸都必须为常量,返回值为一个指向数组的指针,该数组的类型为除上述第1维之外剩下的数组类型。例如:

```
new int[2][3][4];
```

返回值的类型为 int(*p1)[3][4],其值是按第1维考虑的第1个元素的地址。

5.5.2 delete 操作符

使用 new 运算符动态分配给用户的存储空间,可以通过使用 delete 运算符收回并归还给系统,若没有使用 delete 运算符归还,则只有等到整个程序运行结束才被系统自动回收。使用 delete 运算符的格式如下:

```
delete p1;
```

或

```
delete []p2;
```

其中:p1 表示指向动态分配的非数组空间的指针,p2 表示指向动态分配的数组空间的指针。例如:

```
int *p=new int;          //动态分配的整数对象 *p
*p=20;                   //给 *p 赋值为 20
(*p)++;                  //然后让它增1,*pr 的值由 20 变为 21
int x=*p-5;              //用表达式为 *p-5 初始化整型变量 x,x 的值为 16
cout<<*p<<' '<<x<<endl;  //输出 *p 和 x 的值
delete p;                //把 p 所指向的动态分配的存储空间归还给系统
```

注意:

(1) delete p 可以释放指针 p 所指向的存储空间,但静态分配给指针 p 的4个字节的指针空间不会释放,还可以利用 p 指向另一个整数对象。例如:

```
int y=13;
p=&y;
cout<<*p<<endl;
```

又使 p 指向了整数对象 y,此时 *p 就是 y。

(2) 系统对每一个变量都会分配一个存储空间,指针也不例外,所以要区分指针指向的存储空间和系统分配给指针的存储空间。它们是两个不同的概念。

【例 5.10】 动态分配和释放数组的操作。

```
#include<iostream>
using namespace std;
int main()
{
    int n,i;
    cout<<"请输入一个动态数组的长度:";
    cin>>n;
    int *a=new int[n];
    a[0]=1;
    for(i=1;i<n;i++)
        a[i]=2*a[i-1]+1;        //下标访问方式
    for(i=0;i<n;i++)
        cout<<*(a+1)<<' ';      //指针访问方式
    cout<<endl;
    delete []a;
    return 0;
}
```

习 题 5

5.1 ［题号］10479。

［题目描述］定义交换函数 swap，用于交换两个数的值。在主程序中调用 swap 函数（要求用指针变量传递参数值）。

［输入］第 1 行是 1 个整数 T，表示有 T 组数据。每组数据 1 行，为 2 个整数 a、b。数据间用空格分隔。

［输出］对于每一组数据，输出交换后的数据，数据间用 1 个空格分隔，换行。

［样例输入］

　　2

　　6

　　4　6

［样例输出］

　　6　4

　　85　-5

5.2 ［题号］10480。

［题目描述］用一个字符型指针数组存放所有家庭成员的名单，并把它们打印出来。

［输入］第 1 行是 1 个整数 T，表示有 T 组数据。每组数据第 1 行是 1 个整数 n，表示家庭有 n(n<20)个成员，接下来 n 行为家庭成员的名单(每个成员名字不超过 20 个字符)。

［输出］对于每一组数据，先输出"Case ♯:"(♯为序号，从 1 起)，换行；然后输出家庭成员的名单，1 个名单 1 行。

[样例输入]

    2
    3
    Qu shj
    Tan j
    Qu yl
    2
    Liu q
    Wang wu

[样例输出]

    Case 1:
    Qu shj
    Tan j
    Qu yl
    Case 2:
    Liu q
    Wang wu

5.3 [题号]10481。

[题目描述]编写一个程序,向用户询问五种日用品的平均价格,并把它们存放在一个浮点型的数组中。使用指针按从前到后和从后到前的顺序分别打印该数组,然后再用指针把其中的最高价和最低价打印出来。

[输入]第 1 行是 1 个整数 T,表示有 T 组数据。每组数据 1 行,5 个浮点数,数之间用空格分隔。

[输出]对于每一组数据,先输出"Case ♯:"(♯为序号,从 1 起),换行;然后按从前到后的顺序打印,换行;再按从后向前的顺序打印,换行;数据之间均用 1 个空格分隔,每行最后一个数据后面无空格;最后打印 Max:最高价,Min:最低价,换行。

[样例输入]

    2
    4 5 8 1 7
    12.56 7.38 541.2 79.8 99

[样例输出]

    Case 1:
    4 5 8 1 7
    7 1 8 5 4
    Max:8,Min:1
    Case 2:
    12.56 7.38 541.2 79.8 99
    99 79.8 541.2 7.38 12.56
    Max:541.2,Min:7.38

5.4 [题号]10482。

［题目描述］编写一个冒泡排序算法,使用指针将 n 个整型数据按从小到大的顺序进行排序。

［输入］第 1 行是 1 个整数 T,表示有 T 组数据。每组数据第 1 个数为 n,表示这组数据有 n 个数,后面紧接着是 n 个数,数之间用空格分隔。

［输出］对于每一组数据,先输出"Case ♯:"(♯为序号,从 1 起),换行;然后输出排序后的结果,换行;数据之间均用 1 个空格分隔,每行最后一个数据后面无空格。

［样例输入］

2
5 4 5 8 1 7
10 41 67 34 0 69 24 78 58 62 64

［样例输出］

Case 1:
1 4 5 7 8
Case 2:
0 24 34 41 58 62 64 67 69 78

5.5 ［题号］10483。

［题目描述］编写一个程序将 n 首歌的歌名存入一个指针数组中。把这些歌名按原来的顺序打印出来,以及按字母表的顺序打印出来。

［输入］第 1 行是 1 个整数 T,表示有 T 组数据。每组数据第 1 行为整数 n(n＜30),表示后面有 n 首歌名,每首歌名 1 行,歌名不超过 40 个字符。

［输出］对于每一组数据,先输出"Case ♯:"(♯为序号,从 1 起),换行;然后输出排序前的顺序,空 1 行,输出排序后的结果,换行;每首歌名 1 行。

［样例输入］

2
3
By My Side
A Little Too Not Over You
Try Again
2
I Need You
Change The World

［样例输出］

Case 1:
By My Side
A Little Too Not Over You
Try Again

A Little Too Not Over You
By My Side
Try Again

```
Case 2:
I Need You
Change The World

Change The World
I Need You
```

5.6 ［题号］10484。

［题目描述］编写程序，将输入的字符加密和解密。加密时，每个字符依次反复加上"4962873"中的数字，如果范围超过 ASCII 码的 032（空格）～122（"z"），则进行模运算。解密与加密的顺序相反。编制加密与解密函数，打印各个过程的结果。

［输入］第 1 行是 1 个整数 T，表示有 T 组数据。每组数据 1 行，为一个字符串，长度不超过 1000 个字符。

［输出］对于每一组数据，先输出"Case ♯:"（♯为序号，从 1 起），换行；然后输出加密的结果，空 1 行，再输出解密后的结果，换行。

［样例输入］
```
2
By My Side
A Little Too Not Over You
```

［样例输出］
```
Case 1:
F'&O&'Vmmk

By My Side
Case 2:
E)Rk! oi)Zqw'Qs"&Q#lu$buw

A Little Too Not Over You
```

5.7 ［题号］10485。

［题目描述］用一个二维数组描述 M 个学生 N 门功课的成绩（假定 M＝3，N＝4），用行描述一个学生的 N 门功课的成绩，用列来描述某一门功课的成绩。设计一个函数 minimum 确定所有学生考试中的最低成绩，设计一个函数 maximum 确定所有学生考试中的最高成绩，设计一个函数 average 确定每个学生的平均成绩，设计一个函数 printArray 以表格形式输出所有学生的成绩。

［输入］第 1 行是 1 个整数 T，表示有 T 组数据。每组数据 M 行为 M 个学生的 N 门功课的成绩，成绩之间用空格分隔。

［输出］对于每一组数据，先输出"Case ♯:"（♯为序号，从 1 起），换行；然后按样例输出样式输出（标题之间空 3 个空格、数据之间空 4 个空格），每行最后无空格。

［样例输入］
```
1
```

```
        78    87    67    82
        90    67    88    78
        80    75    91    81
```

[样例输出]

```
Case 1:
Min score:67
Max score:91
No       kc1       kc2       kc3       kc4       average_score
1        78        87        67        82        78.5
2        90        67        88        78        80.75
3        80        75        91        81        81.75
```

5.8 [题号]10486。

[题目描述]使用函数指针数组将题 5.9 的程序改写成使用菜单驱动界面。程序提供 5 个选项如下所示(应在屏幕上显示):

Enter a choice：

0   Print the array of grades

1   Find the minimum grade

2   Find the maximum grade

3   Print the average on all tests for each student

4   End program.

[输入]第 1 行是 1 个整数 T,表示有 T 组数据。每组数据有 M+1 行,前 M 行为 M 个学生的 N 门功课的成绩,成绩之间用空格分隔,M+1 行为 1 个整数 n,表示选择菜单的次数,后面为 n 个选项(取值为 0～4)。

[输出]对于每一组数据,先输出"Case #:"(#为序号,从 1 起),换行;然后按样例输出样式输出(标题之间空 3 个空格、数据之间空 4 个空格),每行最后无空格。

[样例输入]

```
1
78   87   67   82
90   67   88   78
80   75   91   81
5  0  1  2  3  4
```

[样例输出]

```
Case 1:
Enter a choice:
0   Print the array of grades
1   Find the mininum grade
2   Find the maxinum grade
3   Print the average on all tests for each student
4   End program
```

```
No      kc1     kc2     kc3     kc4
1       78      87      67      82
2       90      67      88      78
3       80      75      91      81
```
Min score:67
Max score:91
Average_score:
1 78.5
2 80.75
3 81.75

5.9 [题目描述]写一个程序,用随机数产生器建立语句。程序用 4 个 char 类型的指针数组 article、noun、verb、preposition。选择每个单词时,在能放下整个句子的数组中连接上述单词。单词之间用空格分开。输出最后的语句时,应以大写字母开头,以圆点结尾。程序产生 20 个句子。

数组填充如下:article 数组包含"the"、"a"、"one"、"some"和"any",noun 数组包含名词"boy"、"girl"、"dog"、"town"和"car",verb 数组包含动词"drove"、"jumped"、"ran"、"walked"和"skipped",preposition 数组包含介词"to"、"from"、"over"、"under"和"on"。

编写上述程序之后,将程序修改成产生由几个句子组成的短故事(这样就可以编写一篇文章)。

[输入]第 1 行是 1 个整数 T,表示有 T 组数据。每组数据只有 1 个整数 n(n≤20),表示产生 n 个句子。

[输出]对于每一组数据,先输出"Case ♯:"(♯为序号,从 1 起),换行;然后输出文章,换行。

[样例输入]
2
2
3

[样例输出]

Case 1:
A dog skipped to.Any car walked under.
Case 2:
One car drove to.A dog jumped from.The dog ran from.

5.10 [题号]10487。

[题目描述]写一个函数,求一个字符串的长度,不能使用 strlen 函数。

[输入]第 1 行是 1 个整数 T,表示有 T 组数据。每组数据 1 行,为一个字符串(长度小于等于 256 个字符)。

[输出]对于每一组数据,先输出"Case ♯:"(♯为序号,从 1 起),换行;然后输出字符串长度,换行。

[样例输入]
```
2
By My Side
A Little Too Not Over You
```
[样例输出]
```
Case 1:
10
Case 2:
25
```

第6章 结构体与共用体

[本章主要内容] 本章主要介绍C++语言中结构类型、共用体和枚举类型的定义和使用,以及使用typedef定义类型名的方法。

6.1 结构体

前面已介绍了数据的基本类型(或称简单类型)的变量(如整型、实型、字符型变量等),也介绍了一种构造类型数据——数组,数组中的各元素是属于同一种类型的。

如果想将一些有相关性但类型不同的数据,例如,一个学生的学号、姓名、性别、年龄、成绩、家庭地址等数据项放在一起,数组就无能为力了。但利用C++语言提供的结构体(structure),即可将一组类型不同的数据组合在一起,将这种类型称为结构型。下面,我们来看看如何声明结构体变量。

6.1.1 结构体的声明

1. 结构体的声明

如果想同时存储学生的学号(整型类型)、姓名(字符串类型)、年龄(整型类型)、成绩(实型类型)、家庭地址(字符串类型),由以前所学章节,我们只能利用5个不同的变量分别存储数据,而利用C语言提供的结构体,就可以将这些有关联性但类型不同的数据存放在一起,结构体的定义及声明格式如下:

```
struct  结构体名
{
    数据类型  成员名1;
    数据类型  成员名2;
        ⋮
    数据类型  成员名n;
};
```

结构体的定义以关键字struct开头,struct后面的标识符即为所定义的结构体的名称;而左、右花括号所包围起来的内容,就是结构体里面的各个成员,由于各个成员的类型可能不同,因此各个成员名如同一般的变量声明方式一样,要定义其所属的类型。注意不要忽略后面的分号。下面是一个结构体定义的实例:

```
struct  student
{
    int   num;
    char  name[10];
    int   age;
    float score;
    char  addr[30];
```

};

2. 结构体类型变量的定义

前面只是指定了一个结构体类型,它相当于一个模型,但其中并无具体数据,系统对之也不分配实际内存单元。为了能在程序中使用结构体类型的数据,应当定义结构体类型的变量,并在其中存放具体的数据。可以采取以下三种方法定义结构体类型变量。

1) 先声明结构体类型,后定义结构体变量

如上面已定义了一个结构体类型 struct student,可以用它来定义变量。例如:

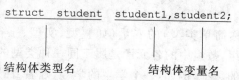

定义了 student1、student2 为 struct student 类型的变量,即它们具有 struct student 类型的结构,如图 6.1 所示。

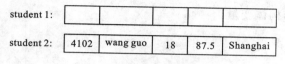

图 6.1 结构体变量存储结构

在定义了结构体变量后,系统会为之分配内存单元。例如,student1、student2 在内存中各占 48(2+10+2+4+30)个字节。

2) 定义结构体类型的同时定义结构体变量

例如,为学生信息定义两个变量 x 和 y,程序段如下:

```
struct student      /*定义结构体类型 student */
{
  int   num;
    char  name[10];
    int   age;
    float score;
    char  addr[30];
}x,y;
```

这种方法是将类型定义和变量定义同时进行,以后仍然可以使用这种结构体类型来定义其他结构体变量。

3) 定义无名称的结构体类型的同时定义结构体变量

例如,为学生信息定义两个变量 x 和 y,程序段如下:

```
struct         /*定义结构体类型,但省略了类型名 */
{
int   num;
  char  name[10];
  int   age;
  float score;
```

```
    char   addr[30];
}x,y;
```

这种方法是将类型定义和变量定义同时进行，但是结构体类型的名称省略了，以后将无法使用这种结构体类型来定义其他变量。

说明：

（1）类型与变量是不同的概念。定义结构体变量，必先定义一个结构体类型；变量能赋值，而类型不能赋值；定义类型时不分配内存空间，而定义变量时分配内存空间。

（2）结构体中的成员：其地位和作用相当于普通变量的。

（3）结构体中的成员也可以是一个结构体变量，即嵌套结构体。

（4）成员名可以与程序中的其他变量同名，两者不代表同一对象，如结构体类型 struct student 中的 num 成员与程序中定义的一个变量 num 是两个不同的变量，互不干扰。

6.1.2 结构体变量的引用及初始化赋值

1. 结构体变量的引用

由结构体变量名引用其成员的标记形式为

  结构体变量名.成员名

例如：x.num 表示引用结构体变量 x 中的 num 成员，因该成员的类型为 int 类型，所以可对它进行任何 int 类型赋值运算：

  x.num=8001;

2. 结构体变量的初始化

结构体变量和其他变量一样，既可以在定义结构体变量的同时进行初始化，又可先定义后初始化。

【例 6.1】 对结构体变量初始化。

```
#include<iostream>
using namespace std;
int main()
{
    struct  student                              //定义结构体类型 student
    {
        int   num;
        char  name[10];
        int   age;
        float score;
        char  addr[30];
    }x={8001,"zhang qu",19,97.5,"Changsha"};    //定义变量 x,并初始化
    cout<<"No:"<<x.num<<endl<<"Name:"<<x.name<<endl;
    cout<<"Age:"<<x.age<<endl;
    cout<<"Score:"<<x.score<<endl<<"Addr:"<<x.addr;
```

```
        return 0;
    }
```
运行结果如下：

```
No:8001
Name:zhang qu
Age:19
Score:97.5
Addr:Changsha
```

6.2 嵌套结构体

1. 嵌套结构体的定义

既然结构体可以存放不同的数据类型，那么是不是也可以在结构体中拥有另一个结构体呢？只要是C++语言可以使用的数据类型，都可以在结构体中定义使用。这种结构体里又包含另一个结构体的结构体，称为嵌套结构体(nested structure)。

例如，结构体

```
    struct date              /*定义结构体类型 date*/
    {
        int month;
        int day;
        int year;
    };
    struct student           /*定义结构体类型 student*/
    {
        int  num;
        char name[10];
        int  age;
        struct date birthday; /*成员 birthday 又是 struct date 结构体类型*/
        char addr[30];
    }x,y;
```

先声明一个 struct date 类型，它代表日期，包括3个成员：month、day、year。然后声明 struct student 类型时，将 birthday 指定为 struct date 类型。struct student 类型的结构如图6.2所示。

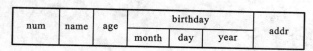

num	name	age	birthday			addr
			month	day	year	

图 6.2 struct student 类型的结构

2. 嵌套结构体变量成员的引用

在嵌套结构体中，某个结构体变量的成员类型是另一种结构体类型，则成员的引用方

法如下:

　　　　外层结构体变量.外层成员名.内层成员名

注意,这种嵌套的结构体数据,外层结构体变量的成员是不能单独引用的,例如,"外层结构体变量.外层成员名"是错误的,因为结构体变量是不能直接引用的。

【例 6.2】 嵌套的结构体变量成员的引用。

```
#include<iostream>
#include<cstring>
using namespace std;
struct date                    //定义结构体类型 date
{
    int year;
    int month;
    int day;
};                             //注意:本结构体类型定义结束应该加";"号
struct  student                //定义结构体类型 student
{
    int  num;
    char  name[10];
    struct date birth;         //成员 birthday 又是 struct date 结构体类型
}x;                            //定义变量 x 为 struct student 结构体类型
int main()
{
    x.num=8001;
    strcpy(x.name,"zhang qu");
    x.birth.year=1991;
    x.birth.month=11;
    x.birth.day=22;
    cout<<"No:"<<x.num<<endl<<"Name:"<<x.name<<endl;
    cout<<"Birth:"<<x.birth.year<<'.'<<x.birth.month<<'.'<<x.birth.day;
    return 0;
}
```

运行结果如下:

```
No:8001
Name:zhang qu
Birth:1991.11.22
```

6.3　结构体数组

　　一个结构体变量可以存放一组不同类型的数据(如一个学生的学号 num、姓名 name、年龄 age、分数 score、地址 addr)。如果有 100 个学生的数据需要参加运算和处理,显然应该用数组,即结构体数组。

结构体数组与前面介绍的简单类型数组的不同之处在于每个数组元素都是一个结构体类型的数据,它们都分别包括各个成员项。

6.3.1 结构体数组的定义和初始化

结构体数组的定义和一般的结构体变量的定义相似,在声明结构体数组变量时,只要加上数组的方括号([])即可。定义方法有三种:

(1) 先定义结构体类型,然后再定义结构体数组并赋初值,程序段如下:

```
struct  student
{
    int  num;              //定义结构体类型:student
    char  name[20];
    char  sex;
    float score[3];
};
struct  student s[3]={{8001,"zhang qu",'m',{80,86,92}},
        {8002,"wang guo",'f',{76,84,80}},
        {8003,"liu hai",'m',{90,79,67}}};
```

这个定义语句将使得数组 s 的各个元素的成员初值如下:

	num	name	sex	score[0]	score[1]	score[2]
s[0]	8001	zhang qu	m	80	86	92
s[1]	8002	wang guo	f	76	84	80
s[2]	8003	liu hai	m	90	79	67

这种方法将类型定义和变量定义分开进行,是一种比较常用的方法。

(2) 定义结构体类型的同时定义数组并赋初值,程序段如下:

```
struct  student        //定义结构体类型:student
{
    int  num;
    char  name[20];
    char  sex;
    float  score[3];
}s[3]={{8001,"zhang qu",'m',{80,86,92}},
        {8002,"wang guo",'f',{76,84,80}},
        {8003,"liu hai",'m',{90,79,67}}};
```

(3) 定义无名称的结构体类型的同时定义数组并赋初值,程序段如下:

```
struct             //定义无名称的结构体类型
{
    int num;
    char  name[20];
    char  sex;
```

```
        float score[3];
    }s[3]={{8001,"zhang qu",'m',{80,86,92}},
           {8002,"wang guo",'f',{76,84,80}},
           {8003,"liu hai",'m',{90,79,67}}};
```

6.3.2 结构体数组成员的引用

定义了结构体数组,就可以使用这个数组中的元素。与结构体变量相同,不能直接使用结构体数组元素,只能使用数组元素的成员。

结构体数组元素成员的引用格式如下:

  结构体数组名[下标].成员名

【**例 6.3**】 编写统计候选人得票程序,设有 4 名候选人,以输入得票的候选人名方式模拟计票,最后输出各候选人得票结果。

算法设计:

(1) 定义结构体数组,并初始化。

候选人相关的信息包括姓名和得票,将各候选人得票初始化为 0。

```
    struct person
    {
        char name[20];
        int  count;
    }leader[4]={{"li",0},{"wang",0},{"zhang",0},{"liu",0}};
```

(2) 输入一个候选人名,给该候选人计票。

```
    cin>>name;
    for(j=0;j<4;j++)
        if(strcmp(name,leader[j].name)==0)leader[j].count++;
```

(3) 输出各候选人所得票数。

```
    for(j=0;j<4;j++)cout<<leader[j].name<<":"<<leader[j].count<<endl;
```

程序清单如下:

```
#include<iostream>
#include<cstring>
using namespace std;
const int N=10;//设定投票人数
struct person
{
    char name[20];
    int  count;
}leader[4]={{"li",0},{"wang",0},{"zhang",0},{"liu",0}};
int main()
{
    char name[20];
    for(int i=0;i<N;i++)
```

```
    {
        cin>>name;
        for(int j=0;j<4;j++)
            if(strcmp(name,leader[j].name)==0)leader[j].count++;
    }
    for(int j=0;j<4;j++)
        cout<<leader[j].name<<":"<<leader[j].count<<endl;
    return 0;
}
```

6.4 结构体指针

一个结构体变量的指针就是该结构体变量所占据的内存段的起始地址。可以定义一个指针变量，用来指向一个结构体变量，此时该指针变量的值是结构体变量的起始地址。指针变量也可以用来指向结构体数组中的元素。

6.4.1 指向结构体变量的指针

指向结构体变量的指针定义的一般形式为

  struct 类型名 *指针变量名;

例如：

  struct date *p,date1;

定义指针变量 p 和结构体变量 date1。其中，指针变量 p 能指向类型为 struct date 的结构体。赋值 p=&date1，使指针 p 指向结构体变量 date1。

通过指向结构体的指针变量引用结构体成员的表示方法如下：

  指针变量->结构体成员名

例如，通过指针变量 p 引用结构体变量 date1 的 day 成员，写成 p->day，引用 date1 的 month，写成 p->month 等。

"*指针变量"表示指针变量所指向的对象，所以通过指向结构体的指针变量引用结构体成员也可以写成以下形式：

  (*指针变量).结构体成员名

这里圆括号是必需的，因为运算符"*"的优先级低于运算符"."的优先级。从表面上看，*p.day 等价于 *(p.day)，但这两种书写形式都是错误的。采用这种标记方法，通过 p 引用 date1 的成员可写成(*p).day、(*p).month、(*p).year。但是很少场合采用这种标记方法，习惯采用运算符"->"来标记。

【例 6.4】 写出下列程序的执行结果。

```
#include<iostream>
#include<cstring>
using namespace std;
int main()
```

```
    {
        struct  student
        {
            int   num;
            char   name[20];
            char   sex;
            float   score;
        };
        struct student   stu1,*p;
        p=&stu1;
        stu1.num=8001;
        strcpy(stu1.name,"zhang qu");
        stu1.sex='m';
        stu1.score=97.5;
        cout<<"No:"<<stu1.num<<endl<<"Name:"<<stu1.name<<endl<<"Sex:"<<stu1.sex<<endl<<"Score:"<<stu1.score<<endl;
        cout<<"No:"<<(*p).num<<endl<<"Name:"<<(*p).name<<endl<<"Sex:"<<(*p).sex<<endl<<"Score:"<<(*p).score<<endl;
        return 0;
    }
```

在主函数中定义了 struct student 类型,然后定义了一个 struct student 类型的变量 stu1。同时又定义了一个指针变量 p,它指向 struct student 结构体类型。在函数的执行部分,将 stu1 的起始地址赋给指针变量 p,也就是使 p 指向 stu1,然后引用 stu1 的成员 num,其余类推。第二个 cout 函数也是用来输出 stu1 的各成员的值,但使用的是(*p).num 这样的形式。

程序运行结果如下:

No:8001   No:8001
Name:zhang qu   Name:zhang qu
Sex:m   Sex:m
Score:97.5   Score:97.5

可见两个 cout 语句的输出结果是相同的。

如果采用"指针变量->结构体成员名"的表示方法,上面程序中最后一个 cout 语句中的输出项列表可改为

  p->num,p->name,p->sex,p->score

其中,->称为指向运算符。

请分析以下几种运算:

(1) p->n:得到 p 指向的结构体变量中的成员 n 的值。
(2) p->n++:得到 p 指向的结构体变量中的成员 n 的值,用完该值后使它加 1。
(3) ++p->n:得到 p 指向的结构体变量中的成员 n 的值,并使之加 1(先加)。

6.4.2 指向结构体数组的指针

一个指针变量可以指向一个结构体数组元素,也就是将该结构体数组元素地址赋给此指针变量。例如:

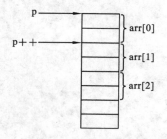

图 6.3 指针指向结构体数组的指向关系图

```
struct
{
    int a;
    float b;
}arr[3],*p;
p=arr;
```

此时使 p 指向 arr 数组的第 1 个元素，"p=arr;"等价于"p=&arr[0];"，若执行"p++;"，则此时指针变量 p 指向 arr[1]，指针指向结构体数组的指向关系如图 6.3 所示。

【例 6.5】 输出学生的信息。

```
#include<iostream>
#include<iomanip>
using namespace std;
struct  student
{
    int   num;
    char  name[20];
    char  sex;
    int   age;
};
struct student stu[3]={{8001,"zhang qu",'m',19},
                {8002,"wang guo",'f',19},
                {8003,"liu hai",'m',18}};
int main()
{
    struct student *p;
    cout.setf(ios::left);
    cout<<setw(5)<<"No"<<setw(20)<<"Name"<<setw(4)<<"Sex"<<setw(4)<<"Age"<<endl;
    for(p=stu;p<stu+3;p++)
        cout<<setw(5)<<p->num<<setw(20)<<p->name<<setw(4)<<p->sex<<setw(4)<<p->age<<endl;
    return 0;
}
```

运行结果如下：

```
No    Name            Sex  Age
8001  zhang qu        m    19
8002  wang guo        f    19
8003  liu hai         m    18
```

p 是指向 struct student 结构体类型数据的指针变量。在 for 语句中使 p 的初值为

stu,也就是数组 stu 的起始地址。在第一次循环中输出 stu[0]的各个成员值。然后执行 p++,使 p 自动加 1。p 加 1 意味着 p 所增加的值为结构体数组 stu 的一个元素所占的字节数(在本例中为 25(2+20+1+2)个字节)。执行 p++后 p 的值等于 stu+1,p 指向 stu[1]的起始地址。在第二次循环中输出 stu[1]的各个成员值。再执行 p++,p 的值等于 stu+2,p 指向 stu[2]的起始地址。又输出 stu[2]的各个成员值,以后依次类推。

6.4.3 用结构体变量和指向结构体变量的指针作为函数参数

将一个结构体变量的值传递给另一个函数,有三种方法:
(1) 用结构体变量的成员作实参。

例如,用 stu1[1].num 或 stu1[2].num 作函数实参,将实参值传给形参。其用法和用普通变量作实参的是一样的,属于值传递方式。

(2) 用结构体变量作实参。

这种参数传递方式也属于值传递方式,将结构体变量所占的内存单元的内容全部顺序传递给形参,且形参也必须是同类型的结构体变量。这种传递方式在空间和时间上开销较大,特别是在结构体规模较大时,因此一般较少使用这种方法。

(3) 用指向结构体变量(或数组)的指针作实参。

这种参数传递属于传地址方式,将结构体变量(或数组)的地址传给形参。

【例 6.6】 有一个结构体变量 stu,包括学生学号、姓名和 3 门课程的成绩。要求在 main 函数中赋初值,用另一个函数 print 将这些学生的信息打印出来。

```
#include<iostream>
#include<cstring>
using namespace std;
struct   student
{
    int   num;
    char   name[20];
    float   score[3];
};
void print(struct student stu)
{
    cout<<stu.num<<"\n"<<stu.name<<"\n"<<stu.score[0]<<"\n"<<stu.score[1]<<"\n"<<stu.score[2]<<endl;
}
int main()
{
    struct student stu;
    stu.num=8001;
    strcpy(stu.name,"zhang qu");
    stu.score[0]=97.5;
    stu.score[1]=80;
```

```
            stu.score[2]=78.6;
            print(stu);
            return 0;
        }
```

运行结果如下：

```
8001
zhang qu
97.500000
80.000000
78.599998
```

例 6.6 中，struct student 定义在函数体外部，这样，同一源文件中的各个函数都可以用它来定义变量。main 函数和 print 函数中的 stu 都被定义为 struct student 类型。

在调用 cout 函数时以 stu 为实参向形参 stu 实行值传递。在 print 函数中输出结构体变量 stu 各成员的值。

【例 6.7】 将题 6.6 改用指向结构体变量的指针作实参。

```
#include<iostream>
#include<cstring>
using namespace std;
struct   student
{
    int   num;
    char  name[20];
    float  score[3];
};
void print(struct student *p)    //形参定义为指向结构体的指针变量
{
    cout<<p->num<<"\n"<<p->name<<"\n"<<p->score[0]<<"\n"<<p->score[1]<<"\n"
<<p->score[2]<<endl;
}
int main()
{
    struct student stu;
    stu.num=8001;
    strcpy(stu.name,"zhang qu");
    stu.score[0]=97.5;
    stu.score[1]=80;
    stu.score[2]=78.6;
    print(&stu);             //实参传递的是地址
    return 0;
}
```

此程序改动了如下三处：

(1) 实参传递的是结构体的地址,不再是结构体变量;
(2) 形参必须定义为存放结构体地址的指针变量,即结构体指针;
(3) 输出参数是指针变量所指向的成员,而不是结构体的成员。

6.4.4 内存动态管理函数

C++语言系统的函数库中提供了程序动态申请和释放内存存储块的库函数,下面分别介绍。

1. malloc 函数

其函数原型为

```
void *malloc(unsigned int size);
```

它的参数 size 为无符号整型,函数值为指针,即地址,这个指针是指向 void 类型的,也就是不规定指向任何具体的类型。

其作用是在内存的动态存储区中分配一个长度为 size 的连续空间。此函数的返回值是一个指向分配域起始地址的指针。如果内存缺乏足够大的空间进行分配,则返回空指针,即地址 0(或 NULL)。

2. calloc 函数

其函数原型为

```
void *calloc(unsigned n,unsigned size);
```

其作用是在内存的动态区存储中分配 n 个长度为 size 的连续空间。函数返回一个指向分配域起始地址的指针。如果分配不成功,则返回 NULL。

用 calloc 函数可以为一维数组开辟动态存储空间,n 为数组元素个数,每个元素长度为 size。

3. free 函数

其函数原型为

```
void free(void *p);
```

其作用是释放 p 指向的内存区,使这部分内存区能被其他变量使用。p 是调用 calloc 或 malloc 函数时返回的值。free 函数无返回值。

请注意:以前的 C 语言版本提供的 malloc 和 calloc,函数得到的是指向字符型数据的指针。ANSI C 语言版本提供的 malloc 和 calloc 函数规定为 void *类型。

6.5 共用体

6.5.1 共用体的概念

共用体与结构体类似,也是一种由用户自定义的数据类型,可以由若干种数据类型组合而成。组成共用体数据的若干个数据也称成员。与结构体数据不同的是,共用体数据中所有成员只占用相同的内存单元,设置这种数据类型的主要目的就是节省内存。

例如,在一个函数的三个不同的程序段中分别使用了字符型变量 c、整型变量 i、单精度型变量f,可以把它们定义成一个共用体变量u,u中含有三个不同类型的成员。此时,给三个成员一共只分配4个内存单元,三个成员之间的对应关系如图6.4所示。

图6.4 共用体变量成员存储分配示意图

由图6.4可知,u变量的三个成员是不能同时使用的,因为修改其中任何一个成员的值,其他成员的值将随之改变。还可以看出,一个共用体变量所占用的内存单元数目等于占用单元数最多的那个成员的单元数目。对u变量来说,占用的内存单元数是其中成员f占用的单元数,等于4,而作为三个独立的变量所占用的内存单元数为7,可省3个内存单元。

这种使用几个不同的变量共占同一段内存的结构,称为共用体类型的结构。

定义共用体类型的方法如下:

  union 共用体名
  {
    数据类型1 成员名1;
    数据类型2 成员名2;
    数据类型3 成员名3;
      ⋮
    数据类型n 成员名n;
  }变量表列;

其中:

(1) 共用体名是用户取的标识符。

(2) 数据类型通常是基本数据类型,也可以是结构体类型、共用体类型等其他类型。

(3) 成员名是用户取的标识符,用来标识所包含的成员名称。

该语句定义了一个名为"共用体名"的共用体类型,该共用体类型中含有n个成员,每个成员都有确定的数据类型和名称。这些成员将占用相同的内存单元。

例如,为了节省内存,可以将不同时使用的三个数组定义在如下的一个共用体类型中,总计可节省300个单元:

```
union example
{
    char a[100];   /*该成员占用100个存储单元*/
    int  b[100];   /*该成员占用200个存储单元*/
    float c[100];  /*该成员占用400个存储单元*/
};                 /*该共用体数据共占用400个存储单元*/
```

需要注意的是,共用体数据中每个成员所占用的内存单元是连续的,而且都是从分配的连续内存单元中第1个内存单元开始存放。所以,对共用体数据来说,所有成员的首地址是相同的。这是共用体数据的一个特点。

6.5.2 共用体变量的定义

当定义了某个共用体类型后,就可以使用它来定义相应共用体类型的变量、数组、指针。方法如下:

(1) 先定义共用体类型,然后定义变量、数组。

```
union exam
{
    int i;
    char ch;
    float f;
};
union exam a,m[3];
```

(2) 同时定义共用体类型和变量、数组。

```
union exam
{
    int i;
    char ch;
    float f;
}u,m[3];
```

(3) 定义无名称的共用体类型,同时定义变量、数组。

```
union
{
    int i;
    char ch;
    float f;
}u,m[3];
```

特别提醒读者注意的是,由于共用体数据的成员不能同时起作用,因此,对共用体变量、数组的定义不能赋初值,只能在程序中对其成员赋值。

6.5.3 共用体变量的引用

只有先定义了共用体变量才能引用它,而且不能引用共用体变量,只能引用共用体变量中的成员。例如,前面定义了 u 为共用体变量,下面的引用方式是正确的:

(1) u.i(引用共用体变量中的整型变量 i)。

(2) u.ch(引用共用体变量中的字符变量 ch)。

(3) u.f(引用共用体变量中的实型变量 f)。

不能只引用共用体变量,例如:

```
cout<<u;
```

是错误的,u 的存储区有好几种类型,分别占用不同长度的存储区。仅写共用体变量名

u,难以使系统确定究竟输出的是哪一个成员的值。应该写成cout<<u.i 或 cout<<u.ch。

【例6.8】 写出下列程序的输出结果。

```
#include<iostream>
using namespace std;
int main()
{
    union
    {
        unsigned int n;
        unsigned char c;
    }u1;
    u1.c='A';
    cout<<(char)u1.n<<endl;
    return 0;
}
```

运行结果如下：
A

6.5.4 共用体数据的特点

在使用共用体数据时要注意以下一些特点：

(1) 同一个内存段可以用来存放几种不同类型的成员,但在每一瞬时只能存放其中一种,而不是同时存放几种。也就是说,每一瞬时只有一个成员起作用。

(2) 共用体变量中起作用的成员是最后一次存放的成员,在存入一个新的成员后原有的成员就失去作用。

(3) 共用体变量的地址和它的各成员的地址都是同一地址。例如：&u、&u.i、&u.ch、&u.f 都是同一地址值,其原因是显然的。

(4) 不能对共用体变量名赋值,也不能企图引用变量名来得到一个值,又不能在定义共用体变量时对它初始化。例如,下面这些都是不对的：

```
① union
{
    int   i;
    char  ch;
    float f;
}u={1,'a',1.5);        //不能初始化
② u=1;                 //不能对共用体变量赋值
③ m=u;                 //不能引用共用体变量名以得到一个值
```

(5) 不能把共用体变量作为函数参数,也不能使函数带回共用体变量,但可以使用指向共用体变量的指针(与结构体变量这种用法相仿)。

(6) 共用体类型可以出现在结构体类型定义中,也可以定义共用体数组。反之,结构体也可以出现在共用体类型定义中,数组也可以作为共用体的成员。

6.5.5 共用体变量的应用

【例 6.9】 假设研究生与导师有如下所示数据结构。

研究生:编号、姓名、身份、总分。

导师:编号、姓名、身份、职称。

如果将研究生与导师存放于同一种数据结构中进行处理,即结构体类型,那么,总分与职称数据的保存就只能用共用体了,下面对其数据结构进行描述:

```
union  condition
{float  score;
char profession;
};
struct person
{int  num;
   char name[20];
   char kind;
union condition state;
}personnel[30];
```

结构体成员 state 为共用体,根据 kind 的值来决定是存放研究生的分数,还是存放导师的职称。如果 kind 的值为"t",表示导师,如果 kind 的值为"s",则表示研究生。

下面是该结构数据的输入与输出显示程序清单:

```cpp
#include<iostream>
using namespace std;
union condition
{
    float  score;
    char  profession[10];
};
struct person
{
    int  num;
    char name[20];
    char kind;
    union condition state;
}personnel[30];
int main()
{
    int i,j;
    for(i=0;i<30;i++)
    {
        cout<<"Enter num:"<<endl;
```

```
        cin>>personnel[i].num;
        cout<<"Enter name:"<<endl;
        cin>>personnel[i].name;
        cout<<"Enter kind:"<<endl;
        cin>>personnel[i].kind;
        if(personnel[i].kind=='t')
        {
cout<<"Enter profession:"<<endl;
cin>>personnel[i].state.profession;
        }
        else
        {
cout<<"Enter score:"<<endl;
cin>>personnel[i].state.score;
        }
    }
        for(i=0;i<30;i++)
        {
cout<<"num:"<<personnel[i].num<<"name:"<<personnel[i].name<<"kind:"<<personnel[i].kind;
        if(personnel[i].kind=='t')
cout<<"profession:"<<personnel[i].state.profession<<endl;
        else
cout<<"score:"<<personnel[i].state.score<<endl;
        }
        return 0;
}
```

程序中向共用体输入什么数据是根据 kind 成员的值来确定的。kind 的值为"t",则输入字符串到 personnel[i]. state. profession,否则输入研究生的分数到 personnel[i]. state. score。

6.6 枚举类型

如果一个变量只有几种可能的值,可以定义为枚举类型。所谓"枚举"是指将变量的值一一列举出来,变量的值只限于列举出来的值的范围内。枚举类型定义的一般形式为

    enum 枚举类型名(标识符 1,标识符 2,…,标识符 n);

例如,定义一个枚举类型和枚举变量如下:

    enum colorname{red,yellow,blue,white,black};
    enum colorname color,color_1;

color 和 color_1 被定义为枚举变量,它们的值只能是 red、yellow、blue、white、black

之一。例如：

  color=red;

  color_1=black;

是正确的。

 当然，也可以直接定义枚举变量，例如：

  enum {red,yellow,blue,white,black}color,color_1;

其中，red、yellow……black 称为枚举元素或枚举常量。它们是用户定义的标识符。

 说明：

 (1) enum 是关键字，标识枚举类型，定义枚举类型必须以 enum 开头。

 (2) 枚举元素不是变量，不能改变其值。例如，下面的赋值是错误的：

  red=0;yellow=1;

但枚举元素作为常量，它们是有值的，C 语言编译按定义时的顺序使它们的值为 0，1，2，…。

 在上面的定义中，red 的值为 0，yellow 的值为 1……black 的值为 4。如果有赋值语句：

  color=yellow

则 color 变量的值为 1。这个整数是可以输出的。例如，使用

  cout<<color;

将输出整数 1。

 也可以改变枚举元素的值，在定义时由程序员指定，例如：

  enum colorname{red=5,yellow=1,blue,white,black};

定义 red=5，yellow=1，以后顺序加 1，black 为 4。

 (3) 枚举值可以用来作判断比较。如

  if(color==red)…

  if(color>yellow)…

枚举值的比较规则是按其在定义时的顺序号比较。如果定义时未人为指定，则第 1 个枚举元素的值认作 0。故 yellow>red。

 (4) 一个整数不能直接赋给一个枚举变量。例如：

  color=2;

是不对的。它们属于不同的类型。应先进行强制类型转换才能赋值。例如：

  color=(enum colorname)2;

它将顺序号为 2 的枚举元素赋给 color，相当于

  color=blue;

甚至可以通过表达式给枚举变量赋值。例如：

  color=(enum colorname)(5-2);

 【例 6.10】 口袋中有红、黄、蓝、白、黑 5 种颜色的球若干个。每次从口袋中先后取出 3 个球，问得到 3 种不同色的球的可能取法，打印出每种排列的情况。

 球只能是 5 种色之一，而且要判断各球是否同色，应该用枚举变量处理。

设取出球的颜色为 i、j、k。根据题意，i、j、k 分别是 5 种颜色之一，并要求 i≠j≠k。可以用穷举法，即一种可能、一种可能地试，看哪一组符合条件。

用 n 累计得到 3 种不同色球的次数。外循环使第 1 个球的颜色 i 从 red 变到 black。中循环使第 2 个球的颜色 j 也从 red 变到 black。如果 i 和 j 同色则不可取，只有 i、j 不同色(i≠j)时才需要继续找第 3 个球，此时第 3 个球的颜色 k 也有 5 种可能（red 到 black），但要求第 3 个球不能与第 1 个球及第 2 个球同色，即 k≠i,k≠j。满足此条件就得到 3 种不同色的球。输出这种 3 色组合方案。然后使 n 加 1。外循环全部执行完后，全部方案就已输出完了。最后输出总数 n。

这里有一个问题：如何输出"red"、"blue"等单词？不能用 cout<<red;来输出"red"字符串。

为了输出 3 个球的颜色，显然应经过 3 次循环，第 1 次输出 i 的颜色，第 2 次输出 j 的颜色，第 3 次输出 k 的颜色。在 3 次循环中先后将 i、j、k 赋予 pri。然后根据 pri 的值输出颜色信息。在第 1 次循环时，pri 的值为 i，如果 i 的值为 red，则输出字符串"red"，其他类推。

```
#include<iostream>
using namespace std;

int main()
{
    enum color{red,yellow,blue,white,black};
    enum color p;
    int   i,j,k,n,loop,pri;
    n=0;
    for(i=0;i<=4;i++)
        for(j=0;j<=4;j++)
        if(i!=j)
        {
            for(k=0;k<=4;k++)
            if((k!=i)&&(k!=j))
            {
            n=n+1;
            cout<<n<<" ";
            for(loop=1;loop<=3;loop++)
            {
                switch(loop)
                {
                    case 1:pri=i;break;
                    case 2:pri=j;break;
                    case 3:pri=k;break;
                    default:break;
```

```
            }
            p=(enum color)pri;
            switch(pri)
            {
                case red:cout<<"red"<<"   ";break;
                case yellow:cout<<"yellow"<<"   ";break;
                case blue:cout<<"blue"<<"   ";break;
                case white:cout<<"white"<<"   ";break;
                case black:cout<<"black"<<"   ";break;
                default:break;
            }
        }
        cout<<endl;
    }
}
cout<<"total:"<<n;
return 0;
}
```

运行结果如下：

```
1 red   yellow  blue
2 red   yellow  white
3 red   yellow  black
⋮
59 black   white  yellow
60 black   white  blue
total:60
```

说明：C++新标准中不支持 enum 枚举类型数据自加运算。

6.7 用 typedef 定义

除了可以直接使用C++语言提供的标准类型名（如 int、char、float、double、long 等）和自己声明的结构体、共用体、指针、枚举类型外，还可以用 typedef 声明新的类型名来代替已有的类型名。特别是对于结构体、共用体或枚举类型，使用它们定义或说明变量时不必再冠以类型关键字。下面分别给出 C 中 typedef 在类型定义中的几种形式：

1. 进行简单的名字替换

```
typedef  int  INTEGER;
typedef  float  REAL;
```

指定用 INTEGER 代表 int 类型，REAL 代表 float 类型。这样，以下两行等价：

① int i,j;   float   x,y;
② INTEGER i,j;   REAL   x,y;

2. 用一个类型名代表一个结构体类型

```
typedef  struct
{
  int num;
  char  name[20];
float score;
}STUDENT;
```

此时 STUDENT 表示一个结构体类型的名字，可以用 STUDENT 来定义此结构体类型的变量。

```
STUDENT stu1,stu2,*p;
```

这样定义了 stu1、stu2 为结构体变量，p 为结构体类型指针变量，且省去了 struct 结构体名，在一定程度上简化了程序。同理，这对于共用体与枚举类型同样可行。

3. 进行数组类型定义

```
typedef  int COUNT[20];
COUNT  x,y;
```

此处定义了 COUNT 为整型数组类型，x、y 为整型数组类型 COUNT 变量，且各有 20 个数组元素。

4. 进行指针类型定义

```
typedef  char *STRING;
STRING  p1,p2,p[10];
```

此处定义 STRING 为字符型指针类型，p1、p2 为字符型指针变量，p 为字符型指针数组。

需要指出的是用 typedef 定义类型，只是为已有类型命名别名。作为类型定义，它只定义数据结构，并不要求分配存储单元。用 typedef 定义的类型来定义变量与直接写出变量的类型定义具有相同的效果。

归纳起来，用 typedef 进行类型定义有两方面的作用：

(1) 进行类型标识符的替代，将其转化为读者熟悉的其他语言格式；
(2) 简化类型定义，如结构体、共用体类型的定义。

习 题 6

6.1 [题号]10488。

[题目描述]定义一个结构体变量(包括年、月、日)。计算该日在本年中是第几天。注意闰年问题。

[输入]输入数据有若干行。每行上有 3 个正整数，分别代表年、月、日。

[输出]对于每一组数据，输出该日在本年中是多少天。

[样例输入]
```
2009  2  20
2009  3  12
```

[样例输出]

　　51

　　71

6.2　[题号]10489。

[题目描述]我们可以用下列结构描述复数信息。

```
struct complex
{
    int real;
    int im;
};
```

试写出2个通用函数,分别用来求2个复数的和与积。其函数原型分别为

　　struct complex cadd(struct complex creal,struct complex cim);
　　struct complex cmult(struct complex creal,struct complex cim);

即参数和返回值用结构变量。

[输入]输入数据有若干行。每行上有4个整数,前2个表示一个复数的实部和虚部,后2个表示另一个复数的实部和虚部。

[输出]对于每一组数据,输出2个复数的和与积,格式参照样例输出。

[样例输入]

　　1　2　3　4
　　2　1　4　-1

[样例输出]

　　4+(6i)

　　-5+(10i)

　　6+(0i)

　　9+(2i)

6.3　[题号]10490。

[题目描述]输入 n 本书的名称、单价、作者和出版社,按书名升序进行排序和输出(长度均不超过20个字符)。

[输入]输入数据有若干组。每组数据第1行是1个整数 n,表示有 n 本书,接下来每一行是1本书的信息(名称、单价、作者、出版社)。

[输出]对于每一组数据,输出排序后的结果,输出格式采用左对齐(cout.setf(ios::left))和 setw(20),每组数据后空1行。

[样例输入]

　　2

　　Datastructure 30 Wangweiguang Hunan_University

　　C++ 26 Liuhong Wuhan_University

　　3

　　Hongloumeng 40 Caoxueqing RenMing

　　Computer_network 50 Liug Hunan_normal

Frontpage 23 Qshj Tsinghua

[样例输出]

C++	26	Liuhong	Wuhan_University
Datastructure	30	Wangweiguang	Hunan_University
Computer_network	50	Liug	Hunan_normal
Frontpage	23	Qshj	Tsinghua
Hongloumeng	40	Caoxueqing	RenMing

6.4 [题号]10491。

[题目描述]幼儿园老师组织小朋友进行游戏,13个人围成一圈,从第1个人开始顺序报号1、2、3。凡报到"3"者退出圈子。请你帮小朋友找出最后留在圈子的人原来的序号。这里假设报数的人数为N(1≤N≤200)。

[输入]第1行,1个整数T(1≤T≤100),表示共有多少组测试数据。接下来的T行数据为T组报数的人数N(1≤N≤200)。

[输出]对每组测试数据,第1行输出小朋友离开的次序,第2行输出最后留在圈子的人原来的序号。

[样例输入]

  2
  3
  5

[样例输出]

Sequence that persons leave the circle:
3 1
The last one is:2
Sequence that persons leave the circle:
3 1 5 2
The last one is:4

6.5 [题号]10492。

[题目描述]已知枚举类型定义如下:

  enum color{red,yellow,blue,green,white,black};

从键盘输入1个整数,显示与该整数对应的枚举常量的英文名称。

[输入]输入数据有若干行。每行1个整数。

[输出]对每行数据,输出与该整数对应的枚举常量的英文名称,换行。

[样例输入]

  0
  1

[样例输出]

red
yellow

第7章 类与对象及封装性

[本章主要内容] 通过本章的学习,让学生掌握什么是类,什么是对象,类与对象是什么关系,学会使用C++语言去定义类及对象的生成。更重要的是让学生深刻领会类的封装性。

7.1 类的抽象

在现实世界中,任何一个实体都可以看成是一个对象。比如,一个人、一部车、一张桌子。一个对象具有如下两个方面的要素。

1. 对象的属性

对象的属性是实体自身所具有的性质。例如,一个具体的人,他有身高、体重等特征。

2. 对象的方法

对象的方法是实体自身所拥有的操作。例如,一个具体的人,他可以做出走、说话等动作。

把这些对象按照上述两个方面去进行归纳与抽象定义后所产生的概念就是类的概念。所以,类是具体对象的一个抽象的定义。例如,张三、李四、王五是一个个具体的人,这里的"人"就是类的概念,而张三、李四、王五就是"人"类的一个个对象了。由此看出,对象是按照类的抽象定义的框架去一个个产生的,也就是说,类是这一类对象的生成模型。

在面向对象的程序设计中,通过对象的使用去完成应用程序,而在对象使用之前就要有对象的生成,而对象的生成就要有类的抽象定义。所以,类是面向对象编程的基础。

在知道类是对某一类型的对象的抽象后,关键的是如何进行抽象,这是一个抽象角度的问题,这个角度取决于应用程序去使用其对象的角度。因此,只对应用程序关心或感兴趣的对象的属性与方法进行提取并实现,而那些无关的应用程序不需要的成分要予以舍弃,这才是真正意义的类的抽象。

7.2 类的定义与对象的生成

类定义了一种新的类型结构,可以用来生成对象变量。定义一个类时,首先,要定义它的属性数据,在C++语言中称为成员数据。其次,要定义对这些属性数据进行操作的方法,在C++语言中称为成员函数。

下面以队列Queue类为例来说明类的定义,它能存取存放在队列中的整型数据,其C++语言定义如下:

```
class Queue
{
    int QueueSize[100];      //用来存放整型数据
    int Rloc,Sloc;           //分别用来指示队列的头与尾
    public:
```

```
        void Init();           //用来初始化队列
        void Put(int i);       //入队
        int  Get();            //出队
    };
```

首先，C++关键字 class 指出这些代码定义了一个类设计（不同于在模板参数中的情形），Queue 是这个新类的类名。该声明让我们能够声明 Queue 类的变量，称为对象或实例。

其中，变量 QueueSize、Sloc、Rloc 是类对象的默认访问控制——私有变量（private）。之所以称为私有，意味着它们只能由 Queue 类的成员函数来访问，而不能由程序的其他任何部分来访问。

要使类的一部分成为公有，就必须在 public 关键字后声明这部分内容。声明于 public 标识符后面的函数和变量都可由程序的其他函数来访问。

(1) 访问控制。关键字 private 和 public 描述了对类的访问控制。使用类对象的程序都可以直接访问公有部分，但只能通过公有成员函数（或友元函数）来访问对象的私有成员。例如，要修改 Queue 类的 QueueSize 成员的数据，只能通过 Queue 的成员函数。因此，公有成员函数是程序和对象的私有成员之间的桥梁，提供了对象和程序之间的接口。

(2) 类和结构。类描述看上去很像是包含成员函数以及 private 和 public 可见性标签的结构声明。实际上，C++语言对结构类型进行了扩展，使之具有与类相同的特性。它们之间唯一的区别是，结构的默认访问类型是 public，而类的为 private。

实现一个类的成员函数，必须通过用类名限定函数名来告知编译器这个函数属于哪个类。例如：

```
void Queue::Put(int i)
{
    if(Sloc==100)
    {
        cout<<"Queue is full";
        return;
    }
    Sloc++;
    QueueSize[Sloc]=i;
}
```

"::"是作用域运算符。从根本上讲，它告知编译器函数 Put() 属于 Queue 类，也即它是 Queue 类的一个成员函数。下面是 Queue 类的完整定义。

```
class Queue
{
    int QueueSize[100];
    int Rloc,Sloc;
    public:
        void Init();
        void Put(int i);
```

```
            int Get();
};
//类 Queue 的初始化
void Queue::Init()
{
    Rloc=Sloc=0;
}
//把一个整数放入 Queue 中
void Queue::Put(int i)
{
    if(Sloc==100)
    {
        cout<<"Queue is full";
        return;
    }
    Sloc++;
    QueueSize[Sloc]=i;
}
//从 Queue 中取出一个整数
int Queue::Get()
{
    if(Rloc==Sloc)
    {
        cout<<"Queue is null";
        return 0;
    }
    Rloc++;
    return QueueSize[Rloc];
}
```

一旦生成了一个类,类名就成了一种新的数据类型标识符,就可以用这个类名来生成一个个的对象了。例如:

```
Queue   Q1,Q2;
```

它生成了 Queue 类的两个对象:Q1 和 Q2。从这可知,类是用户创建的一种新的数据类型,而对象只是由类定义的这种数据类型的变量而已。

一个类的对象生成后,就拥有了属于自己的数据副本,如 Q1 和 Q2 各自拥有属于自己的独立的 QueueSize、Sloc、Rloc 数据。这样,对 Q1 的使用,其效果只会发生在 Q1 这个对象上,而不会影响到 Q2 这个对象,Q1 和 Q2 之间的唯一关系是它们都是同一类 Queue 的对象。

【例 7.1】 请看下列程序:

```
#include<iostream>
using namespace std;
```

```
//插入上面的 Queue 类的代码
int main()
{
    Queue Q1,Q2;              //产生两个 Queue 类的对象
    Q1.Init();                //Q1 初始化
    Q2.Init();                //Q2 初始化
    Q1.Put(10);               //把一些整数分别放入队列 Q1,Q2 中
    Q1.Put(11);
    Q2.Put(19);
    Q2.Put(20);
    //从队列 Q1,Q2 中分别取出这些整数
    cout<<"Contents of queue Q1:";
    cout<<Q1.Get()<<" ";
    cout<<Q1.Get()<<"\n";
    cout<<"Contents of queue Q2:";
    cout<<Q2.Get()<<" ";
    cout<<Q2.Get()<<"\n";
    return 0;
}
```

这个程序显示下列结果：

```
Contents of queue Q1:10 11
Contents of queue Q2:19 20
```

成员函数只能相对于某一个具体的对象来调用。例如：

```
Q2.Init();
```

从显示的结果可以看出，Q2 的初始化不会影响到 Q1 的初始化，它调用的成员函数 Init() 只对 Q2 的数据副本进行初始化的工作。

在一个类中，它的一个成员函数调用它的另一个成员函数时，可以直接进行，而不必使用点运算符。

【例 7.2】 考虑下面的程序：

```
#include<iostream>
using namespace std;
class Myclass
{
    int a;
public:
    int b;
    void Set_ab(int i);
    int Get_a();
    void Reset();
};
void Myclass::Set_ab(int i)
```

```cpp
{
    a=i;
    b=i*i;
}
int Myclass::Get_a()
{
    return a;
}
void Myclass::Reset()
{
    Set_ab(0);
}
int main()
{
    Myclass Myobj;

    Myobj.Set_ab(5);
    cout<<"after Myobj.Set_ab(5):"<<"\n";
    cout<<"a="<<Myobj.Get_a()<<",";
    cout<<"b="<<Myobj.b<<"\n";

    Myobj.b=20;
    cout<<"after Myobj.b=20:"<<"\n";
    cout<<"a="<<Myobj.Get_a()<<",";
    cout<<"b="<<Myobj.b<<"\n";

    Myobj.Reset();
    cout<<"after Myobj.Resst():"<<"\n";
    cout<<"a="<<Myobj.Get_a()<<",";
    cout<<"b="<<Myobj.b<<"\n";

    return 0;
}
```

程序运行结果如下：

```
after Myobj.Set_ab(5):
a=5,b=25
after Myobj.b=20:
a=5,b=20
after Myobj.Resst():
a=0,b=0
```

Myclass 的成员数据与成员函数是如何被访问的呢？

(1) Set_ab 函数是 Myclass 的一个成员函数,它直接引用 a 和 b,无须显式地引用一个对象,也不必使用点运算符。

(2) a 是 Myclass 的私有变量,而 b 是公有的,b 可由 Myclass 外部的代码来访问,而 a 是不能像 b 那样被外部代码访问的。

(3) Reset 函数是 Myclass 的一个成员函数,它引用类的另一个成员函数 Set_ab,无须显式地引用一个对象,也不必使用点运算符。

以上分析得出:类的成员在类的外面被引用时,就必须用对象来限定,并且它们要被声明为公有成员。而成员函数可直接引用类的其他成员,而不管其是公有成员还是私有成员。

至此还要领会类的一个重要特征,即类的封装性,这是面向对象程序设计的一个重要机制。

一般说来,一个类的成员数据都可以定义为私有,外部代码可以通过公有的成员函数对其进行的访问。实际上,当使用者要使用对象时,看到的是对象的公有成员函数,对象的公有成员函数就好像给使用者提供了一个调用接口,使用者只需知道这些公有成员函数是怎样被调用就足够了,而对象的实现细节对使用者来说是透明的。所以,类的封装(也称信息隐藏)是将一个对象的实现细节从它所提供的服务中进行隐藏,把对象的外部特征与内部细节分开。也就是说,外部特征是外部代码或其他对象可以访问的,而内部细节对外部代码或其他对象来说是隐藏的,它隐藏了一个对象是如何工作的。

封装的目的是把对象的使用者与对象的设计者分开,这样当一个对象的内部实现被修改后,不会影响使用该对象的应用程序。这种封装所达到的效果是当使用对象时,使用者不必去知道对象的内部是怎样实现的,只需关心对象提供了什么样的公有成员函数。

7.3 构造函数和析构函数

在一般情况下,对象在使用之前必须有一个初始化的过程。例如,前面开发的 Queue 类,由它生成的队列对象,在使用前,变量 Rloc 和 Sloc 必须设置为零。前面的例子是由它的成员函数 Init 来实现的。

C++语言允许在对象生成时就能自动初始化该对象,这种自动的初始化是使用构造函数来实现的。构造函数是一种特殊的函数,它是类的一个成员函数,与类有同样的名字,并且,构造函数是一个在对象被生成的时候被调用的函数。

注意构造函数 Queue 没有返回类型。C++语言中,构造函数不返回值。

与构造函数相对应的是析构函数。在许多情况下,在对象被删除时还需要它来进行一些操作。例如,对象需要释放动态分配给它的内存。析构函数与构造函数同名,但需在前面加一个~,析构函数是在对象被删除时自动被调用的函数。与构造函数一样,析构函数没有返回类型。

【例 7.3】 演示构造函数和析构函数的工作过程。

```
#include<iostream>
using namespace std;
```

```cpp
class Queue
{
    int QueueSize[100];
    int Sloc,Rloc;
    public:
        Queue();        //构造函数 constructor
        ~Queue();       //析构函数 destructor
        void Put(int i);
        int Get();
};
Queue::Queue()
{
    Sloc=Rloc=0;
    cout<<"Queue initialzed\n";
}
Queue::~Queue()
{
    cout<<"Queue destroyed\n";
}
void Queue::Put(int i)
{
    if(Sloc==100)
    {
        cout<<"Queue is full";
        return;
    }
    Sloc++;
    QueueSize[Sloc]=i;
}
int Queue::Get()
{
    if(Rloc==Sloc)
    {
        cout<<"Queue is null";
        return 0;
    }
    Rloc++;
    return QueueSize[Rloc];
}
int main()
{
    Queue Q1;
```

```
        Q1.Put(10);
        cout<<Q1.Get()<<"\n";
        return 0;
    }
```

程序运行结果：

```
Queue initialized
10
Queue destroyed
```

构造函数可以有参数，这样可以在对象生成时由程序给出成员变量的初值，向对象的构造函数传递参数来完成。

【例 7.4】 演示参数化的构造函数传递参数的过程。

```
#include<iostream>
using namespace std;
class Queue
{
    int QueueSize[100];
    int Sloc,Rloc;
    int ID;                //表示队列号
public:
    Queue(int id);         //参数化的构造函数
    ~Queue();
    void Put(int i);
    int Get();
};
Queue::Queue(int id)
{
    ID=id;
    Sloc=Rloc=0;
    cout<<"Queue"<<ID<<"initialized"<<endl;
}
Queue::~Queue()
{
    cout<<"Queue"<<ID<<"destroyed"<<endl;
}
void Queue::Put(int i)
{
    if(Sloc==100)
    {
        cout<<"Queue is full";
        return;
    }
```

```
            Sloc++;
            QueueSize[Sloc]=i;
    }
    int Queue::Get()
    {
        if(Rloc==Sloc)
        {
            cout<<"Queue is null";
            return 0;
        }
        Rloc++;
        return QueueSize[Rloc];
    }
    int main()
    {
        Queue Q1(1),Q2(2);
        Q1.Put(10);
        Q2.Put(20);
        cout<<Q1.Get()<<endl;
        cout<<Q2.Get()<<endl;
        return 0;
    }
```

程序运行结果如下：

```
Queue 1 initialised
Queue 2 initialised
10
20
Queue 2 destroyed
Queue 1 destroyed
```

变量 ID 用来保存标识队列的 ID 号，其实际值由在生成 Queue 类的对象变量时，在 id 中传给构造函数的值来确定。与 Q1 相联系的队列给了一个 ID 号 1，与 Q2 相联系的队列给了一个 ID 号 2。

注意：析构函数是没有参数的，因为向一个被删除的对象传递参数是没有意义的。

下面再来看一下例 7.1 中的语句 "Queue Q1,Q2;"，在定义类的时候，并没有定义构造函数，但这条语句合法有效。这是因为在定义类的时候，如果没有提供任何构造函数，则 C++语言自动提供默认构造函数。它是默认构造函数的隐式版本，不做任何工作。对于 Queue 类来说，默认构造函数如下：

```
Queue::Queue(){}
```

因此，语句 "Queue Q1,Q2;" 将创建 Q1 和 Q2 对象，但不初始化其成员。

默认构造函数没有参数，因为声明中不包含值。

此外，只有当没有定义任何构造函数时，编译器才会提供默认构造函数。为类定义了构造函数后，我们就必须自己为它提供默认构造函数。如果提供了非默认构造函数（如例 7.4 中的 Queue(int id);），但没有提供默认构造函数，则下面声明将出错：

```
Queue Q1;
```

这样做的原因可能是想禁止创建未初始化的对象。如果要创建对象，而不显式地初始化，则必须定义一个不接受任何参数的默认构造函数。定义默认构造函数的方式有两种。

一种是给已有的构造函数的所有参数提供默认值。

```
Queue(int id=0);
```

另外一种方式是通过构造函数的重载来定义一个没有参数的构造函数。

```
Queue();
```

由于类只能有一个默认的构造函数，因此在一个类中只能采用两种方式的一种。在设计类时，通常应提供对所有类成员做隐式初始化的默认构造函数。

什么时候需要调用析构函数？这是由编译器决定的。通常不应在代码中显式地调用析构函数。如果在设计类时没有提供析构函数，则编译器将隐式地声明一个默认析构函数。

7.4 构造函数的重载

就函数性质而言，构造函数和其他类型的函数是没有多大区别的，因此构造函数也可以重载。要重载一个类的构造函数，只需声明构造函数可能有的不同形式及它的具体实现。

【例 7.5】 设计一个倒计时的定时器，给它一个初始值作为它的定时时间，定时器便开始倒计时，当它的定时时间倒计为零时就响铃提示。为此，声明了一个 Timer 类，重载它的构造函数，允许它的定时时间可以以一个整数或一个字符串来指定为秒数，或者以两个整数来指定为分和秒。下面是它的 C++程序：

```cpp
#include<iostream>
#include<cstdlib>
#include<ctime>
using namespace std;
class Timer
{
    int seconds;
public:
    //由一个字符串来指定定时器的定时时间
    Timer(char *t){seconds=atoi(t);}
    //由一个整数来指定定时器的定时时间
    Timer(int t){seconds=t;}
    //由两个整数来指定定时器的定时时间(分,秒)
```

```cpp
        Timer(int min,int sec){seconds=min*60+sec;}
        void run();
};

//下面使用标准库函数 clock,返回程序开始运行以来系统时钟走过的时间
//除以 CLOKS_PER_SEC 后,把 clock 的返回值转换为秒数
//clock 的原型和 CLOCKS_RER_SEC 的定义在头文件 time.h 中
void Timer::run()
{
    clock_t t1,t2;
    t1=clock();
    while(seconds)
    {
        if((t1/CLOCKS_PER_SEC+1)<=((t2=clock())/CLOCKS_PER_SEC))
        {
            seconds--;
            t1=t2;
        }
    }
    cout<<"Time is over\n";
    cout<<"\a";//响铃
}
int main()
{
    Timer a(10),b("20"),c(1,70);
    a.run();//定时为 10 秒
    b.run();//定时为 20 秒
    c.run();//定时为 70 秒
    return 0;
}
```

可以看到,三个定时器对象 a、b、c 在 main 函数内生成时,它们按照其重载的构造函数所支持的三种不同方法而生成,且分别给出了不同的初值。所以,构造函数重载,就能使得程序员在生成对象时,从中选择最适合的形式(或最熟悉的形式)来产生其对象。

7.5 对象指针

使用实际的对象本身时,访问对象的元素就要使用点运算符,而使用对象指针去访问一个指定的对象元素时,必须使用箭头运算符。

要声明一个对象指针,使用与声明其他任何数据类型指针一样的语法。

【例 7.6】 下列程序定义了一个简单的类 p_example,生成了一个类的对象 ob,并定义一个指向类 p_example 的对象指针 p。程序接着演示怎样直接访问 ob 和怎样使用指

针来间接地访问它。
```cpp
#include<iostream>
using namespace std;
class p_example
{
    int num;
    public:
        void set_num(int val){num=val;}
        void show_num(){cout<<num<<"\n";}
};
int main()
{
    p_example ob,*p;
    ob.set_num(1);
    ob.show_num();
    p=&ob;
    p->show_num();
    return 0;
}
```

注意,ob 的地址是使用 &(地址)运算符来获得的,这和获得其他任何变量类型地址的方式一样。当指向对象的指针加 1 或减 1 时,指针指向下移或上移一个对象位置。

【例 7.7】 改写例 7.6,使 ob 成为类 p_example 的二元数组。注意 p 是怎样加 1 和减 1 来访问数组中的 2 个元素的。

```cpp
#include<iostream>
using namespace std;
class p_example
{
    int num;
    public:
        void set_num(int val){num=val;}
        void show_num(){cout<<num<<"\n";}
};
int main()
{
    p_example ob[2],*p;
    ob[0].set_num(10);
    ob[1].set_num(20);
    p=&ob[0];
    p->show_num();
    p++;
    p->show_num();
```

```
        p--;
        p->show_num();
        return 0;
}
```

这个程序的输出如下：

```
10
20
10
```

习 题 7

7.1 写出下列程序的运行结果。

```
#include<iostream.h>
class Cat
{
public:
    int GetAge();
    void SetAge(int age);
    void Meow();
protected:
    int itsAge;
};
int Cat::GetAge()
{
    return itsAge;
}
void Cat::SetAge(int age)
{
    itsAge=age;
}
void Cat::Meow()
{
    cout<<"Meow.\n";
}
int main()
{
    Cat frisky;
    frisky.SetAge(5);
    frisky.Meow();
    cout<<"frisky is a cat who is"<<frisky.GetAge()<<"years old.\n";
    frisky.Meow();
```

```
        return 0;
    }
```

7.2 ［题号］10495。

［题目描述］用类实现求 2 个复数的加法和乘法。

［输入］输入数据有若干行。每行上有 4 个数,前 2 个表示一个复数的实部和虚部,后 2 个表示另一个复数的实部和虚部。

［输出］对于每一组数据,输出 2 个复数的和与积,格式参照样例输出。

［样例输入］

```
        1  2  3  4
        2  1  4  -1
```

［样例输出］

```
        4+(6i)
        -5+(10i)
        6+(0i)
        9+(2i)
```

7.3 ［题号］10496。

［题目描述］定义一个满足如下要求的 Date 类。

(1) 用下面的格式输出日期：日/月/年。

(2) 可运行在日期上加 1 天操作。

(3) 设置日期。

［输入］输入数据有若干组。每组数据 1 行,有 3 个整数,表示日期,格式为：日 月 年。

［输出］对于每一组数据,输出日期,日期加 1 天后,再输出日期,均需要用类的成员函数实现。

［样例输入］

```
        20  1  2010
        31  12 2002
        29  2  2008
```

［样例输出］

```
        20/1/2010
        21/1/2010
        31/12/2002
        1/1/2003
        29/2/2008
        1/3/2008
```

第 8 章 类 的 深 入

[本章主要内容] 本章继续对类的深入讨论。让学生进一步掌握友元函数的使用，深入理解传递对象给函数和函数返回对象所产生的一系列问题及解决的方法。

8.1 友元函数

为了使一个非成员函数可以访问类的私有成员，可以把一个函数声明为类的友元，就允许它访问类的私有成员，只需把其原型包含在类的 public 部分里，并以关键字 friend 开头。

【例 8.1】 下面是一个使用友元函数访问 MyClass 私有成员的例子。

```
#include<iostream>
using namespace std;

class MyClass
{
    int a,b;
public:
    MyClass(int i,int j){a=i;b=j;}
    friend int Sum(MyClass x);
};

int Sum(MyClass x)
{
    return x.a+x.b;
}

int main()
{
    MyClass n(3,4);
    cout<<Sum(n);
    return 0;
}
```

运行结果如下：

7

例 8.1 中，Sum 函数不是 MyClass 的成员函数，但它仍然能完成访问 MyClass 的私有成员数据。因为它不是一个类的成员函数，从语法上看，友元函数与普通函数一样，也就不要使用对象名来限定它的使用。

例 8.1 中的友元函数只用在一个类中，似乎它只是提供一个非成员函数访问私有成员数据的机制,其实不然,一个友元函数可以应用在多个类中。在某一时刻,当应用程序要对多个类的某些共同状态进行处理时,当然可以一个个地分别去调用这些类的相应成员函数去进行处理,其调用次数至少是这些类的个数。而采用友元函数这一机制,就只要调用友元函数一次。就是说,让一个函数成为这些类的友元函数,把这些类作为该友元函数的参数,然后在该友元函数中一次性地集中对这些类进行处理,也就是说,使用友元函数就允许生成更有效率的代码,如例 8.2 所示。

【例 8.2】 友元函数应用在多个类中。

```cpp
#include<iostream>
using namespace std;

const int IDLE=0;              //表示空闲
const int INUSE=1;             //表示忙
class C2;                      //提前引用 C2
class C1
{
    int status;                //表示该类的状态
public:
    void set_status(int state);
    friend int idle(C1 a,C2 b);   //友元函数
};
class C2
{
    int status;
public:
    void set_status(int state);
    friend int idle(C1 a,C2 b);
};
void C1::set_status(int state)
{
    status=state;
}
void C2::set_status(int state)
{
    status=state;
}
int idle(C1 a,C2 b)
{
    if(a.status||b.status)
        return 0;
    else
        return 1;
```

```
}
int main()
{
    C1 x;
    C2 y;
    x.set_status(IDLE);
    y.set_status(IDLE);
    if(idle(x,y))
        cout<<"they are idle\n";
    else
        cout<<"they are in use\n";
    x.set_status(INUSE);
    if(idle(x,y))
        cout<<"they are idle\n";
    else
        cout<<"they are in use\n";
    return 0;
}
```

运行结果如下：

```
they are idle
they are in use
```

这个程序使用了对类 C2 的前向引用。因为 C1 中的 idle 函数在 C2 声明前引用了 C2。

在例 8.2 中，idel 函数声明为类 C1 与类 C2 的友元函数，它完成对这两个类所生成的对象 x、y 所处的状态进行判别的任务（只调用友元函数一次），而不必为每个类分别调用各自的成员函数来反映它们各自的状态（要先后调用成员函数两次），使得代码更高效。

更深入的是，一个类的友元函数可以是另一个类的成员函数，这样就可以在另一个类中访问该类的私有成员数据。下面是对例 8.2 中的程序重写，让 idle 函数是类 C1 的一个成员函数，同时又是类 C2 的友元函数，也能达到同样的效果。

【例 8.3】 一个类的友元函数是另一个类的成员函数。

```
#include<iostream>
using namespace std;

const int IDLE=0;              //表示空闲
const int INUSE=1;             //表示忙
class C2;                      //提前引用 C2
class C1
{
    int status;                //表示该类的状态
public:
```

```cpp
        void set_status(int state);
        int idle(C2 b);
};
class C2
{
    int status;
public:
    void set_status(int state);
    friend int C1::idle(C2 b);
};
void C1::set_status(int state)
{
    status=state;
}
void C2::set_status(int state)
{
    status=state;
}
int C1::idle(C2 b)
{
    if(status||b.status)
        return 0;
    else
        return 1;
}

int main()
{
    C1 x;
    C2 y;
    x.set_status(IDLE);
    y.set_status(IDLE);
    if(x.idle(y))
        cout<<"they are idle\n";
    else
        cout<<"they are in use\n";
    x.set_status(INUSE);
    if(x.idle(y))
        cout<<"they are idle\n";
    else
        cout<<"they are in use\n";
    return 0;
```

}

运行结果如下:

they are idle

they are in use

因为 idle 函数是类 Cl 的成员,它可直接访问 status,这样只有类 C2 的对象需要传给 idle 函数。

从以上总结可以得出:友元函数提供了允许访问类的私有数据成员的机制。

8.2 对象传入函数的讨论

如果两个对象都属于同一个类型(也就是都是同一个类的对象),则一个对象可以赋给另一个对象,并且是把第一个对象的数据按位操作方式覆盖在第二个对象上。

很自然,对象也能采用像其他数据一样的方式传给函数。对象是以一般的 C++ 值调用参数传递协议来传给函数的。也就是说是对象的一个副本(而不是对象本身)传给了函数。因此,函数内对该所传入的对象所做的任何变化都不会影响到相应的被传入函数的原对象。

【例 8.4】 对象作为函数的参数。

```
#include<iostream>
using namespace std;

class myclass
{
    int i;
public:
    void set_i(int x){i=x;}
    void out_i(){cout<<i<<" ";}
};
void f(myclass x)
{
    x.out_i();      //输出的是 10
    x.set_i(100);   //影响的是对象副本的数据
    x.out_i();      //所以输出的是 100
}

int main()
{
    myclass mc;
    mc.set_i(10);
    f(mc);
    mc.out_i();     //仍然输出的是 10,而并没有因为 f 函数内的重新设置而受到影响
```

        return 0;
    }

运行结果如下：

    10   100   10

如注释表明的，f 函数内 x 的改变并不影响 main 函数内的对象 mc。

尽管把对象作为参数传给函数是一个简单的过程，但是把具有构造函数和析构函数的对象传给函数时，那将会出现什么样的情形呢？下面通过例 8.5 说明这一点。

【例 8.5】 把具有构造函数和析构函数的对象作为函数的参数。

```
#include<iostream>
using namespace std;

class myclass
{
int val;
public:
    myclass(int i){val=i;cout<<"Constructing\n";};
    ~myclass(){cout<<"Destructed\n";};
    int getval(){return val;}
};
void display(myclass ob)
{
    cout<<ob.getval()<<"\n";
};

int main()
{
    myclass mc(10);
    display(mc);
    return 0;
}
```

运行结果如下：

```
Constructing
10
Destructed
Destructed
```

分析发现，上面的输出结果是出乎意料的，其构造函数调用了一次，而析构函数却调用了两次。如上所述，一个对象作为参数向函数传递时，就生成了该对象的一个副本（这个副本就成为函数的参数），就是说，又存在了一个新的对象。而且，当函数终止时，这个参数的副本也就被删除了。

由此出现了两个基本问题：第一，当副本生成时，是否调用了对象的构造函数？第二，当副本删除时,是否调用了对象的析构函数?

函数调用时生成参数的对象副本时,并没有再调用其构造函数。因为构造函数一般是用来初始化对象的,而向函数传递对象时,希望使用的是对象的当前值,而不是对象的原有初始值,所以不能调用其构造函数。

但是,当函数终止时,其对象副本也就要被删除,这时,就有必要去调用析构函数。因为要通过调用析构函数去完成在对象消失之前的一些清理操作(例如,可能分配内存的副本必须删除)。

通过以上分析得知,尽管对象向函数传递是以值调用的参数传递机制来实现的,并且这个机制在理论上能保护和隔离用作参数的对象,但是在现实中,它却有可能产生一些严重的问题,甚至会毁坏用作参数的对象。考虑例8.6中的程序。

【例8.6】 对象作为函数的参数可能引起的问题。

```cpp
#include<iostream>
#include<cstdlib>
using namespace std;

class myclass
{
    int *p;
public:
    myclass(int i);
    ~myclass();
    int getval(){return *p;}
};
myclass::myclass(int i)
{
    cout<<"Allocating p\n";
    p=new int;
    if(!p)
    {
      cout<<"Allocation failure";
      exit(1);//如果内存不够,退出程序
    };
    *p=i;
}
myclass::~myclass()
{
    cout<<"Freeing p\n";
    delete p;
}
void display(myclass ob)
```

```
    {
        cout<<ob.getval()<<"\n";
    }
    int main()
    {
        myclass mc(10);
        display(mc);
        return 0;
    }
```

运行结果如下:

```
Allocating p
10
Freeing p
Freeing p
```

该程序虽能在很多编译器中运行,但在有些编译器里面会出现错误提示,如在 VC++中会出现如图 8.1 所示的错误警告对话框。

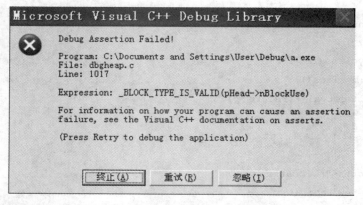

图 8.1　错误警告对话框(对象作为函数参数导致的释放已经被释放的内存空间错误)

为什么会有上面的错误呢? mc 在 main 函数内被构造时,分配了内存并赋给 mc.p。mc 传给函数 display(myclass ob)时,mc 被复制到参数 ob 中,那么,mc.p 和 ob.p 指向的是同一内存地址。当 display 函数终止时,ob 被删除,其析构造函数被调用,就释放了 ob.p 所指向的内存。这也就相当于 mc.p 所指向的内存也被释放了。当主函数 main 终止时,mc 被删除,其析构造函数又被调用,释放 mc.p 所指向的内存,就发生了错误,其错误就是去释放已经被释放的内存空间。

8.3　函数返回对象的讨论

函数也能返回一个对象。请看例 8.7。

【例 8.7】 函数的返回值是一个对象。

```cpp
#include<iostream>
#include<cstring>
using namespace std;

class sample
{
    char string[100];
public:
    void show_string()  {cout<<string<<"\n";}
    void set_string(char *s)  {strcpy(string,s);}
};
sample input_string()
{
    char instr[80];
    sample str;
    cout<<"Enter a string:";
    cin>>instr;
    str.set_string(instr);
    return str;
}
int main()
{
    sample ob;
    ob=input_string();
    ob.show_string();
    return 0;
}
```

运行结果如下：

```
Enter a string:Hello!
Hello!
```

例 8.7 中，函数 input_string 的功能是生成一个类 sample 的局部对象 str，然后从键盘读入一个字符串到 instr 中，它被复制到 str.string，由函数返回 str。在主函数 main 中，这个返回对象赋给了 main 内的 ob。

当一个对象由函数返回时，它自动地生成一个临时对象，保存由函数返回的对象值。当该对象值返回到调用例程后，这个临时对象就已失去作用，就要删除它，它的析构函数也就要被调用。正是这个机制，致使由函数返回对象也同样有一个潜在的问题，就是考虑由函数返回的那个对象，如果它有一个析构函数用来释放动态分配的内存，那么它就会在函数返回后进行临时对象的删除时，调用它的析构函数将动态分配的内存释放了，然而被赋给了返回值的那个对象却要使用这片内存，这就产生了错误。正如例 8.8 所示。

【例8.8】 对象由函数返回时可能产生的问题。

```cpp
#include<iostream>
#include<cstring>
#include<cstdlib>
using namespace std;

class sample
{
    char *string;
public:
    sample(){string="\0";}
    ~sample(){if(string)delete string;cout<<"Freeing string\n";}
    void show_string(){cout<<string<<"\n";}
    void set_string(char *s);
};
void sample::set_string(char *s)
{
    string=new char[strlen(s)+1];
    if(!string)
    {
        cout<<"Allocation error\n";
        exit(1);
    }
    strcpy(string,s);
}
sample input_string()
{
    char instr[80];
    sample str;
    cout<<"Enter a string:";
    cin>>instr;
    str.set_string(instr);
    return str;
}
int main()
{
    sample ob;
    ob=input_string();
    ob.show_string();
    return 0;
}
```

注意，sample 的析构函数有如下三次被调用的时机：

首先，input_string 函数中的局部对象 str 由于函数终止而被删除时，要调用一次析构函数。

其次，保持返回对象的临时对象（返回对象 str 的一个对象副本），由于 input_string 返回后，在它被删除时要调用一次析构函数。

最后，main 函数内的对象 ob，在程序终止时要调用一次析构函数。

问题是，在第一次执行析构函数时，分配来保存由 input_string 函数输入的字符串的内存已被释放了，那么，在第二次析构函数的调用将试图去释放第一次调用时已释放的那一块内存，这就要产生动态分配系统的错误。

其程序在 VC++ 中的输出结果如下：

```
Enter a string:Hello
Freeing string
```

并出现如图 8.2 所示的错误警告对话框：

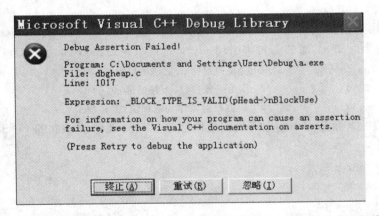

图 8.2　错误警告对话框（对象由函数返回时导致引用已经释放的内存空间错误）

除了上述问题以外，程序中的语句"ob=input_string();"还会存在一些缺陷。它留在下一章解决。

8.4　拷贝构造函数

为了解决 8.2 节中提及的问题，可行的一种办法是采用传入对象指针或对象引用，即把对象的指针或对象的引用传递给函数时，此时不生成副本，这样函数返回时不调用析构函数。例如：

```
void display(myclass &ob)
{
cout<<ob.getval()<<"\n";
}
```

同理，为了解决 8.3 节中的问题，可行的一种办法是采用返回对象指针或对象引用。在 C++语言中提供了一个很好的方法，能全面一致性地解决 8.2 节和 8.3 节中的问题,这就是使用拷贝构造函数及重载赋值运算符。

C++语言定义了将一个对象的值向另一对象传递的两种不同情况:

第一种情况是去赋值;第二种情况是初始化,其中在以下三种情形下发生初始化:

(1) 在说明语句中用一个对象来初始化另一个对象。

(2) 一个对象作为参数传给一个函数。

(3) 生成临时对象作为函数的返回值。

拷贝构造函数可以用来精确地指定一个对象如何初始化另一个对象,它对赋值运算不起作用。而当一个对象用来初始化另一对象时,C++就会自动调用这个拷贝构造函数。

所有拷贝构造函数都有一个通用形式:

```
classname(const 类名　&obj)
{
    ：//拷贝构造函数体
}
```

其中:obj 是用来初始化另一个对象的对象引用。例如,设一个类叫作 mycalss,y 作为类 myclass 的一个对象,下面的语句将引用 myclass 拷贝构造函数。

```
myclass x=y;         //y 明显初始化 x,上述情形(1)
func1(y);            //y 作为函数参数,上述情形(2)
y=func2();           //生成临时对象作为返回值,上述情形(3)
```

【例 8.9】 下面是一个使用拷贝构造函数来正确处理传给函数的 myclass 类的对象的程序。

```
#include<iostream>
#include<cstdlib>
using namespace std;

class myclass
{
    int *p;
public:
    myclass(int i);                       //构造函数
    myclass(const myclass &ob);           //拷贝构造函数
    ~myclass();                           //析造函数
    int getval(){return *p;}
};
myclass::myclass(int i)
{
    cout<<"Allocating p\n";
    p=new int;
    if(!p)
    {
```

```
            cout<<"Allocation failure\n";
                exit(1);
        };
        *p=i;
    }
    myclass::myclass(const myclass &obj)
    {
        p=new int;
        if(! p)
        {
            cout<<"Allocation failure\n";
                exit(1);
        };
        *p=*obj.p;//copy value
        cout<<"copy constructor called\n";
    };
    myclass::~myclass()
    {
        cout<<"Freeing p\n";
        delete p;
    };
    void display(myclass ob)
    {
        cout<<ob.getval()<<"\n";
    };
    int main()
    {
        myclass a(10);
        display(a);
        return 0;
    }
```

运行结果如下：

```
Allocating p
copy constructor called
10
Freeing p
Freeing p
```

下面是程序运行时发生的情况：a 在 main 函数内生成时，给构造函数分配内存，并把内存地址赋给 a.p。接着 a 传给 display 函数的 ob，调用拷贝构造函数，生成一个 a 的副本。其拷贝构造函数给这个副本分配内存，并把内存地址赋给 ob.p。也就是说，ob.p 和 a.p 不是指向同一内存，这样 a 和 ob 的内存区是分开的和独立的，彼此不再有关联了。

当 display 函数返回时,对象副本 ob 被删除,而引起其析构函数被调用,它释放 ob.p 指向的内存。最后,main 函数返回时,原对象 a 被删除,而引起其析构函数被调用,它释放 a.p 指向的内存。

因此,使用拷贝构造函数很好地解决了向一个函数传递对象时所存在的问题。

作为函数返回一个对象的结果而生成一个临时对象时,也调用拷贝构造函数。将例 8.9 所示程序修改如下并运行。

【例 8.10】 使用拷贝构造函数来处理函数返回对象。

```
#include<iostream>
using namespace std;

class myclass
{
public:
    myclass(){cout<<"Normal constructor\n";}
    myclass(const myclass &ob){cout<<"Copy constructor\n";}
};
myclass f()
{
    myclass ob;      //调用常规构造函数
    return ob;       //调用拷贝构造函数
}
int main()
{
    myclass a;
    a=f();
    return 0;
}
```

运行结果如下:

```
Normal constructor
Normal constructor
Copy constructor
```

此处正常的构造函数被调用了两次:一次是在 main 函数内生成 a 时,另一次是在 f 函数内生成 ob 时。在生成作为从 f 函数返回值的临时对象时,调用了拷贝构造函数。

要记住拷贝构造函数只在初始化时被调用。注意下面两段代码的区别:

```
int main()
{
    myclass a(10);        //调用常规构造函数
    myclass b=a;          //调用拷贝构造函数
    return 0;
}
```

```
int main()
{
    myclass a(2),b(3);        //调用常规构造函数
    b=a;                      //是赋值运算,不调用拷贝构造函数
    return 0;
}
```

同时也要注意:在工程上每一个实用的类都带有拷贝构造函数。

8.5 this 关键字

在 C++语言中,关键字 this 是一个指向调用成员函数的对象的指针,每一次成员函数调用时,都向调用它的对象传递一个 this 指针。this 指针对所有成员函数来说是一个显式参数。因此,在成员函数内,this 可能用来表示调用对象。

为说明 this 指针如何工作,请看例 8.11。

【例 8.11】 this 指针工作实例。

```
#include<iostream>
using namespace std;

class cl
{
    int i;
public:
    void load_i(int val){this->i=val;}
    int get_i(){return this->i;}
};

int main()
{
    cl o;
    o.load_i(100);
    cout<<o.get_i();
    return 0;
}
```

运行结果如下:
100

注意:
(1) 当调用某个对象的成员函数时,系统先把该对象的地址赋给 this 指针,然后调用成员函数。
(2) this 是调用成员函数的地址。
(3) *this 是调用成员函数的对象。

（4）友元函数没有 this 指针，因为友元函数不是类的成员。只有成员函数才有一个 this 指针。

习 题 8

8.1 通过上机实践，分析下列程序所输出的结果。

```cpp
#include<iostream>
using namespace std;

class myclass
{
    int *p;
public:
    myclass(int i);                    //构造函数
    myclass(const myclass &ob);        //拷贝构造函数
    ~myclass();                        //析造函数
    void Show(){cout<<*p;}
};
myclass::myclass(int i)
{
    cout<<"Normal constructor\n";
    p=new int;
    if(!p)
    {
        cout<<"Allocation failure\n";
        exit(1);
    }
    *p=i;
}
myclass::myclass(const myclass &obj)
{
    cout<<"Copy constructor\n";
    p=new int;
    if(! p)
    {
        cout<<"Allocation failure\n";
        exit(1);
    }
    *p=*obj.p;//copy value
}
myclass::~myclass()
```

```
    {
        cout<<"Destructed\n";
        delete p;
    }
    void display(myclass ob)
    {
        ob.Show();
    }

    int main()
    {
        myclass a(10);
        display(a);
        return 0;
    }
```

8.2 ［题号］10497。

［题目描述］用类和友元函数来实现复数的加法和乘法。

［输入］输入数据有若干行。每行上有 4 个数，前 2 个表示一个复数的实部和虚部，后 2 个表示另一个复数的实部和虚部。

［输出］对于每一组数据，输出 2 个复数的和与积，格式参照样例输出。

［样例输入］

```
1 2 3 4
2 1 4 -1
```

［样例输出］

```
4+(6i)
-5+(10i)
6+(0i)
9+(2i)
```

8.3 ［题号］10498。

［题目描述］设计一个日期类 Date，包括日期的年份、月份和日号，编写一个友元函数，求两个日期 d1、d2 之间相差的天数 d2－d1。

［输入］输入数据有若干组。每组数据 1 行，有 6 个整数，表示两个日期 d1、d2，格式为：年　月　日。

［输出］对于每一组数据，输出两个日期 d1、d2 之间相差的天数，格式参照样例输出。

［样例输入］

```
2000  1  1  2002  10  1
2010  1  10  2010  3  20
```

［样例输出］

```
2002/10/1-2000/1/1=1004
2010/3/20-2010/1/10=69
```

8.4 [题号]11608。

[题目描述]对象也能作为函数的参数,但是这个过程并不是这么简单。请采用对象传入函数的方式来计算三角形的面积,此外,对这个三角形类设置其构造函数和析构函数,且构造函数中应输出 Constructing,析构函数中应输出 Destructed,对于求面积的函数请采用普通函数。

[输入]每次输入 3 个浮点数 a、b、c,分别表示三角形的三条边的长度,输入都能构成一个三角形。

[输出]对于每一行的输入,在下一行输出中间过程所输出的字符串面积,面积保留 2 位小数。

[样例输入]

    3 4 5

[样例输出]

    Constructing
    Destructed
    6.00
    Destructed

8.5 [题号]11609。

[题目描述]函数的返回值也能是一个对象。请采用类的方式来编写一个关于坐标点绕原点旋转一定角度,得到新的坐标点的程序,要求写一个类名为 point 的类表示坐标点,实现一个普通函数来计算新坐标点,且该函数的返回值类型是对象 point。

[输入]每次输入 3 个浮点数 x、y、a,x、y 分别表示这个点的横坐标与纵坐标,a 表示这个坐标点绕原点逆时针方向旋转的角度。

[输出]对于每一行的输入,在下一行输出新点的横坐标与纵坐标,保留 2 位小数。

[样例输入]

    1 0 90

[样例输出]

    0.00 1.00

8.6 [题号]11610。

[题目描述]请用友元函数和拷贝构造函数一起来实现如下问题。给出三角形的 3 个坐标,求这个三角形的面积。在拷贝构造函数中输出 copy constructor,用友元函数实现求面积过程。

[输入]每次输入 6 个浮点数 x1、y1、x2、y2、x3、y3,分别表示 3 个坐标 A(x1,y1)、B(x2,y2)、C(x3,y3)。

[输出]对于每一行的输入,在下一行输出拷贝构造函数中的字符串和面积,并保留 2 位小数。

[样例输入]

    0 0 1 0 0 1

[样例输出]

    copy constructor
    copy constructor
    copy constructor
    0.50

第 9 章 运算符重载

[本章主要内容] 本章主要介绍如何根据定义的类的类型来重载运算符,而把新的数据类型集成到编程环境中,以及成员运算符函数的重载方式和友元运算符函数的重载方式的区别。

在 C++语言中,运算符重载允许对特定的类定义一个运算符。例如,一个定义链表的类可以使用"＋"运算符来向链表添加一个对象,实现堆栈的类可以使用"＋"运算符来把对象推入堆栈。重载运算符时,运算符的原有含义没有丢失,仅仅是定义了与某个类相关的新操作。因此,重载运算符"＋"用来处理链表,并不改变它用在整数(如相加)中的含义。要重载一个运算符,必须定义与要应用的类相关的操作方法。为此要生成一个 operator 函数来定义运算符的行为。

operator 函数的一般形式为

```
类型 类名::operator#(参数列表)
{
    与类有关的操作
}
```

此处要重载的运算符由"♯"替代,类型是所指定的操作的返回值类型。尽管这个类型是可以选择的任何类型,但返回值一般与对应要重载操作符的这个类的类型相同。这种习惯对复合表达式中使用重载后的运算符比较方便。

运算符函数是通常所用的类的成员或友元。而成员运算符函数的重载方式和友元运算符函数的重载方式还是有区别的。

9.1 使用成员函数的运算符重载

先通过一个简单的例子来说明运算符重载是如何进行的。

【例 9.1】 下面的程序生成一个名为"three_d"的类,表示一个三维空间的中物体的坐标。它重载了与 three_d 类相联系的"＋"和"＝"运算符。

```
#include<iostream>
using namespace std;

class three_d
{
    int x,y,z;
public:
    three_d(){x=y=z=0;}
    three_d(int i,int j,int k){x=i;y=j;z=k;}
    three_d operator+(three_d t);
    three_d operator=(three_d t);
```

```cpp
    three_d operator++();
    three_d operator--();
    void show();
};
three_d three_d::operator+(three_d t)
{
    three_d temp;
    temp.x=x+t.x;
    temp.y=y+t.y;
    temp.z=z+t.z;
    return temp;
}
three_d three_d::operator=(three_d t)
{
    x=t.x;
    y=t.y;
    z=t.z;
    return *this;
}
three_d three_d::operator++()
{
    x++;
    y++;
    z++;
    return *this;
}
three_d three_d::operator--()
{
    x--;
    y--;
    z--;
    return *this;
}
void three_d::show()
{
    cout<<x<<","<<y<<","<<z<<"\n";
}

int main()
{
    three_d a(1,2,3),b(10,10,10),c;
    a.show();
```

```
            b.show();

            c=a+b;
            c.show();

            c=a+b+c;
            c.show();

            c=b=a;
            c.show();
            b.show();

            ++c;
            c.show();

            --b;
            b.show();
            return 0;
        };
```
运行结果如下：

```
1,2,3
10,10,10
11,12,13
22,24,26
1,2,3
1,2,3
2,3,4
0,1,2
```

　　读程序时会发现，尽管重载的是二元运算，但两个运算符函数都只有一个参数。这个看起来有矛盾的原因是，使用成员函数重载二元运算符时，只给它显式地传递了一个参数，而另一个参数则隐式地传给了 this 指针。

　　这样，在"temp.x＝x＋t.x;"这一行中，x 指的是 this->x，它是与调用运算符函数相联系的 x。在所有情况中，是由运算符左边的对象调用运算符函数，右边的对象被传给函数。一般地，使用成员函数时，重载一元运算符不用参数，只有重载二元运算符时才要有一个参数，调用运算符函数的对象通过 this 指针来隐式地传递。

　　类型 three_d 的两个对象由"＋"运算符运算时，两者坐标的幅值被加在一起，如 operator＋函数中所示。但要注意，这个函数不改变操作数的值，而是由函数返回的一个 three_d 类对象来保存运算结果。"＋"运算没有改变两个对象的值，如 10＋12 这样应用的标准算术"＋"运算。运算结果为 22，而 10 和 12 都没有改变。尽管没有规则阻止重载运算符时改变操作数，但最好在重载运算符时要保留其原有含义。

注意，operator+函数返回一个类 three_d 的对象。尽管函数可返回任何一个合法的 C++类型，但实际上返回一个 three_d 对象来允许"+"运算符可用于复合表达式，如 a+b+c。此处，a+b 生成一个类 three_d 的结果，这个值又可加入 c 中。如果 a+b 生成其他任何类型的值，这样一个表达式就无法工作了。

与"+"运算符做对比，赋值运算符确实改变了它的参数（总的来说，这就是赋值的本质）。因为出现于赋值左边的对象调用 operator= 函数，这个对象就被赋值运算符改变了。经常地，赋值后，重载的赋值运算符的返回值是左边的对象。

例如，要实现语句：

    a=b=c=d;

operator= 函数就必须返回由 this 指向的对象，这个对象将出现于赋值运算符的左边。赋值运算是 this 指针的一个重要作用。

注意，一元运算符"++"和"--"由成员函数重载时，没有对象显式地传给运算符函数。相反，运算是由隐式地传给 this 指针的对象调用函数来实现的。operator++ 函数使对象中每一个坐标加 1，并返回改变后的对象。这样也就保留了"++"运算符的传统含义。

"++"和"--"都有前缀和后缀的形式。例如，"++t"和"t++"都是增量运算符的合法使用。opertor++ 函数定义了与 three_d 类相联系的"++"前缀形式。当然也可以重载后缀形式。与 three_d 类相联系的"++"运算符后缀形式如下：

```
three_d three_d::operator++(int notused);
⋮
three_d three_d::operator++(int notused)
{
    three_d temp=*this;
    x++;
    y++;
    z++;
    return temp;
}
```

参数 notused 不被函数所使用，将被忽略。这个参数只是编译器用来区别"++"和"--"运算符的前缀形式与后缀形式，这种方式可用于重载与任何类相联系的前缀增量与减量。

要特别注意，这个函数用语句"three_d temp=*this;"来保存操作的当前状态并返回 temp。后缀增量的传统方式是先得到操作数的值，再使操作数加 1。因此，有必要在增加 1 之前保存操作数的当前状态并返回其原有值，而不是改变了的值。

重载运算符在定义于其中的类中的行为与运算符的缺省用法没有关系，但是为了代码的结构和可读性，重载运算符在可能时应该反映运算符的原有用法。例如，与 three_d 相联系的"+"运算符在概念上等同于整型数相联系的"+"运算符。当然，可以用"||"运算符实现"+"运算符，但没有多大好处。

重载运算符有一些限制。首先，不能改变任何运算符的优先级。其次，尽管运算符函数可有选择地忽略操作数,但都不能改变运算符所要求的操作数的个数。除了"=",重载运算符将由任何派生的类来继承。

这里要特别提出的是:重载二元运算符时,记住在许多情况下,操作数的次序是有区别的。例如,虽然 A+B 是可交换的,但 A-B 却不可交换。因此,实现不能交换的运算符的重载形式时,记住哪一个操作数在左边,哪一个在右边。例如:

```
three_d three_d::operater-(three_d t)
{
    three_d temp;
    temp.x=x-t.x;
    temp.y=y-t.y;
    temp.z=z-t.z;
    return temp;
}
```

这段程序是左边的操作数调用运算符函数,而右边的操作数显式地进行传递。

9.2 友元运算符函数

运算符函数也有可能是友元函数而不是成员函数。不能用友元函数重载的运算符为=、()、[]和->。前面已经提到,友元函数没有 this 指针。因此,用友元重载运算符时,重载二元运算符就显式地传递两个操作数,重载一元运算符就显式地传递一个操作数。

【例 9.2】 下面的程序使用一个友元函数而不是成员函数来重载"+"运算。

```
#include<iostream>
using namespace std;

class three_d
{
    int x,y,z;
public:
    three_d(){x=y=z=0;}
    three_d(int i,int j,int k){x=i;y=j;z=k;}
    friend three_d operator+(three_d op1,three_d op2);
    three_d operator=(three_d op2);
    void show();
};
three_d operator+(three_d op1,three_d op2)
{
    three_d temp;
    temp.x=op1.x+op2.x;
    temp.y=op1.y+op2.y;
    temp.z=op1.z+op2.z;
```

```
        return temp;
    }
    three_d three_d::operator=(three_d t)
    {
        x=t.x;
        y=t.y;
        z=t.z;
        return *this;
    }
    void three_d::show()
    {
        cout<<x<<","<<y<<","<<z<<"\n";
    }

    int main()
    {
        three_d a(1,2,3),b(10,10,10),c;
        a.show();
        b.show();

        c=a+b;
        c.show();

        c=a+b+c;
        c.show();
        return 0;
    }
```

运行结果如下:
```
1,2,3
10,10,10
11,12,13
22,24,26
```

注意:例 9.2 如果用 VC 6 做编译器的话,那么代码的开头应该写成

```
#include<iostream.h>
```

而不写成

```
#include<iostream>
using namespace std;
```

就是用上面的一行替代下面的两行,因为 VC6 编译器不支持在 iostream 做头文件的时候运行友元函数。当然在 VC 6 以上的版本(如 Visual Studio 2005)及 dev-C++中运行时没有这个问题。

两个操作数都传给了 operator+函数。左边的操作数在 op1 中传递,右边的操作数

在op2中传递。许多情况下,重载运算符时使用友元函数而不使用成员函数并没有优势。但下述情况必须使用友元函数才适合。

假设某一对象为a,如果用成员函数方式重载运算符"+",那么

    a=a+10;

是合法的语句,因为对象a在"+"运算符的左边,是它调用其"+"运算符函数,它能把一个整型值加到a的某一元素上。但是,下面这个语句就不能工作:

    a=10+a;

这个语句的问题是"+"运算符的左边是一个整型数。它是不能调用其运算符函数"+"的。

如果使用两个友元函数来重载"+",则上述情况就可以被消除。这种情况下,运算符函数被显式地传来两个参数,也像其他重载函数一样根据参数类型被调用。一种"+"运算符函数处理"对象+整数",另一种运算符处理"整数+对象"。使用友元函数重载"+"(或其他二元操作数)允许内建类型出现于运算符的左边或右边。下面举例说明这一点。

【例9.3】 下面的程序使用两个友元函数来重载"+"运算。

```
#include<iostream>
using namespace std;
class CL
{
public:
    int count;
    CL operator=(CL obj);
    friend CL operator+(CL ob,int i);
    friend CL operator+(int i,CL ob);
};
CL CL::operator=(CL obj)
{
    count=obj.count;
    return *this;
}
CL operator+(CL ob,int i)
{
    CL temp;
    temp.count=ob.count+i;
    return temp;
}
CL operator+(int i,CL ob)
{
    CL temp;
    temp.count=ob.count+i;
    return temp;
```

```cpp
}
int main()
{
    CL c;
    c.count=10;
    cout<<c.count<<" ";          //输出 10
    c=10+c;
    cout<<c.count<<" ";          //输出 20
    c=c+12;
    cout<<c.count;               //输出 32
    return 0;
}
```

运行结果如下:

10   20   32

使用友元函数来重载一元运算符,需要做一点额外的工作。每个成员函数都有一个指向调用它的对象的指针来作为隐式的参数,在函数内部由关键字 this 来引用。因此,用成员函数来重载一元运算符时,不需要显式地声明参数。因为 this 是一个指向对象的指针,任何对于对象的私有的数据的改变都会影响调用运算符函数的对象。而友元函数是不能接收 this 指针的,它必须显式地传递操作数,但如下所示的友元函数是不能正常工作的。

```cpp
three_d operator++(three_d op1)
{
    op1.x++;
    op1.y++;
    op1.z++;
    return op1;
}
```

这个函数不会工作,因为引起调用 operator++函数的对象的一个副本被从参数 op1 传给了这个函数。这样,operator++函数内的变化并不影响调用函数。

因此,重载一元运算符"++"或"--"时,使用友元函数要求对象作为一个引用参数传给函数。这种方式下,函数就能改变对象。友元函数用于重载"++"或"--"运算符时,前缀形式带有一个参数(是操作数)。后缀形式带有两个参数。第 2 个参数是一个整数,没有使用。如例 9.4 所示,注意一元运算符"++"的前缀形式和后缀形式。

【例 9.4】 友元函数用于重载一元运算符"++"。

```cpp
#include<iostream>
using namespace std;

class three_d
{
    int x,y,z;
```

```cpp
    public:
        three_d(){x=y=z=0;}
        three_d(int i,int j,int k){x=i;y=j;z=k;}
        three_d operator--();
        friend three_d operator++(three_d &op1);
        friend three_d operator++(three_d &op1,int notused);
        void show();
};
three_d operator++(three_d &op1)
{
    op1.x++;
    op1.y++;
    op1.z++;
    return op1;
}
three_d operator++(three_d &op1,int notused)
{
    three_d temp=op1;
    op1.x++;
    op1.y++;
    op1.z++;
    return temp;
}
void three_d::show()
{
    cout<<x<<","<<y<<","<<z<<"\n";
}

int main()
{
    three_d c(1,2,3);
    c.show();

    ++c;
    c.show();

    c++;
    c.show();

    return 0;
}
```

运行结果如下：

```
1,2,3
2,3,4
3,4,5
```

9.3 重载关系运算符

重载运算符函数要为被重载的类返回一个对象。而重载关系运算符往往返回一个真或假的值,这样能允许重载的关系运算符可用于条件表达式中。下面来看例9.5。

【例9.5】 重载关系运算符"=="。

```
#include<iostream>
using namespace std;

class three_d
{
    int x,y,z;
public:
    three_d(){x=y=z=0;}
    three_d(int i,int j,int k){x=i;y=j;z=k;}
    int operator==(three_d t);
};

int three_d::operator==(three_d t)
{
    if((x==t.x)&&(y==t.y)&&(z==t.z))
        return 1;
    else
        return 0;
}

int main()
{
    three_d a(1,2,3),b(1,2,3);
    if(a==b)
        cout<<"a equals b\n";
    else
        cout<<"a does not equla b\n";
    return 0;
}
```

运行结果如下:

a equals b

一般地,应使用成员函数来实现重载运算符,而使用友元函数主要是用来处理某种特殊情况。

9.4 进一步考察赋值运算符

在 8.3 节的"函数返回对象的讨论"中,讨论了函数返回对象时的潜在问题:当一个对象由函数返回时,编译器生成一个成为返回值的临时对象。返回值后,这个对象超出其作用域而被删除。这样,其析构函数被调用。但是可能有这样的情况:临时对象析构函数的执行删除了程序还需要的成分。例如,假设一个对象的析构函数释放分配的内存。如果这个对象类型同样以缺省的位复制赋给另一个对象的返回值,临时对象的析构函数就释放了接收返回值的对象还需用的动态分配的内存。

再来看 8.3 节的例 8.8 所遗留的问题:

```
    ⋮
int main()
{
    sample ob;
    ob=input_string();
    ob.show_string();
    return 0;
}
```

语句"ob=input_string();"还存在一个问题,在 C++语言中,缺省的赋值运算符也进行位复制,这样,由 input_string 函数返回的临时对象被复制给 ob,因此,在对象 ob 中的字符串指针变量 s(ob.s)与函数 input_string 函数内的临时对象中的指针 s 是同一指针值,都指向同一内存。然而,input_string 函数内的临时对象在函数返回后就要自动被删除,它就会调用析构函数来释放指针变量 s 所指的这些内存,ob.s 就指向不存在的内存,在程序终止时,ob 将被删除,然后又调用析构函数使用这些已不存在的内存,以致破坏了分配系统而产生错误。

解决这个问题的方法是要重载赋值运算符。拷贝构造函数保证被初始化对象的副本中有其自己的内存,重载的运算符保证赋值运算符左边的对象也使用自己的内存。

下面是对 8.3 节例 8.8 所示程序改正后的程序实现。

【例 9.6】 重载赋值运算符解决对象由函数返回时可能产生的问题。

```
#include<iostream>
#include<cstring>
#include<cstdlib>
using namespace std;

class sample
{
    char *string;
public:
    sample(){string=new char('\0');}
```

```
        sample(const sample &ob);
        ~sample(){if(string)delete string;cout<<"Freeing string\n";}
        void show_string(){cout<<string<<"\n";}
        void set_string(char *s);
        sample operator=(sample &ob);
};
void sample::set_string(char *s)
{
    string=new char[strlen(s)+1];
    if(!string)
    {
        cout<<"Allocation error\n";
        exit(1);
    };
    strcpy(string,s);
}
sample::sample(const sample &ob)
{
    string=new char[strlen(ob.string)+1];
    if(!string)
    {
        cout<<"Allocation error\n";
        exit(1);
    };
    strcpy(string,ob.string);
}
sample sample::operator=(sample &ob)
{
    if(strlen(ob.string)>strlen(string))
    {
        delete string;
        string=new char[strlen(ob.string)+1];
        if(!string)
        {
            cout<<"Allcoation error\n";
            exit(1);
        }
    }
    strcpy(string,ob.string);
    return *this;
}
sample input_string()
```

```
    {
        char instr[80];
        sample str;
        cout<<"Enter a string:";
        cin>>instr;
        str.set_string(instr);
        return str;
    }

    int main()
    {
        sample ob;
        ob=input_string();
        ob.show_string();
        return 0;
    }
```

运行结果如下：

```
Enter a string:tom
Freeing string
Freeing string
Freeing string
tom
Freeing string
```

9.5 重载 new 和 delete

new 和 delete 作为一元运算符，也是可以重载的，可以用来安排一些特殊的分配方法。例如，可能希望生成分配例程，在堆栈用完后自动地开始用磁盘文件作虚拟内存。

new 和 delete 运算符一般相对于一个类来重载。例 9.7 所示程序中，new 和 delete 运算符相对于 three_d 类的重载。两者都重载来允许对象和对象数组的分配和释放。

【例 9.7】 重载 new 和 delete 运算符。

```
#include<iostream>
#include<malloc.h>
using namespace std;

class three_d
{
    int x,y,z;
public:
    three_d()
    {
```

```cpp
        x=y=z=0;
        cout<<"Constructing 0,0,0\n";
    }
    three_d(int i,int j,int k)
    {
        x=i;y=j;z=k;
        cout<<"Constructing";
        cout<<i<<","<<j<<","<<k<<'\n';
    }
    ~three_d(){cout<<"Destructing\n";}
    void show(){cout<<x<<","<<y<<","<<z<<"\n";}
    void *operator new(unsigned int size);
    void *operator new[](unsigned int size);
    void operator delete(void *p);
    void operator delete[](void *p);
};
void *three_d::operator new(unsigned int size)
{
    cout<<"Allocating three_d object.\n";
    return malloc(size);
}
void *three_d::operator new[](unsigned int size)
{
    cout<<"Allocating array of three_d objects.\n";
    return malloc(size);
}
void three_d::operator delete(void *p)
{
    cout<<"Deleting three_d object.\n";
    free(p);
}
void three_d::operator delete[](void *p)
{
    cout<<"Deleting array of three_d objects.\n";
    free(p);
}

int main()
{
    three_d *p1, *p2;
    p1=new three_d[3];
    p2=new three_d(5,6,7);
```

```
            p1[1].show();
            p2->show();
            delete []p1;      //delete array
            delete p2;        //delete object
            return 0;
        }
```
运行结果如下：
```
        Allocating array of three_d objects.
        Constructing 0,0,0
        Constructing 0,0,0
        Constructing 0,0,0
        Allocating three_d object.
        Constructing 5,6,7
        0,0,0
        5,6,7
        Destructing
        Destructing
        Destructing
        Deleting array of three_d objects.
        Destructing
        Deleting three_d object.
```
前三个 Constructing 消息由三元数组的分配引起。如前面提到的，一个数组被分配时，每一个元素的构造函数都被调用。最后的 Constructing 消息由单个对象的分配引起。前三个 Destructing 消息由三元数组的删除引起，每个元素的析构函数都自动地被调用。在这一部分不需要特别的操作。最后的 Destructing 消息是由单个对象的删除引起的。

9.6 重载[ ]

在 C++中，"[ ]"被重载时，它被看作是一个二元运算符。"[ ]"只能由成员函数相对于一个类来重载，其一般形式为

```
        type class_name::operator[](int index)
        {
            ⋮
        }
```

假设一个对象为 b，b[3]这个表达式是把此调用传给 operator[ ]函数：

```
        operator[](3)
```

也就是说，下标运算符中表达式的值由显式参数传给了 operator[ ]函数。this 指针将指向生成调用的对象 b。

例 9.8 所示程序中，atype 声明了三个整数的数组。其构造函数被始化了数组 a 的每一个成员。重载的 operator[ ]函数指定返回由其参数指定的元素值。

【例 9.8】 重载"[]"运算符。

```cpp
#include<iostream>
using namespace std;

const int SIZE=3;
class atype
{
    int a[SIZE];
public:
    atype()
    {
        register int i;
        for(i=0;i<SIZE;i++)a[i]=i;//初始化数组元素的值分别为 0,1,2
    }
    int operator[](int i){return a[i];}
};

int main()
{
    atype ob;
    cout<<ob[2];                    //将显示 2
    return 0;
}
```

运行结果如下：

2

可以把 operator[]函数设计成使"[]"能同时用于赋值号的左边和右边。要这样做，只需把 operator[]返回值指定为引用。

【例 9.9】 重载"[]"运算符使其能同时用于赋值号的左边和右边。

```cpp
#include<iostream>
using namespace std;

const int SIZE=3;
class atype
{
    int a[SIZE];
public:
    atype()
    {
        register int i;
        for(i=0;i<SIZE;i++)a[i]=i;   //初始化数组元素的值分别为 0,1,2
    }
```

```
        int &operator[](int i){return a[i];}
};

int main()
{
    atype ob;
    cout<<ob[2];              //显示 2
    cout<<" ";
    ob[2]=25;                 //[]在=的左边
    cout<<ob[2];              //显示 25
    return 0;
}
```

运行结果如下：

2 25

因为现在 opertor[]对由 i 检索的数组元素返回一个引用,所以就可以把它用在赋值语句的左边来改变数组的一个元素。

重载"[]"运算符的一个优点是它提供了实现数组安全检索的方法。在 C++语言中,可以超过或不到数组边界去访问数组而并不会产生运行时间错误。如果生成一个含有数组的对象,且只允许通过重载的"[]"下标运算符来访问数组,那么可以截获或阻止对它的数组进行越界检索。例 9.10 所示的程序加上了对对象中的数组进行边界检查的能力。

【例 9.10】 重载"[]"运算符实现数组安全检索。

```
#include<iostream>
#include<cstdlib>
using namespace std;

const int SIZE=3;
class atype
{
    int a[SIZE];
public:
    atype()
    {
        register int i;
        for(i=0;i<SIZE;i++)
            a[i]=i;           //初始化数组元素的值分别为 0,1,2
    }
    int &operator[](int i);
};
int &atype::operator[](int i)
{
```

```
        if(i<0||i>SIZE-1)
        {
            cout<<"Index value of"<<i<<"is out of bounds.\n";
            exit(1);
        }

        return a[i];
    }

    int main()
    {
        atype ob;
        cout<<ob[2];              //显示 2
        cout<<" ";
        ob[2]=25;                 //[]在=的左边
        cout<<ob[2]<<endl;        //显示 25
        ob[3]=44;                 //显示 3 越界
        return 0;
    }
```

运行结果如下：

```
2 25
Index value of 3 is out of bounds.
```

此程序中，当语句"ob[3]=44;"执行时，边界错误由 operator[]函数来截获，程序终止。

9.7 重载其他运算符

下面开始另一个运算符重载的例子，实现一个字符串类型，并定义了与这个类型相关的几个运算符。尽管 C++语言实现字符串方法——以字符数组而不是直接作为一个类型来实现——效率高且灵活，但对于初学者可能缺乏像 BASIC 之类的语言实现字符串这样的概念清楚。但是，使用 C++语言可以通过定义字符串类和与此类相关的运算符来把上面的这两者之中的优点结合起来。下面声明了类 str_type。

【例 9.11】 下面的例子实现了一个字符串类型，并定义了与这个类型相关的几个运算符。

```
#include<iostream>
#include<cstring>
using namespace std;

class str_type
{
```

```cpp
        char string[80];
    public:
        str_type(char *str="\0")
        {
            strcpy(string,str);
        }
        str_type operator+(str_type str);//连接
        str_type operator=(str_type str);//赋值
        void show_str()
        {
            cout<<string;
        }
};

str_type str_type::operator+(str_type str)
{
    str_type temp;
    strcpy(temp.string,string);
    strcat(temp.string,str.string);
    return temp;
}
str_type str_type::operator=(str_type str)
{
    strcpy(string,str.string);
    return *this;
}

int main()
{
    str_type a("Hello"),b("There"),c;
    c=a+b;
    c.show_str();
    return 0;
}
```

运行结果如下：

Hello There

  str_type 声明了一个私有字符串。此类有一个构造函数，可用一个指定的值来初始化数组 string 或者没有任何初始化值而赋空值于一个字符串，也声明了两个重载的运算符将实现连接和赋值。最后声明了 show_str 函数，将 string 输出。

  这个程序把 Hello There 输出到屏幕。它先把 a 和 b 相连接，然后把结果赋给 c。"＝"和"＋"都为类 str_type 而定义。

下面的语句试图给 a 赋一个普通的 C++ 字符串。

　　a="this is curently wrong";

因而是非法的，但 str_type 可以被改进，从而使这个语句合法，并扩展到 str_type 类支持的运算类型，以便可以给 str_type 对象赋普通的 C++ 字符串，或把一个 C++ 字符串与 str_type 对象相连接，只需要第二次重载"="和"+"运算符。为此，类声明必须改动，如下所示。

【例 9.12】 改进 str_type 类使其支持普通的 C++ 字符串操作。

```
#include<iostream>
#include<cstring>
using namespace std;

class str_type
{
    char string[80];
public:
    str_type(char *str="\0")
    {
        strcpy(string,str);
    }
    str_type operator+(str_type str);//连接
    str_type operator+(char *str);
    str_type operator=(str_type str);//赋值
    str_type operator=(char *str);
    void show_str()
    {
        cout<<string;
    }
};

str_type str_type::operator+(str_type str)
{
    str_type temp;
    strcpy(temp.string,string);
    strcat(temp.string,str.string);
    return temp;
}
str_type str_type::operator=(str_type str)
{
    strcpy(string,str.string);
    return *this;
}
```

```
str_type str_type::operator=(char *str)
{
    str_type temp;
    strcpy(string,str);
    strcpy(temp.string,string);
    return temp;
}
str_type str_type::operator+(char *str)
{
    str_type temp;
    strcpy(temp.string,string);
    strcat(temp.string,str);
    return temp;
}

int main()
{
    str_type a("Hello"),b,c;
    b="there";
    c=a+b;
    c.show_str();
    return 0;
}
```

运行结果如下：

```
Hello there
```

仔细看一下这些函数。注意右边的参数不是类 str_type 的对象，只是一个以空终止的字符数组的指针，即一个普通的 C++字符串。它的优点是可以使用自然的方式写某些语句。例如，下面这些语句是合法的。

```
str_type a,b,c;
a="hi there";
c=a+"George";
```

当然，读者自己可以试着生成其他字符串运算。例如，可以试着定义"-"，实现子串的删除。如对象 A 的字符串是"This is a test"，对象 B 的字符串是"is"，则 A-B 产生"Th a test"。

习 题 9

9.1　［题号］10499。

［题目描述］定义复数类的加法与减法，使之能够执行下列运算。

```
Comples a(2,5),b(7,8),c(0,0);
```

c=a+b;
c=4.1+a;
c=b+5.6;

［输入］输入数据有若干组。每组 2 行，第 1 行上有 4 个数，前 2 个表示复数 a 的实部和虚部，后 2 个表示复数 b 的实部和虚部。第 2 行为 2 个实数 m、n。第 1 个实数 m 为求 m＋a，第 2 个实数 n 为求 b＋n。

［输出］对于每一组数据，分别输出求和后的结果，格式参照样例输出。

a+b
m+a
b+n

［样例输入］

2　5　7　8
4.1　5.6
1　2　3　4
4.5　6.3

［样例输出］

9+(13i)
6.1+(5i)
12.6+(8i)
4+(6i)
5.5+(2i)
9.3+(4i)

9.2　［题号］10500。

［题目描述］编写一个时间类，实现时间的加、减、读和输出。

［输入］输入数据有若干组。每组数据 1 行，有 6 个整数，表示 2 个日期 d1、d2，格式为：年　月　日。

［输出］对于每一组数据，输出 2 个日期 d1、d2 之间相差的天数，格式参照样例输出。

［样例输入］

15　5　10　5　45　40
20　12　50　10　55　40

［样例输出］

15:5:10+5:45:40=20:50:50
15:5:10-5:45:40=9:19:30
20:12:50+10:55:40=7:8:30
20:12:50-10:55:40=9:17:10

9.3　［题号］10502。

［题目描述］设计一个分数类 rationalNumber，该类中包括分子和分母两个成员数据，并具有下述功能：

（1）建立构造函数，它能防止分母为 0(分母为 0 时，输出"denominator equal zero")，当分数不是最简形式时进行约分,并避免分母为负数。

(2) 重载加法运算符。

(3) 重载关系运算符:＞、＜、＝＝。

〔输入〕输入数据第 1 行为 1 个整数 T,表示有 T 组数据。每组数据 1 行,包含 4 个整数,分别表示 2 个分数 a、b 的分子和分母,格式为:分子　分母　分子　分母。

〔输出〕对于每一组数据,分别输出 2 个分数相加,关系运算＞、＜、＝＝的结果,格式参照样例输出。

〔样例输入〕

```
2
2 -4 1 4
2 0 4 6
```

〔样例输出〕

```
-1/2+1/4=-1/4
-1/2>1/4=0
-1/2<1/4=1
-1/2==1/4=0
denominator equal zero
```

第 10 章 继 承 性

［本章主要内容］ 本章主要介绍面向对象的另一个重要特征：继承性。重点掌握 C++继承中的基类访问控制。

10.1 继承性的理解

继承是面向对象的一个重要特征。首先定义一个具有某种共性的通用类，由它可以派生出一些其他类，这些派生类相对其通用类来说要具有一些特殊性，因为它们不但拥有其通用类的共性，还可以增添自己的个性。换个角度看，这些派生类是从其通用类继承下来的。因此，被用来继承的类称为基类，要去完成继承的类称为派生类。自然，派生类又可以作为基类，被它的派生类所继承。这样，就可以形成一个具有多个层次的类层次树，如图 10.1 所示。

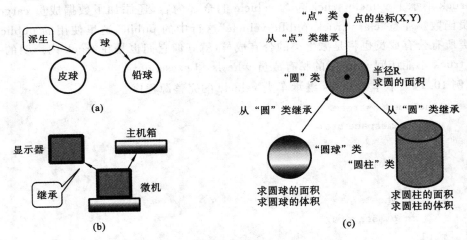

图 10.1 类继承关系

总之，类的继承性提供了允许一个或几个对象向另一个对象传递自己的能力和行为的机制。

10.2 类的继承过程

在 C++语言中，在一个类的声明中引入其他类的说明来表示其继承关系。

例如，定义一个"车"类 vehicle，这个类保存了车辆的车轮数和它能载的乘客数。

```
class vehicle
{
    int wheels;
    int passengers;
```

```
    public:
        void set_wheels(int num){wheels=num;}
        int get_wheels(){return wheels;}
        void set_pass(int num){passengers=num;}
        int get_pass(){return passengers;}
    };
```

这时可以用这个"车"类来定义其他"特定车"类,例如,卡车类 truck。

```
    class truck:public vehicle
    {
        int cargo;
    public:
        void set_cargo(int size){cargo=size;}
        int get_cargo(){return cargo;}
        void show();
    };
```

truck 继承了 vehicle,truck 包含 vehicle 的全部内容,还添加了数据成员 cargo 和 3 个成员函数。注意"class truck:public vehicle"这行中的 public,这里使用的 public 意味着基类所有公有成员也将是派生类的公有成员,就好像它们也是在 truck 内声明的一样。然而,truck 不能访问 vehicle 的私有成员 wheels 和 passengers。

【例 10.1】 卡车类 truck 继承车类 vehicle 的完整源程序。

```
#include<iostream>
using namespace std;

class vehicle
{
    int wheels;
    int passengers;
public:
    void set_wheels(int num){wheels=num;}
    int get_wheels(){return wheels;}
    void set_pass(int num){passengers=num;}
    int get_pass(){return passengers;}
};
class truck:public vehicle
{
    int cargo;
public:
    void set_cargo(int size){cargo=size;}
    int get_cargo(){return cargo;}
    void show();
};
```

```
void truck::show()
{
    cout<<"wheels:"<<get_wheels()<<"\n";      //访问基类的成员函数
    cout<<"passengers:"<<get_pass()<<"\n";    //访问基类的成员函数
    cout<<"cargo capacity:"<<cargo<<"\n";
}

int main()
{
    truck t;
    t.set_wheels(4);
    t.set_pass(3);
    t.set_cargo(50);
    t.show();
    return 0;
}
```

运行结果如下：

```
wheels:4
passengers:3
cargo capacity:50
```

10.3 基类访问控制

一个类继承另一个类时，基类的成员就成了派生类的成员。派生类中基类成员的访问状态由用于继承基类的访问限定符决定。其一般形式如下：

```
derived_class:access base_class
{
    ⋮
};
```

此处，access 是基类访问限定符，它必须是 public、private 或 protected。如果没有使用访问限定符，缺省状态下就是 private。

基类作为 public 被继承时，基类的全部公有成员都变成派生类的公有成员。在所有情况下，基类的私有成员保持其私有性，派生类的成员不可对其进行访问。

【例 10.2】 基类作为 public 被继承。

```
#include<iostream>
using namespace std;
class base
{
    int i,j;
public:
```

```
        void set(int a,int b){i=a;j=b;}
        void show(){cout<<i<<" "<<j<<"\n";}
};
class derived:public base
{
    int k;
public:
    derived(int x){k=x;}
    void showk(){cout<<k<<"\n";}
};

int main()
{
    derived ob(3);
    ob.set(1,2);          //access member of base
    ob.show();            //access member of base
    ob.showk();           //uses member of derived class
    return 0;
}
```

运行结果如下：

1 2
3

通过上面的程序可以看出，类 derived 的对象 ob 可以直接访问基类 base 的公有成员。

与公有继承相对的是私有继承。当基类作为 private 被继承时，基类的所有公有成员都成为派生类的私有成员。如果把例 10.2 中的基类访问限定符改为 private，则程序本身将不会编译成功，因为这时基类 base 中公有成员 set 和 show 都变为 derived 的私有成员，这样就不能在 main 函数中被调用了。

因此，要记住的关键点是，当一个基类作为 private 被继承时，基类的公有成员变成了派生类的私有成员，那么，它们只可以由派生类的成员来访问，而程序的其他部分都不能访问它们了。

基类的私有成员不能被程序的其他部分访问，即使是它的派生类也不能访问，因为私有成员是私有的。但当基类的成员被声明为 protected 时，称它们为该类的保护成员，它们与私有成员是有所不同的。首先要肯定的是它们不能被该基类及其派生类以外的其他程序部分所访问，那么，能不能被它的派生类所访问呢？这里正是其与私有成员不同之处：当基类作为公有被派生类继承时，基类的保护成员也就成为派生类的保护成员，即派生类也就能访问基类的保护成员，也就可以生成对其他类来说是私有的成员，但这些成员仍可以被派生类继承和访问。

【例 10.3】 基类的保护成员在被公有继承时成为派生类的保护成员。

```
#include<iostream>
```

```
using namespace std;

class base
{
protected:
    int i,j;
public:
    void set(int a,int b){i=a;j=b;}
    void show(){cout<<i<<" "<<j<<"\n";}
};
class derived:public base
{
    int k;
public:
    void setk(){k=i*j;};
    void showk(){cout<<k<<"\n";};
};

int main()
{
    derived ob;
    ob.set(2,3);
    ob.show();
    ob.setk();
    ob.showk();
    return 0;
}
```

运行结果如下：

2 3
6

此处，因为 base 由 derived 作为公有继承，并且 i 和 j 作为 protected 来声明，所以 derived 的函数 setk 就可以访问它们。如果 i 和 j 作为私有 base 来声明，则 derived 就对其没有访问权，程序不会编译通过。

当一个派生类作为另一个派生类的基类时，由第一个派生类从初始基类（作为公有的）继承的任何保护成员都可再次作为保护成员被第二个派生类继承。所以，protected 限定符允许生成这样的类成员，使这样的类成员在类的层次内可以访问，而在别的情况下是不能访问的。但是，当基类作为 private 被继承时，基类的保护成员成为派生类的私有成员。因此，在例 10.3 中，如果 base 作为 private 被继承，则 base 的全部成员将成为 derived1 的私有成员，意味着它们不能被 derived2 访问，然而 i 和 j 仍可被 derived1 访问。

【例 10.4】 基类作为 private 被继承。

```cpp
#include<iostream>
using namespace std;

class base
{
protected:
    int i,j;
public:
    void set(int a,int b){i=a;j=b;};
    void show(){cout<<i<<" "<<j<<"\n";};
};
class derived1:private base
{
    int k;
public:
    //对derived1来说,i,j变成了它的私有成员,是可以访问的
    void setk(){k=i*j;};
    void showk(){cout<<k<<"\n";};
};
class derived2:public derived1
{
    int m;
public:
    //i,j是derived1的私有成员,在derived2中是不能访问的
    void setm(){m=i-j;};//出错,不能编译成功
    void showm(){cout<<m<<"\n";};
};

int main()
{
    derived1 ob1;
    derived2 ob2;
    ob1.set(1,2);    //出错,不能编译成功,因为set只是derived1的私有成员函数
    ob1.show();      //出错,不能编译成功,因为show只是derived1的私有成员函数
    ob2.set(3,4);    //出错,不能编译成功,对derived2来说,更是不行了
    ob2.show();      //出错,不能编译成功
    return 0;
}
```

尽管base由derived1作为private来继承,derived1对base的公有元素和保护元素还有访问权。但是它不能传递这种特权。它提供了一种方法:它能保护某些成员不被非成员函数所访问,但又可以被继承。

至此而知,类的声明的一般完整形式为

```
class class_name
{
    private members
protected:
    protectd members
public:
    public members
};
```

除了对类的成员指定保护的状态,关键字 protected 也可用于继承基类。基类作为保护成员而被继承时,基类的全部公有成员和保护成员都成为派生类的保护成员。例 10.5 说明了这一点。

【例 10.5】 基类作为 protected 被继承。

```
#include<iostream>
using namespace std;

class base
{
    int i;
protected:
    int j;
public:
    int k;
    void seti(int a){i=a;}
    int geti(){return i;}
};
class derived:protected base
{
public:
    void setj(int a){j=a;}// j,k 变成 derived 的保护成员
    void setk(int a){k=a;}
    int getj(){return j;}
    int getk(){return k;}
};

int main()
{
    derived ob;
    //seti,geti,k 都是 derived 的保护成员,在它的外面不能访问
    ob.seti(10);           //出错,不能编译成功
    cout<<ob.geti();       //出错,不能编译成功
```

· 233 ·

```
    ob.k=10;              //出错,不能编译成功

//以下都是合法的
ob.setk(10);
cout<<ob.getk()<<' ';
ob.setj(12);
cout<<ob.getj()<<' ';
return 0;
}
```

通过例 10.5 可以看到,尽管 derived 对 k、j、seti 和 base 中的 geti 有访问权,但它们是 derived 的保护成员。它们不能被 base 或 derived 之外的代码访问。这样,在 main 函数内,对这些成员的引用就是非法的。

总结如下。

类成员声明为 public 时,可由程序的任何部分访问。类成员声明为 private 时,只能由基类的成员访问。而且,派生类不能访问基类的私有成员。成员声明为 protected 时,只能被基类成员访问,但派生类也有可能访问基类的保护成员,这样,protected 允许成员被继承,但在类的层次内保持为私有。基类使用 public 而被继承时,其公有成员变成了派生类的公有成员,保护成员成为派生类的保护成员。基类使用 protected 而被继承时,其公有成员和保护成员成为派生类的保护成员。基类使用 private 而被继承时,其公有成员和保护成员成为派生类的私有成员。在三种情况下,基类的私有成员对基类保持私有性,不被继承。类成员在派生类中的访问控制规则如表 10.1 所示。

表 10.1 类成员在派生类中的访问控制规则

基类成员的存取说明符	派生方式		
	public 派生	protected 派生	private 派生
private	派生类中不能访问	派生类中不能访问	派生类中不能访问
protected	派生类中为 protected	派生类中为 protected	派生类中为 private
public	派生类中为 public	派生类中为 protected	派生类中为 private

10.4 简单的多重继承

由于下面讨论的一些问题与多重继承有关,故有必要先简单地介绍一下 C++语言的多重继承。在 C++语言中,一个派生类可能继承两个或多个基类。

【例 10.6】 多重继承实例。

```
#include<iostream>
using namespace std;

class base1
{
```

```
protected:
    int x;
public:
    void showx(){cout<<x<<"\n";}
};
class base2
{
protected:
    int y;
public:
    void showy(){cout<<y<<"\n";}
};
class derived:public base1,public base2
{
public:
    void setxy(int i,int j){x=i;y=j;}
};

int main()
{
    derived ob;
    ob.setxy(20,40);
    ob.showx();
    ob.showy();
    return 0;
}
```
运行结果如下：

20
40

注意：多个基类的继承使用逗号分开，每个基类前面要使用访问限定符。

10.5 构造函数/析构函数的调用顺序

基类、派生类或者两者都可以含有构造函数和/或析构函数。当一个派生类的对象出现时和消失时，理解这两个函数执行的顺序很重要。请看例 10.7。

【例 10.7】 基类和派生类的构造函数、析构函数的调用顺序。

```
#include<iostream>
using namespace std;

class base
{
```

```cpp
public:
    base(){cout<<"Constructing base\n";}
    ~base(){cout<<"Destructing base\n";}
};
class derived:public base
{
public:
    derived(){cout<<"Constructing derived\n";}
    ~derived(){cout<<"Destructing derived\n";}
};

int main()
{
    derived ob;
    return 0;
}
```

运行结果如下：

```
Constructing base
Constructing derived
Destructing derived
Destructing base
```

通过例 10.7 可看出，生成一个派生类的对象时，如果基类有构造函数，则这个构造函数首先被调用，接着是调用派生类的构造函数。派生对象删除时，其析构函数首先被调用，接着调用基类的析构函数（如果有的话）。不同的是，构造函数按它们派生的顺序来执行，而析构函数按与派生相反的顺序来执行。

10.6 给基类构造函数传递参数

使用派生类构造函数声明的扩展形式，可以把参数传给一个或多个基类的构造函数。这种扩展声明的一般形式如下：

```
derived_constructor(arg-list):base1(arg-list),
                              base2(arg-list),
                              ⋮
                              baseN(arg-list);
{
    body of derived constructor
}
```

此处，base1 至 baseN 是被派生类继承的基类。注意用冒号把派生类的构造函数声明和基类分开，并在有多个基类的情况下用逗号把每个基类分开。

【例 10.8】 给基类构造函数传递参数。

```cpp
#include<iostream>
using namespace std;

class base
{
protected:
    int i;
public:
    base(int x){i=x;cout<<"Constructing base\n";}
    ~base(){cout<<"Destructing base\n";}
};
class derived:public base
{
    int j;
public:
    // derived 的构造函数声明为带有两个参数 x 和 y
    // derived()只使用 x,而 y 被传给 base()
    derived(int x,int y):base(y)
    {
        j=x;
        cout<<"Constructing derived\n";
    }
    ~derived(){cout<<"Destructing derived\n";}
    void show(){cout<<i<<" "<<j<<"\n";}
};

int main()
{
    derived ob(3,4);
    ob.show();   //displays 4 3
    return 0;
}
```

运行结果如下：

```
Constructing base
Constructing derived
4  3
Destructing derived
Destructing base
```

一般地，派生类的构造函数必须声明类所要求的参数以及基类所要求的参数。基类所要求的任何参数都传给了冒号后面的基类参数列表。给基类构造函数的参数是通过派生类的构造函数的参数来传递的，理解这一点很重要。因此，尽管派生类的构造不使用任何参数,但只要基类带有一个或多个参数,就必须给派生类的构造函数声明一个或多个参数。

派生类的构造函数可以自由地使用任何一个或全部所声明的参数,不论是一个或多个参数都可传给基类。将参数传给基类并不会影响派生类对它的使用。例如,下面这个程序是合法的:

```
class derived:public base
{
    int j;
public:
    //派生类 derived 使用了 x,y,同时也把 x,y 传递给了基类 base
    derived(int x,int y):base(x,y)
    {
        j=x*y;
        cout<<"Constructing derived\n";
    }
    ⋮
};
```

在向基类构造函数传递参数时,正被传的参数可以含有此时合法的任何表达式,包括函数调用和变量。

10.7 访问的许可

基类作为私有的来继承时,此类的成员(公有的、保护的)都变成了派生类的私有成员。然而,在某些环境中,可能希望把一个或两个成员恢复到基类原有的访问限定符。例如,尽管基类作为私有的被继承,但程序员可能希望把基类的某些公有成员在派生类中也认可为公有的。要这样做,必须在派生类中使用访问声明,它恢复继承成员的访问级别到它的基类的级别。其一般形式如下:

```
base-class:member;
```

有如下列代码:

```
class base
{
public:
    int j;
}
class derived:private base      //私有继承
{
public:
    base::j;                    //再一次使 j 成为公有的
    ⋮
};
```

base 是由 derived 以私有的来继承的,j 在基类 base 中是公有变量,它在缺省方式下将会是派生类 derived 的私有变量。但在它的 public 标题下含有访问声明"base::j;",这就恢复了 j 的公有状态。

注意:可以使用访问声明来恢复公有成员和保护成员的访问权,但不能使用访问声明来提高或降低成员的访问状态。例如,在基类中声明为私有的成员不能在派生类中成为公有的。

【例 10.9】 下面的程序演示了访问声明的使用。

```cpp
#include<iostream>
using namespace std;
class base
{
    int i;
public:
    int j,k;
    void seti(int x){i=x;}
    int geti(){return i;}
};
class derived:private base
{
public:
    int a;
    base::j;
    base::seti;
    base::geti;
    // base::i;   //代码非法
};

int main()
{
    derived ob;
    //ob.i=10;   //代码非法
    ob.j=20;
    //ob.k=30;   //代码非法
    ob.a=40;
    ob.seti(10);
    cout<<ob.geti()<<" "<<ob.j<<" "<<ob.a;
    return 0;
}
```

运行结果如下:

10 20 40

10.8 虚基类

【例10.10】 阅读下面这段不正确的程序：

```cpp
#include<iostream>
using namespace std;
class base
{
public:
    int i;
};
class derived1:public base
{
public:
    int j;
};
class derived2:public base
{
public:
    int k;
};
class derived3:public derived1,public derived2
{
public:
    int sum;
};

int main()
{
    derived3 ob;
    ob.i=10;
    ob.j=20;
    ob.k=30;
    ob.sum=ob.i+ob.j+ob.k;
    cout<<ob.j<<" "<<ob.k<<" ";
    cout<<ob.sum;
    return 0;
}
```

在程序中，derived1 和 derived2 都继承了 base。然而，derived3 继承了 derived1 和 derived2，如图 10.2 所示。作为结果，在类 derived3 的结构中提供了两个 base 副本。那么，在表达式 ob.i=10 中的 i 引用的究竟是 derived1 的成员 i，还是 derived2 的成员 i 呢？

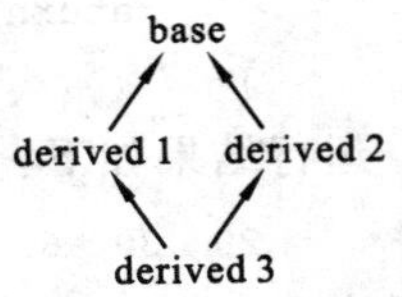

因为在对象 ob 中提供了两个 base 副本,就有两个 ob.i,可看出,此语句在继承 i 上含义不清。所以,多个基类被继承时有可能给 C++程序引入含义不明确的元素。

使用虚基类可以防止在 derived3 中包含两个副本。当两个或多个对象由同一个基类派生时,在其被派生时可以把基类声明为虚基类以防止在派生的那些对象中提供多份基类副本。在基类被继承时在其前面加上关键字 virtual,作为 virtual 的基类继承保证了在任何派生类中只提供一个基类副本。具体来看例 10.11。

图 10.2 例 10.10 继承关系示意图

【例 10.11】 利用虚基类来防止在 derived3 中包含两个 base 副本。

```
#include<iostream>
using namespace std;
class base
{
public:
    int i;
};
class derived1:virtual public base
{
public:
    int j;
};
class derived2:virtual public base
{
public:
    int k;
};
class derived3:public derived1,public derived2
{
public:
    int sum;
};

int main(void)
{
    derived3 ob;
    ob.i=10;
    ob.j=20;
    ob.k=30;
    ob.sum=ob.i+ob.j+ob.k;
    cout<<ob.j<<" "<<ob.k<<" ";
    cout<<ob.sum;
```

        return 0;
    }

运行结果如下：

    20 30 60

由于 derived1 和 derived2 都作为虚基类继承 base，涉及的任意多个继承都只提供一个 base 副本。因此，derived3 中只有一个 base 副本，ob.i＝10 是合法的，不再是含义不清的了。

习 题 10

10.1 调试下列程序代码，并分析它的编译出错信息。

```
#include<iostream>
using namespace std;
class base
{
    protected:
    int i,j;
public:
    void set(int a,int b)
    {
        i=a;
        j=b;
    }
    void show()
    {
        cout<<i<<" "<<j<<"\n";
    }
};
class derived1:private base
{
    int k;
public:
    void setk()
    {
        k=i*j;
    };
    void showk()
    {
        cout<<k<<"\n";
    };
};
```

```
class derived2:public derived1
{
    int m;
public:
    void setm(){m=i-j;};
    void showm(){cout<<m<<"\n";};
};

int main()
{
    derived1 ob1;
    derived2 ob2;
    ob1.set(1,2);
    ob1.show();
    ob2.set(3,4);
    ob2.show();
    return 0;
}
```

10.2 [题号]10503。

[题目描述]建立一个基类 Building,用来存储一座楼房的层数、房间数以及它的总面积(单位:平方英尺)。建立派生类 Housing,继承 Building,并存储卧室和浴室的数量,另外,建立派生类 Office,继承 Building,并存储灭火器和电话的数目。然后,编制应用程序,建立住宅楼对象和办公楼对象,并输出它们的有关数据。

[输入]输入数据第 1 行为 1 个整数 T,表示有 T 组数据。每组数据 2 行,每行包括 5 个数。

第 1 行:层数 房间数 总面积 卧室数 浴室数
第 2 行:层数 房间数 总面积 灭火器数 电话数

[输出]对于每一组数据,分别输出有关数据。格式参照样例输出。

[样例输入]
```
1
4  8  240.45  2   2
8  12  500.5  12  2
```

[样例输出]
```
HOUSING:
Floors:4
Rooms:8
Total area:240.45
Bedrooms:2
Bathrooms:2
OFFICING:
```

```
Floors:8
Rooms:12
Total area:500.5
Extinguishers:12
Phones:2
```

10.3　[题号]11611。

[题目描述]富士康的张全因为英语太好,被分配到管理iphone手机。iphone有S和C等众多款,而且每一款都有各种颜色,各个版本也有不同的价格。公司现在生产iphone5和iphone5S。张全需要制作一张报价表,他觉得很容易,该工作就交给了你。于是由你完成这个任务,要求你的代码中iphone5S类需要继承iphone5类,否则张全会扣你的工资。

[输入]输入数据第1行包含1个正整数T(0<T≤10),表示有T组测试数据。

每组测试数据占2行,第1行为生产的iphone5的颜色和价格(单位:元,余同),第2行为iphone5S的信息。每一行颜色为其英文单词首字母大写,其他均为小写字母并且长度不超过10个字符的字符串,价格为不超过10位的正整数,价格和颜色中间由空格隔开。

[输出]对于每一组测试数据,第1行为Case #t:,t表示当前为第t组,t由1开始。第2行为iphone5的信息,格式为Iphone5{Color:color/Prize:prize},第3行为生产的iphone5S的信息,格式为Iphone5S{Color:color/Prize:prize}。其中color为输入的对应颜色,prize为输入的对应价格。

[样例输入]
```
3
Diaosibai 123456789
Tuhaojin 987654321
Hahahahaha 5201314
Hehe 66666
Wqnmlgb 233333
Malatang 6
```

[样例输出]
```
Case #1:
Iphone5{Color:Diaosibai \ Prize:123456789}
Iphone5S{Color:Tuhaojin \ Prize:987654321}
Case #2:
Iphone5{Color:Hahahahaha \ Prize:5201314}
Iphone5S{Color:Hehe \ Prize:66666}
Case #3:
Iphone5{Color:Wqnmlgb \ Prize:233333}
Iphone5S{Color:Malatang \ Prize:6}
```

10.4　[题号]11612。

[题目描述]老罗的锤子手机简直是国产"神机"。小明买了一台锤子手机,但是他想知道他买的这台组装机值不值,你身为张全手下的质检员肯定相当了解。如果一台锤子

手机的组装零件价格不小于这台手机价格的87%,那么就觉得买值了。你现在可以编写一个程序,其中有4个类,分别为Sony、Iphone、Mi、Chuizi(分别对应Sony手机、iphone手机、小米手机和锤子手机),要求Chuizi继承前3个类。每个类都包含一个价格成员,然后比较Chuizi的价格和前3个类的价格和,并且告诉小明,买锤子手机值不值。

[输入]输入数据第1行包含1个整数T($0<T\leqslant 100$),接下来为T组测试数据,其中每一组占1行,包含4个正整数V1、V2、V3、V4。V1为Sony手机的价格,V2为iphone手机的价格,V3为小米手机的价格,V4为锤子手机的价格。所有价格都保证小于2^{31}。

[输出]每组测试数据输出占1行为Case #t:ans。其中,t表示第t组测试数据,ans为"Yes",表示买值了,或者"No",表示买亏了,t从1开始。

[样例输入]
3
10 20 30 100
40 40 40 100
87 0 0 100

[样例输出]
Case #1:No
Case #2:Yes
Case #3:No

第 11 章 多 态 性

[本章主要内容]　本章介绍了面向对象中的最重要的特征:多态性。学生需明确怎样利用多态性进行面向对象程序设计开发,体会多态性所带来的好处。

11.1　基类的指针及引用

在 C++语言中,一个类型的指针一般不能指向另一个类型的对象。然而,在公有继承体系中,基类的指针可以指向派生类的对象(包括派生类的派生类,只要在公有继承的体系中)。同理,基类的引用在定义时也可以直接初始化为派生类(包括派生类的派生类)的对象。

【例 11.1】　基类指针指向派生类的对象。

```
#include<iostream>
using namespace std;

class Base_class
{
public:
    void f(){cout<<"This is Base"<<endl;}
};
class Derived_class:public Base_class
{
public:
    void f(){cout<<"This is Derived"<<endl;}
};

int main()
{
    Base_class *pb=new Derived_class();
    pb->f();
    delete pb;
    Base_class *pb2=new Base_class();
    pb2->f();
    delete pb2;
    Derived_class d;
    Base_class& rb=d;
    rb.f();
    Base_class b;
    Base_class& rb2=b;
```

```
        rb2.f();
        return 0;
}
```
运行结果如下:

```
This is Base
This is Base
This is Base
This is Base
```

例 11.1 中,pb 和 pb2 都是指向 Base_class 的指针,但实际上 pb 指向的是 Derived_class,而不是 Base_class。但是通过 pb 直接调用函数 f,实际上调用的仍然是 Base_class 的函数 f。

同理,rb 和 rb2 都是 Base_class 类型的引用,但实际上 rb 引用的是 Derived_class 对象,而不是 Base_class 的。但是通过 rb 直接调用函数 f,仍然调用的是 Base_class 的函数。

说明:

(1) 语法上,指向基类的指针可以指向派生类的对象,基类的引用也可以赋予派生类的对象;反之则不行。默认情况下,指向派生类的指针不能指向基类的对象,派生类的引用也不能赋予基类的对象。

(2) 尽管指向基类的指针可以指向派生类对象,但通过该指针仍然只能调用基类中的函数。如果需要调用派生类中的函数,则需要做显式类型转换。

(3) 以上讨论全部都在公有继承的体系下。同时也要遵守访问权限的规则。

11.2 虚函数

虚函数是 C++语言实现多态的关键语法特征。

虚函数就是一种在基类中定义为 virtual 的函数,它在多个派生类中可重新定义。这样,每个派生类都有其自己的虚函数形式。当虚函数被基类指针调用时,C++语言根据由指针指向的对象类型来决定该调用哪种形式的虚函数。而且,这种决定是在运行时作出的。这样,指向不同的对象时,就执行不同形式的虚函数。换句话说,所指向的对象类型决定了将要执行的虚函数的形式。因此,如果基类含有虚函数且多个派生类由此基类派生,则当基类指针指向不同的对象类型时,就执行不同虚函数形式。

在其声明前面加上关键字 virtual 以在基类内声明虚函数。但由派生类重定义虚函数时,关键字 virtual 则不需要重复。

一个含有虚函数的类称为多态类。继承含有虚函数的基类也属于多态类。

【例 11.2】 考察下列程序:

```
#include<iostream>
using namespace std;


#include<iostream>
```

```cpp
using namespace std;

struct Base{
    virtual void f(){cout<<"Base"<<endl;}
};

struct Derived:public Base{
    void f(){cout<<"Derived"<<endl;}
};

int main(){
    Base *p;
    p=new Derived();
    p->f();
    delete p;
    p=new Base();
    p->f();
    delete p;
    return 0;
}
```

运行结果如下：

```
Base
Derived
```

基类 Base 和派生类 Derived 中，都定义了 f 函数，因此派生类覆盖了基类的函数。但由于基类中使用了 virtual 关键字，因此具体调用哪个 f 函数要根据运行时真正的对象来决定。在例 11.2 中，指针 p 是指向 Base 的指针，这是其静态类型，在编译期就可决定。根据上一节，p 可以指向一个 Derived 对象，程序也是这么做的。此时通过 p 调用 f 函数，则发生了动态绑定。虽然 p 在静态时定义为一个指向 Base 的指针，但运行到此处实际上是指向了 Derived，因此此时实际上调用了 Derived 中声明的 f 函数。作为对比，随后又将 p 指向一个 Base 对象，再次调用 f 函数。毫无疑问，此时将调用 Base 中声明的 f 函数。这就是动态绑定的含义：根据运行时真正指向的对象，来决定调用哪一个函数。

作为对比，将 Base 中 f 函数前的 virtual 关键字去掉，再次编译运行该程序，可以发现通过 p 已经无法实现动态绑定。

另外，如果直接将 p 声明为指向 Derived 的指针，则一方面不能直接将其指向 Base 对象，另一方面通过 p 调用 f 函数就是一般的成员函数调用，不存在动态绑定。

说明：

(1) virtual 关键字在基类中使用即可，其公有继承体系上的派生类都不必再使用。

(2) 普通成员函数才能声明为 virtual，静态函数不能声明为 virtual。

(3) 动态绑定必须通过指向基类的指针或者父类的引用来实现，使用对象或者派生类的指针及引用均不行。

（4）一个非常有用的提示：基类的析构函数应该声明为虚函数。所以，例 11.2 所示程序实际上是不完善的。

11.3 继承虚函数

只要一个函数被声明为虚函数，不管进行了多少层的继承，它都保持为虚函数。虚函数的本质可以认为是覆盖（override），只不过在合适的使用之下能够实现动态绑定。因此，如果在继承体系中某一个类未实现虚函数，则会向上找到其基类的函数。例 11.3 清楚地说明了这一语法现象。

【例 11.3】 如果在继承体系中某一个类未实现虚函数，则会向上找到其基类的函数。

```
#include<iostream>
using namespace std;

struct A{
    virtual void f(){cout<<"A"<<endl;}
};
struct B:A{
    void f(){cout<<"B"<<endl;}
};
struct C:B{
};
struct D:C{
    void f(){cout<<"D"<<endl;}
};
int main(){
    A *p=new D();
    p->f();
    delete p;
    p=new C();
    p->f();
    delete p;
    p=new B();
    p->f();
    delete p;
    p=new A();
    p->f();
    delete p;
    return 0;
}
```

运行结果如下:
    D
    B
    B
    A

11.4 多态性的优点

成功地应用多态性,要明白的一点是:基类与派生类定义形成一个层次结构,体现从一般到特殊的规律。这样,就允许用一般化的类(基类)来定义那些对特殊化的类(派生类)来说都通用的函数(虚函数),同时,还允许用这些派生类来定义对这些函数的特定实现。在这里,反映出多态性一个重要的优点:"一个接口,多种方法"。它保持了派生类定义接口的灵活性,又保持了接口的一致性。

多态性的优点还体现在由第三方提供的类库上。类库能提供大量的通用类,在这些通用类中可以定义通用的接口。当使用者开发应用程序时,就可以由通用类继承下来生成所需的派生类,这些派生类各自对通用的接口加以定义。这样,调用接口的形式是统一的,而具体的接口实现是不同的,以满足特殊的需要,保持了应用程序的稳定性。

为了加深理解,请看例 11.4。

【例 11.4】 多态实现"一个接口,多种方法"。

```
#include<iostream>
using namespace std;

class figure
{
protected:
    double x,y;
public:
    void set_dim(double i,double j){x=i;y=j;}
    virtual void show_area(){cout<<"no defined\n";}
};
class triangle:public figure
{
public:
    void show_area()
    {
        cout<<"Triangle with height"<<x<<"and base"<<y<<" ";
        cout<<"area is"<<x*0.5*y<<".\n";
    }
};
```

```cpp
class square:public figure
{
public:
    void show_area()
    {
        cout<<"Square with dimensions"<<x<<" *"<<y<<"has an area of";
        cout<<x*y<<".\n";
    }
};

int main()
{
    figure *p;
    triangle t;
    square s;
    p=&t;
    p->set_dim(10.0,5.0);
    p->show_area();
    p=&s;
    p->set_dim(100.0,5.0);
    p->show_area();
    return 0;
}
```

运行结果：

```
Triangle with height 10 and base 5 area is 25.
Square with dimensions 100 *5 has an area of 500.
```

从例 11.4 看出，尽管 triangle、square 各自计算面积的 show_area 方法不同，但接口的形式却是一样的。

说明：对继承的类体系的用户而言，推荐只通过基类的指针或者引用来处理派生类。因为一个设计良好的类抽象，基类提供给用户的接口就是专为用户使用而设计的。至于派生类中的具体实现，用户无须关心。

11.5 纯虚函数和抽象类

纯虚函数是一个在其基类中没有定义的虚函数，而任何它的派生类都必须定义自己的虚函数形式。要声明一个纯虚函数，可使用下面的通用形式：

```
virtual type func-name(parameter-list)=0;
```

此处，type 是函数的返回类型，func-name 是函数名。

```
class figure
{
```

```cpp
    double x,y;
public:
    void set_dim(double i,double j=0)
    {
        x=i;
        y=j;
    }
    virtual void show_area()=0;//pure
};
```

如果一个类至少有一个纯虚函数，则这个类被称为抽象类。抽象类有一个重要特征：不能定义该类的对象。所以抽象类的作用就是作为继承体系中的基类。至于那些从该抽象类派生出的派生类，要么实现抽象类中的纯虚函数成为一个具体类，要么仍然不能用于定义对象而还是一个抽象类。虽然不能定义抽象类的对象，但是可以定义抽象类的指针以及引用，不过抽象类的指针只能指向其具体派生类对象，抽象类的引用同样也只能引用其具体派生类的对象。

编译时的多态性特征是运算符和函数的重载。运行时的多态性是由虚函数来实现的。

为加深理解，再看一个例子。

【例 11.5】 应用抽象类，求圆、圆内接正方形和圆外切正方形的面积和周长。

```cpp
#include<iostream>
#include<cmath>
using namespace std;

const double PI=3.1415926;
class base                                      //抽象基类 base 声明
{
public:
    virtual void display()=0;                   //纯虚成员函数
};
class circle:public base                        //公有派生
{
protected:
    double r;
public:
    circle(double x=0){r=x;}
    void display()
    {
        cout<<"圆的面积:"<<r*r*PI<<endl;
        cout<<"圆的周长:"<<PI*r*2<<endl;        //虚成员函数
    }
};
```

```cpp
class incircle:public circle
{
    double a;
public:
    incircle(double x=0):circle(x){}
    void display()
    {
        a=sqrt(r);
        cout<<"内接正方形面积:"<<a*a<<endl;
        cout<<"内接正方形周长:"<<4*a<<endl;
    }
};
class outcircle:public circle
{
public:
    outcircle(double x=0):circle(x){}
    void display()
    {
        cout<<"外切正方形面积:"<<4*r*r<<endl;
        cout<<"外切正方形周长:"<<8*r<<endl;
    }
};
void fun(base *ptr)                         //普通函数
{
    ptr->display();
}

int main()
{
    base   *p;                              //声明抽象基类指针
    circle b1(10);                          //声明派生类对象
    incircle d1(9);                         //声明派生类对象
    outcircle e1(10);
    p=&b1;
    fun(p);
    p=&d1;
    fun(p);
    p=&e1;
    fun(p);
    return 0;
}
```

运行结果如下:

圆的面积:314.159
圆的周长:62.8319
内接正方形面积:9
内接正方形周长:12
外切正方形面积:400
外切正方形周长:80

习 题 11

11.1 [题号]11613。

[题目描述]有一所学校,该学校某年级有2个班:class1 和 class2。最近该年级进行了一次数学考试(满分100)。现给你该次考试 class1 的全班总分和平均分以及全年级的总分和平均分,试求 class2 的平均分。

[要求]建立一个"班"类,计算函数放在类中定义。调用函数要求使用指针,并要求定义的指针数量尽量少。

[输入]只有1组测试数据,该组测试数据包括2行:每行2个数字a、b,第1行表示 class1 的全班总分和平均分,第2行表示全年级的总分和平均分。所有输入保证是整数并且范围在1~10000。

[输出]输出1个数字即 class2 的平均分即可(所有输入数据保证 class2 的平均分最后计算出来也是正整数)。

[样例输入]

    1000 50
    2000 50

[样例输出]

    50

11.2 [题号]11614。

[题目描述]给出一个坐标点的坐标,求这个坐标点到原点的距离。给出的坐标可能是二维坐标也可能是三维坐标。

[要求]定义"点(point)"类。计算二维坐标和三维坐标距离的函数要同名(用虚函数实现)。

[输入]第1行输入1个正整数 t(1≤t≤10),代表测试数据组数。从第2行开始每行1组测试数据。每组测试数据1行:首先是一个小写字母 b 或 t,b 表示该坐标是二维坐标,后面接着该点的坐标 x、y。t 表示该坐标是三维坐标,后面接着该点坐标 x、y、z。所有坐标均为整数,且绝对值不超过100。

[输出]对输入的每个点,输出其到原点的距离,结果保留2位小数。

[样例输入]

    2
    b 1 1
    t 2 2 2

[样例输出]

1.41
3.46

11.3 [题号]11615。

[题目描述]阅读下面的程序,现给出多组测试数据,你的任务是将程序运行的结果输出来。注意:此题直接提交原程序可能超时。

```
#include<iostream>
using namespace std;
class Base
{
    public:
        virtual void opt(){cout<<"Apple"<<endl;}
};
class cs1:public Base
{
    public:
        void opt(){cout<<"Banana"<<endl;}
};
class cs2:public Base
{
    public:
        //void opt(){cout<<"Car"<<endl;}   注意此行已被注释
};
int main()
{
    int t;
    Base A;
    cs1 B;
    cs2 C;
    while(cin>>t&&t)
    {
        if(t==1)
        {
            Base *p;
            p=&A;
            p->opt();
        }
        else if(t==2)
        {
            cs1 *p;
            p=&B;
```

```
            p->opt();
        }
        else
        {
            cs2 *p;
            p=&C;
            p->opt();
        }
    }
    return 0;
}
```

[输入]测试数据有多组,对于每组测试数据,输入 t(t=0,1,2,3)。
[输出]输出该程序运行的结果即可。
[样例输入]
    1
    2
    0
[样例输出]
    Apple
    Banana

11.4　[题号]11616。

[题目描述]给定一个二维坐标点,求该点到原点的二维距离和直角距离。
提示:点 A(x1,y1)、B(x2,y2)之间的直角距离 d=|x1−x2|+|y1−y2|。
程序中必须包括下面的内容:

```
class point
{
    protected:
        int x,y;
    public:
        void set_point(int a,int b){x=a,y=b;}
        virtual void dis(){cout<<"Undefinition."<<endl;}
};
```

[输入]第 1 行输入 1 个整数 t(1≤t≤100),代表测试数据组数。每组数据 1 行,该行包括 2 个整数 a、b,表示一个直角坐标系下的坐标(−100≤a,b≤100),中间用空格隔开。

[输出]对于每组测试数据,输出该点到原点的二维距离和直角距离,每个 1 行。二维距离保留 2 位小数。

[样例输入]
    2
    1 1
    3 4

[样例输出]
```
1.41
2
5.00
7
```

第 12 章 输入/输出流

[本章主要内容] 本章主要介绍C++语言的输入/输出(I/O),包括标准输入/输出流、文件流和字符串流。

12.1 C++语言的输入/输出

C++语言的输入/输出是以流的形式进行的,不仅可以输出标准类型的数据,也可以输出用户自定义类型的数据。C++语言的输入/输出主要有以下三种:

(1) 对系统指定的标准设备的输入/输出,即标准I/O。
(2) 以外存磁盘文件为对象进行的输入/输出,称为文件的输入/输出。
(3) 字符串的输入/输出。

C++语言的输入/输出流是由若干字节组成的字节序列,这些字节中的数据按一定的顺序从一个对象传送到另一个对象。流具有方向性,与输入设备相联系的流称为输入流,与输出设备相联系的流称为输出流。从流中获取数据的操作称为提取操作,向流中添加数据的操作称为插入操作。

C++语言提供了一些供程序设计者使用的类,在这些类中封装了可以实现输入/输出操作的函数,这些类统称为I/O流类。流是用流类定义的对象,如 cin、cout 等。C++语言的流类库是用继承方法建立起来的输入/输出类库,由支持标准输入/输出操作的基类和支持特定种类的源和目标的输入/输出操作的类组成。它具有两个平行的基类:streambuf 类(提供对流缓冲区的低级操作)和 ios 类(提供对设备、文件的读/写操作)。所有其他流类都是从它们直接或间接地派生出来的。

C++语言流继承结构如图 12.1 所示。

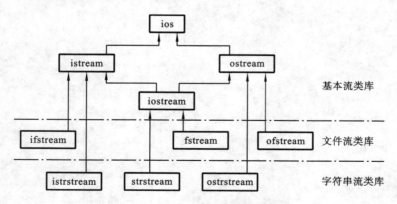

图 12.1 C++语言流继承结构

C++语言的输入/输出类库中还有其他一些类,图 12.1 没有列出,以上这些类已经能满足基本使用了。

12.2 标准输入/输出流

键盘和屏幕上的输入/输出称为标准输入/输出。标准输入/输出流是不需要打开和关闭文件即可直接操作的流文件。

我们所熟悉的输入/输出操作 iostream 类是由 istream（输入流）和 ostream（输出流）这两个类派生出的。

iostream 库定义了以下四个标准流对象：

(1) cin：标准输入(standard input)的 istream 类对象，从键盘输入。
(2) cout：标准输出(standard output)的 ostream 类对象，输出到屏幕。
(3) cerr：标准错误(standard error)的 ostream 类对象，错误信息的标准输出设备。
(4) clog：输出到打印机。

输出主要由重载的左移操作符(<<)完成，输入主要由重载的右移操作符(>>)完成。
下面以输出为例，说明其实现原理：
cout 是 ostream 类的对象，它在 iostream 头文件中作为全局对象进行定义。

```
ostream cout(stdout);    //标准设备名作为其构造函数的参数
```

ostream 流类对应每个基本数据类型都有其友元函数对左移操作符进行的友元函数的重载。

```
ostream& operator<<(ostream &dest,int source);
ostream& operator<<(ostream &dest,char *psource);
    ...
```

来看下面这个语句：

```
cout<<"Hello World!";
```

cout 是 ostream 对象，<<是操作符，右边是 char * 类型，故与上面的 "ostream& operator<<(ostream &dest,char *psource);" 相匹配。它将整个字符串输出，并返回 ostream 流对象的引用。如果是

```
cout<<"This is"<<5;
```

则根据<<的运算优先级，可以看作

```
(cout<<"This is")<<5;
```

由于"cout<<"This is""返回 ostream 流对象的引用，与后面的<<5 匹配了另一个 "ostream& operator<<(ostream &dest,int source);" 操作符，结果构成了连续的输出。

同样，cin 是 istream 的全局对象，istream 流类对应每个基本数据类型都有其友元函数对右移操作符进行的友元函数的重载。

```
ostream& operator>>(ostream &dest,int source);
ostream& operator>>(ostream &dest,char *psource);
    ...
```

除了标准输入/输出设备，还有标准错误设备 cerr。cerr 默认的输出仍然是输出至显示器。如果希望正常输出信息和错误输出信息分开显示，则可以将 cerr 重定向至文件或

者其他输出设备。

【例 12.1】 下面的程序在除法操作不能进行时显示一条错误信息。

```
#include<iostream>
using namespace std;

void fn(int a,int b)
{
  if(b==0)
    cerr<<"zero encountered."
        <<"The message cannot be redirected";
  else
    cout<<a/b<<endl;
}

int main()
{
  fn(20,2);
  fn(20,0);
  return 0;
}
```

输出结果如下：

```
5
zero encountered.The message cannot be redirected
```

12.3 文件流

文件流类在 fstream 头文件中定义，fstream 头文件中主要定义了三个类 ifstream、ofstream、fstream。其中，fstream 类是由 iostream 类派生而来的。文件流类不是标准设备，所以没有像 cout 那样预先定义的全局对象，文件流类定义的操作应用于外部设备，要自己定义一个文件流类的对象，需要规定文件名和打开方式。

ofstream 类的默认构造函数原形为

```
ofstream::ofstream(const char * filename,int mode=ios::out,int prot=
filebuf::openprot);
```

其中：filename 为要打开的文件名；mode 为要打开文件的方式；prot 为打开文件的属性。

mode 和 prot 这两个参数的可选项（属性）如表 12.1 和表 12.2 所示。

表 12.1 mode 属性表

方 式	作 用
ios::in	文件以读方式打开
ios::out	文件以写方式打开

续表

方式	作用
ios::app	以追加的方式打开文件
ios::ate	文件打开后定位到文件尾,ios:app 就包含此属性
ios::binary	以二进制方式打开文件,缺省的方式是文本方式
ios::nocreate	如果文件不存在,则返回错误
ios::noreplace	如果文件存在,则返回错误
ios::trunc	如果文件存在,则清除文件内容

注 可以用"位或"把以上属性连接起来,如 ios::out|ios::binary。

表 12.2 prot 属性表

标 志	作 用
filebuf::openprot	兼容共享方式
filebuf::sh_none	独立不共享
filebuf::sh_read	允许读共享
filebuf::sh_write	允许写共享

openprot 的可选项(属性)如表 12.3 所示。

表 12.3 openprot 属性表

方式	作 用
0	普通文件,打开访问
1	只读文件
2	隐含文件
4	系统文件

注 可以用"|"或者"+"把以上属性连接起来,如 3、1|2 表示以只读和隐含属性打开文件。

【例 12.2】 下面的程序向文件中写入一些信息。

```
#include<fstream>
using namespace std;

int main()
{
    ofstream  outfile("c:\\myfile");    //ios::out|ios::trunc 方式
    outfile<<"This is a test! \n"
           <<"Hello World\n";
    outfile.close();                     //关闭文件
    return 0;
}
```

此处的文件名必须说明其路径,否则将采用本程序的默认路径,而说明文件的全路径就要使用到系统分隔符。在 Windows 中使用"\"作为系统分隔符,因此 C++语言中要用转义字符"\\"。在 Linux 中则使用"/",在 C++语言中可以直接使用。这样就会造成源代码的不可移植性,在编写文件操作又要跨操作系统平台的程序时需要注意这个问题。
文件打开时,匹配了构造函数 ofstream::ofstream(char *),只需一个文件名,其他为默认,打开方式默认为 ios::out|ios::trunc,即该文件用于接受程序的输出。如果该文件原先已存在,则删除文件原有数据;如果该文件未存在,则新建一个文件。

又如,要打开二进制文件,采用写方式,输出到文件尾,可用

```
ofstream outfile("binaryfile",ios::binary|ios::ate);
```

此外,打开一个文件,也可以通过调用成员函数 open 来实现,其格式为

文件流对象.open(磁盘文件名,输入/输出模式);

文件打开成功与否也可以通过调用成员函数 fail 进行测试,如果打开失败,则返回 1。文件使用完后,应及时关闭文件。关闭文件通过调用成员函数 close 实现。下面来看例 12.3。

【例 12.3】 文件输出流类操作。

```cpp
#include<iostream>
#include<cstdlib>
#include<fstream>
using namespace std;

int main()
{
    ofstream  outfile;
    outfile.open("c:\\myfile",ios::out|ios::app);
    if(outfile.fail())//这里也可以直接用 if(!outfile)
    {
        cout<<"文件创建失败,磁盘不可写或者文件为只读!"<<endl;
        exit(1);
    }
    outfile<<"This is a test!\n"
           <<"Hello World\n";
    outfile.close();
    return 0;
}
```

ifstream 类的使用与 ofstream 类的使用相似。下面来看一下如何利用 ifstream 类对象,将文件中的数据读取出来,然后再输出到标准设备中。

【例 12.4】 文件输入流类操作。

```cpp
#include<iostream>
#include<cstdlib>
#include<fstream>
#include<string>
```

```
using namespace std;

int main()
{
    ifstream infile;
    char ch;
    string str;
    infile.open("c:\\myfile.txt",ios::in);//如果打开的文件与源程序在同一目
        录,则可以省略前面的路径,如:infile.open("myfile.txt",ios::in);
    if(! infile)
    {
        cout<<"文件打开错误!"<<endl;
        exit(1);
    }
    while(infile>>ch)
    {
        str+=ch;
        cout<<ch<<endl;
    }
    infile.close();
    cout<<str;
    return 0;
}
```
打开同时用于输入和输出的文件:

```
fstream myfile("myfile.dat",ios::in|ios::out);
```

用 ifstream 打开的文件,默认打开方式为 ios::in;用 fstream 打开的文件,需指定打开方式,不能省略。

注意:文件是一种系统资源,打开以后一定要检查,如同例 12.3 与 12.4 所做的那样,否则程序运行可能会出现未知的错误。

12.4 字符串流

串流类在 strstream 头文件中定义,strstream 头文件中主要定义了三个类 istrstream、ostrstream、strstream。其中,istrstream 类是从 istream 类(输入流类)和 strstreambase 类(字符串流基类)派生而来的,ostrstream 类是从 ostream 类(输出流类)和 strstreambase 类(字符串流基类)派生而来的,strstream 类则是从 iostream 类(输入/输出流类)和 strstreambase 类(字符串流基类)派生而来的。串流同样不是标准设备,不会有预先定义好的全局对象,所以不能直接操作,需要通过构造函数创建对象。串流类允许将 fstream 类定义的文件操作应用于存储区中的字符串,即将字符串看作设备,简单地说就是能够控制字符串类型对象进行输入/输出的类。要定义一个串流类对象,需要提供字符数组和数组大小。

类 istrstream 用于执行串流输入,该类的构造函数原形如下:

```
istrstream::istrstream(const char *str,int size);
```

其中:第 1 个参数表示字符串数组;第 2 个参数表示数组大小,当 size 为 0 时,表示 istrstream 类对象直接连接到由 str 所指向的内存空间并以\0 结尾的字符串。

类 ostrstream 用于执行串流的输出,它的构造函数如下:

```
ostrstream::ostrstream(char *_Ptr,int size,int Mode=ios::out);
```

其中:第 1 个参数是字符串数组;第 2 个参数说明数组的大小;第 3 个参数指明打开方式。

【例 12.5】 使用串流输入对字符串中的数据进行操作。

```
#include<iostream>
#include<strstream>
using namespace std;

int main()
{
    char *pString="8848 400.625";

    istrstream infile(pString,0);         //ios::in 方式,读到 NULL 结束
    int iNum;
    float fNum;
    infile>>iNum>>fNum;                   //从串流中读入整数和浮点数

    char *pBuffer=new char[128];
    ostrstream outfile(pBuffer,128);      //ios::out方式,字符串长度为 128 个字节
    outfile<<"iNum="<<iNum              //写入 pBuffer 中
        <<",fNum="<<fNum;
    outfile<<'\0';                        //在 pBuffer 加入字符串结束标记
    cout<<pBuffer<<endl;
    delete[]pBuffer;
    return 0;
}
```

输出结果如下:

```
iNum=8848,fNum=400.625
```

利用字符串流可以很容易地将数值转化为 string 对象。

【例 12.6】 将 int 转化为对应的 string。

```
string int2string(int x){
    stringstream ss;
    ss<<x;
    return ss.str();
}
```

【例 12.7】 将 string 转化为对应的 int。

```
int string2int(string const& str){
    stringstream ss(str);
    int x;
    ss>>x;
    return x;
}
```

如无意外,例 12.6 总能成功,但例 12.7 能否成功与 string 对象本身的内容密切相关。因此完整的转换应该加上错误检测与处理(例如抛出异常)。利用这种方式还可以很容易地将数值类型如 double、long long 等与 string 互相转换。利用下一章所讲的模板,可以只使用"一对函数"实现这种转换。

12.5 格式控制

第 2 章简单介绍了利用流操作符控制输出格式,本节比较系统地介绍 C++语言流输入/输出格式控制的方法:流操作符和流成员函数。

注意:此处所讲到的格式控制方法对上述三种流均有效果。

12.5.1 流操作符

操作符(manipulators)是在头文件 iomanip 中定义的对象,可以直接将其插入流中,不必单独调用。常用格式控制符如表 12.4 所示。

表 12.4 常用格式控制符

格式控制符	说明	示例	
		语句	结果
endl	输出换行符	cout<<2<<endl<<"Hello";	2 Hello
dec	十进制表示	cout<<dec<<120;	120
hex	十六进制表示	cout<<hex<<120;	78
oct	八进制表示	cout<<oct<<120;	170
setw(int n)	设置数据输出的宽度	cout<<'x'<<setw(3)<<'y';	x y(中间有 2 个空格)
setfill(char c)	设置填充字符	cout<<setfill('*')<<setw(6)<<120;	***120
setprecision(int n)	设置浮点数的精度(有效数字位数或小数位数)	cout<<setprecision(5)<<12.3456;	12.346
setiosflags(ios::fixed)	定点格式输出	cout<<setiosflags(ios::fixed)<<12.3456789;	12.345679
setiosflags(ios::scientific)	指数格式输出	cout<<setiosflags(ios::scientific)<<12.3456789;	1.234568e+001

其中:setw(n)仅仅对其后输出的第1个数据有效,对其他数据没有影响。

【例 12.8】 打印一个倒三角形。

```
#include<iostream>
#include<iomanip>
using namespace std;

int main()
{
    int n=1;
    for(;n<8;n++)
    {
        cout<<setfill(' ')<<setw(n)<<" ";
        cout<<setfill('*')<<setw(15-2*n)<<"*"<<endl;
    }
    return 0;
}
```

输出结果如下:

```
 * * * * * * * * * * * * *
  * * * * * * * * * * *
   * * * * * * * * *
    * * * * * * *
     * * * * *
      * * *
       *
```

如果 setprecision(int n) 与 setiosflags(ios::fixed) 合用,则可以控制小数点右边的数字个数。例如:

```
cout<<setiosflags(ios::fixed);
cout<<setprecision(3)<<12.3456;
```

则输出 12.346。

12.5.2 流对象的成员函数

1. 输出宽度

函数格式:

```
int width(int n)
```

作用:设置数据的输出宽度。输出默认对齐方式为右对齐,若位数超过了指定宽度,则会全部显示。

2. 格式控制

函数格式:

```
long setf(long bits)
```

作用:设置指定的格式标志位,返回旧的格式标志。

【例 12.9】 使用成员函数控制输出宽度。

```
#include<iostream>
using namespace std;

int main()
{
    char *a="2345.678";
    double b=2345.678;
    cout.width(5);
    cout<<a<<endl;
    cout.width(9);
    cout<<a<<endl;
    cout.width(5);
    cout<<b<<endl;
    cout.width(9);
    cout<<b<<endl;
    cout.setf(ios::left);
    cout.width(9);
    cout<<b<<"end"<<endl;
    return 0;
}
```

运行结果如下：

```
2345.678
 2345.678
2345.68
  2345.68
2345.68  end
```

3. 字符、字符串输入函数

函数格式：

```
istream& getline(char *line,int size,char='\n')
```

作用：读取一整行文本。

函数格式：

```
char get()
```

作用：读取一个字符。

函数格式：

```
istream& get(char& c)
```

作用：读取一个字符。

函数格式：

```
istream& get(char *,int n,char delim='\n')
```

作用：读取一系列字符。

函数格式：
```
ostream& put(char ch)
```
作用：输出一个字符。
函数格式：
```
ostream& write(char *,int)
```
作用：向流中输出指定长度的字符串。

【例 12.10】 字符及字符串输入函数的使用。

```
#include<iostream>
#include<cstring>
using namespace std;

int main()
{
    char str[128];
    cout<<"请输入一行文本后按回车:";
    cin.getline(str,128);
    cout<<"你输入的文本是:"<<str<<endl;
    cout.write(str,strlen(str))<<endl;
    char letter;
    cout<<"请输入任一字符:";
    letter=cin.get();
    cout<<letter<<endl;
    cout.put(letter);
    return 0;
}
```

运行结果如下：

```
请输入一行文本后按回车:This is a test!
你输入的文本是:This is a test!
This is a test!
请输入任一字符:a
a
a
```

4. 测试文件结束

函数格式：
```
bool eof()
```
作用：测试文件是否结束，当到达文件结束位置时，返回1，否则返回0。

12.6 ACM 中的文件输入/输出

在 ACM 国际大学生程序设计竞赛中，由于测试数据很多，在调试程序或正式比赛时,数据的输入/输出可能需要使用文件。下面看例 12.11。

【例 12.11】 Your ride is here.

[Problem Description]

It is a well-known fact that behind every good comet is a UFO. These UFOs often come to collect loyal supporters from here on Earth. Unfortunately, they only have room to pick up one group of followers on each trip. They do, however, let the groups know ahead of time which will be picked up for each comet by a clever scheme: they pick a name for the comet which, along with the name of the group, can be used to determine if it is a particular group's turn to go(who do you think names the comets). The details of the matching scheme are given below; your job is to write a program which takes the names of a group and a comet and then determines whether the group should go with the UFO behind that comet.

Both the name of the group and the name of the comet are converted into a number in the following manner: the final number is just the product of all the letters in the name, where "A" is 1 and "Z" is 26. For instance, the group "USACO" would be $21 \times 19 \times 1 \times 3 \times 15 = 17955$. If the group's number mod 47 is the same as the comet's number mod 47, then you need to tell the group to get ready(Remember that "a mod b" is the remainder left over after dividing a by b; 34 mod 10 is 4).

Write a program which reads in the name of the comet and the name of the group and figures out whether according to the above scheme the names are a match, printing "GO" if they match and "STAY" if not. The names of the groups and the comets will be a string of capital letters with no spaces or punctuation, up to 6 characters long.

Examples:

Input	Output
COMETQ HVNGAT	GO
ABSTAR USACO	STAY

[Input]

Line 1: An upper case character string of length 1~6 that is the name of the comet.

Line 2: An upper case character string of length 1~6 that is the name of the group.

[Output]

A single line containing either the word "GO" or the word "STAY".

[Sample Input](file ride.in)

COMETQ

HVNGAT

[Sample Output](file ride.out)
GO

问题分析：题目大意是，在每一彗星后面是一个不明飞行物 UFO。这些不明飞行物时常来收集来自在地球上忠诚的支持者。不幸的是，他们的空间在每次旅行中只能带上一群支持者。他们要做的是用一种聪明的方案让每一个团体的人被彗星带走。他们为每个彗星起了一个名字，通过这些名字来决定一个团体是不是由特定的彗星带走。那个相配方案的细节在下面被给出；你的工作是要写一个程序，通过团体的名字和彗星的名字来决定一个组是否应该与在那一颗彗星后面的不明飞行物搭配。团体的名字和彗星的名字都以下列各项方式转换成一个数字：这个最后的数字代表名字中所有字母的信息，"A"是1，"Z"是26。举例来说，团体"USACO"的对应数字会是 $21 \times 19 \times 1 \times 3 \times 15 = 17955$。如果团体的对应数字 mod 47 等于彗星的对应数字 mod 47，那么你要告诉这个团体准备好被带走！写一个程序读入彗星的名字和团体的名字，如果搭配，则打印"GO"，否则打印"STAY"。团体的名字和彗星的名字将会是没有空格或标点的一串大写字母（不超过6个字母）。

另外，题目要求程序的输入文件为 ride.in，输出文件为 ride.out。下面来看源程序：

```cpp
#include<fstream>
#include<cstring>
using namespace std;
int main()
{
    ifstream cin("ride.in");         //注意 cin 并不是 iostream 中的 cin
    ofstream cout("ride.out");       //注意 cout 并不是 iostream 中的 cout
    char a[16],b[16];
    long a1=1,b1=1;
    int n1,n2,i;
    while(cin>>a>>b)
    {
        a1=1;b1=1;
        n1=strlen(a);
        n2=strlen(b);
        for(i=0;i<n1;i++)
            a1=a1*((int)a[i]-64)%47;
        for(i=0;i<n2;i++)
            b1=b1*((int)b[i]-64)%47;
        if((a1%47)==(b1%47))
            cout<<"GO"<<endl;
        else
            cout<<"STAY"<<endl;
    }
    cin.close();
```

```
        cout.close();
        return 0;
    }
```

注意：这里的 cin 并不是 iostream 中的 cin，而是 ifstream 的对象，当然也可以用其他名字，如 infile、myfile 等。同样，这里的 cout 也并不是 iostream 中的 cout，而是 ifstream 的对象。这样命名的好处就是，如果程序不需要通过文件输入/输出时，只要把"ifstream cin("ride.in");"、"ofstream cout("ride.out");"、"cin.close();"和"cout.close();"注释掉，然后把头文件"fstream"改为"iostream"即可，程序其他的任何地方均不需要修改。修改后的完整程序如下：

```
#include<iostream>
#include<cstring>
using namespace std;

int main()
{
    //ifstream cin("ride.in");
    //ofstream cout("ride.out");
    char a[16],b[16];
    long a1=1,b1=1;
    int n1,n2,i;
    while(cin>>a>>b)
    {
    a1=1;b1=1;
    n1=strlen(a);
    n2=strlen(b);
    for(i=0;i<n1;i++)
        a1=a1*((int)a[i]-64)%47;
    for(i=0;i<n2;i++)
        b1=b1*((int)b[i]-64)%47;
    if((a1%47)==(b1%47))
        cout<<"GO"<<endl;
    else
        cout<<"STAY"<<endl;
    }
    //cin.close();
    //cout.close();
    return 0;
}
```

习 题 12

12.1 编写程序，读入一个文件，统计文件中的行数。

12.2 把一个文件的内容复制到另一个文件中。

12.3 将结构体类型的数据写入一个二进制文件。

12.4 建立 RMB 类,重载插入运算符,使得人民币输出格式为:长度一律为 10 位,保留 2 位小数,币值前有一个￥符号。

注意:本章习题涉及文件操作,未录入 OJ 上,请自己在计算机上完成练习。

第 13 章 模板和标准库

模板是 C++语言泛型编程的关键,使用模板编程,可以在不知道数据类型的情况下完成程序的功能设计。

13.1 函数模板

函数模板的格式为

template<模板类型参数列表>函数声明(定义)

template 是 C++关键字,专门用于模板的声明与定义。模板类型参数是以 typename 或者 class 引领的模板类型参数名,多个模板类型参数之间用逗号分隔。其后的函数声明与普通函数声明类似。只不过在这个作用域内,类型参数名可以充当一个类型。

【例 13.1】 实现加法的模板。

```
template<typename T>
T add(T const&a,T const&b){
    return a+b;
}
```

例 13.1 中,只有一个类型参数,名字为 T,则 T 在其后的函数模板作用域内,可以充当一个类型。因此该函数模板名为 add,返回类型为 T,2 个形参的类型都是 const T&。至于 T 到底是什么类型,需要在调用的时候根据类型参数推导确定。

【例 13.2】 使用加法模板(假设已经实现例 13.1)。

```
int main(){
    cout<<add(1,3)<<endl;
    cout<<add(1.f,3.4f)<<endl;
    cout<<add(string("123"),string("abc"))<<endl;
    cout<<add<int>(1.0,5.6)<<endl;
}
```

函数模板可以根据调用时实参的类型自动推导模板类型参数。例 13.2 中调用 add(1,3)时,相当于 T 就是 int;调用 add(1.f,3.4f)时,T 相当于 float;第三次调用 add,T 相当于 string。使用函数模板时,也可以指定类型参数,其具体用法如例 13.2 中最后一次调用,在函数模板后用尖括号,并依次写上类型参数。当显示指定类型参数后,函数模板实际上就相当于一个函数。因此,add<int>(1.0,5.6)的参数虽然是 double 类型,但不会再发生类型参数的类型推导,只会发生调用实参的类型转换。

说明:

(1) 如果类型推导无法与现有模板匹配,则会报错。例 13.2 中如果调用 add(1,2.3f),则会出错。但要注意与调用 add<int>(1,2.3f)的区别。

(2) 函数模板与函数模板、函数模板与普通函数之间都能进行重载,重载的依据同普通函数重载。如果既有函数模板又有普通函数可以满足调用，则使用普通函数。但如果有多个函数模板或者多个普通函数能够满足，则视为二义性，将报错。

此处再给出 2 个例子，读者可以与第 12 章中的例 12.6 与例 12.7 做对比。

【例 13.3】 某类型到 string 对象的转换。

```
template<typename T>
string type2string(T const&v){
    stringstream ss;
    ss<<v;
    return ss.str();
}
```

【例 13.4】 string 对象到某类型的转换。

```
template<typename T>
T string2type(string const& str){
    stringstream ss(str);
    T t;
    ss>>t;
    return t;
}
```

例 13.3 用于诸如 int、float、double 等类型都没有问题，用于其他自建的结构体或者类类型，则需要有专门针对该类型重载的流输出运算符；例 13.4 是同样的情况，只不过此处需要重载流输入运算符；另外输入是否成功还与 string 对象的具体内容密切相关。

13.2 类模板

类模板的格式为

  template<模板类型参数列表>类模板的声明 (定义)

例 13.5 是一个非常简单的类模板，拥有 2 个成员分别是 a1 和 a2。a1 的类型是 T1，a2 的类型是 T2，至于运行时到底是什么类型，需要看运行时模板实例化的结果。因为类模板不像函数模板那样可以在使用的时候进行参数类型推导，所以类模板实例化时必须显式指明类型参数。例如，S<int,int>、S<float,double>……

【例 13.5】 一个简单的类模板。

```
template<typename T1,typename T2>
struct S{
    T1 a1;
    T2 a2;
};
```

类模板可以指定缺省模板参数，与函数参数类似，缺省参数必须从右向左开始指定。但是注意：函数模板不能指定缺省模板参数。如果指定了缺省类型参数，则模板实例化的时候形式上可以"少写"类型实参。下面的例 13.6 中，S<double>和 S<double,int>其实是等价的。

【例 13.6】 带缺省模板类型参数的类模板。

```
template<typename T1,typename T2=int>
struct S{
    T1 a1;
    T2 a2;
};
```

一般而言,对模板参数的第一印象都是指模板类型参数,但C++语言还允许非类型参数作为模板参数,具体包括整型或者枚举类型、指针、左值引用、成员指针。同样,在定义类模板时,模板非类型参数也可以指定缺省值;而函数模板的模板参数可以包含非类型参数,但也不能指定缺省值。

【例 13.7】 带非类型参数的类模板。

```
template<typename T,int N=10>
struct S{
    T a[N];
};
```

例 13.7 中,S<int>就是 S<int,10>,也可以实例化为 S<int,9>、S<double,15>等。模板的非类型参数有一些更复杂的语法规定。一般而言记住两条:第一条,整型的非类型参数使用较多,而浮点型是不能作为模板非类型参数的;第二条,非类型参数在模板中是右值,不能被改变。

13.3 标准库

C++标准库,又称标准模板库(standard template library,STL),最早由惠普实验室开发。目前有多个实现版本,但都遵循 C++标准提供的一致接口。因此,仅作为用户而言,可以不必关心 STL 内部的实现,能够保持代码的可移植性。

STL 的目标是提供标准化组件,将常用的数据结构和算法包装成"容器"和"算法",实现代码复用。从应用角度出发,最需要学习的 STL 组件是容器、算法和迭代器。

容器:指存储数据的数据结构,包括 vector、list 等,这些都是模板类,用于实现不同的存储结构。

算法:指定数据集合上的特定操作,例如,求极值、排序等,简单地说就是模板函数。

迭代器:迭代器本质上是一种类,被创造出来用于模拟指针的行为,但比指针更安全;当然更重要的是迭代器是容器和算法之间的黏合剂——所有算法都是以迭代器为参数的,而迭代器必然属于某个容器。

13.3.1 顺序容器

最常用的顺序容器包括 vector、list 和 deque,要使用这些数据结构,需要分别包含(include)头文件<vector>、<list>和<deque>。其中 vector 是动态数组,list 是双向链表,

deque 则是块状链表。本书仅对 vector 的使用作出描述。

vector 首先是一个模板类,所以要定义一个 vector 对象,必须指明 vector 内所保存的数据类型。例如:以下定义都是合法的。

```
vector<int>vint;
vector<double>vdouble;    //vector 的模板类型参数可以是内置类型
vector<string>vstring;    //可以是类类型
vector<vector<int>>vvint; //还可以是模板的实例
```

注意:容器里面存放原生指针不是什么好主意。虽然语法上没有错误,但其语义行为几乎肯定不是用户想要的。

下面以 vector<int>为例介绍 vector 的构造函数:

```
vector<int>v1(10,8);        //创建一个 vector<int>,10 个元素,均为 8
vector<int>v2(v1);          //创建一个 vector<int>,内容同 v1
int a[]={100,200,300,400};
vector<int>v3(a,a+3);       //创建一个 vector,内容为 a 到 a+3 之间的内容
```

注意第三个构造函数其实是以迭代器为参数的(在 STL 中,可以认为指针就是一种迭代器)。另外要注意的是,STL 的迭代器使用规则为左闭右开。因此 a 到 a+3 之间的内容指的是"100,200,300",其实就是 a[0]、a[1]和 a[2],注意没有 a[3]。

【例 13.8】 vector 的遍历。

```
#include<iostream>
#include<vector>
using namespace std;

int main(){
    int a[]={100,200,300,400};
    vector<int>v(a,a+4);
    for(unsigned i=0;i<v.size();++i)
        cout<<v[i]<<" ";
    cout<<endl;
    for(vector<int>::iterator it=v.begin();it!=v.end();++it)
        cout<<(*it)<<endl;
    cout<<endl;
    return 0;
}
```

例 13.8 提供了两种遍历 vector 的方法。第一种是使用[]运算符,使得 vector 看起来与原生数组的使用一致,通过 v.size()来获知当前 vector 包含多少个元素;第二种是使用迭代器访问。

注意:

(1) 迭代器的定义必须指明迭代器所指内容所在的容器类型。在例 13.8 中 it 的类型是 vector<int>::iterator,它与 vector<double>::iterator 类型是不同的。当然,这也造成了迭代器的定义一般都比较长。实际上 STL 模板实例的对象的定义语句一般都比

较长。

(2) vector 内所有的元素就是[begin,end)范围内的所有内容,再一次注意是左闭右开。v.begin()迭代器是指向一个具体元素的,而 v.end()是不指向 v 中的元素的。

(3) 迭代器的行为类似指针,因此使用*来获得迭代器所指向的具体内容。

【例 13.9】 vector 的插入与删除。

```
#include<iostream>
#include<vector>
using namespace std;

int main(){
    vector<int>v;                //此时 v 为空
    for(int i=1;i<=4;++i)        //循环以后,v 的内容为:4 3 2 1
        v.insert(v.begin(),i);
    while(!v.empty())            //v 不为空时,删除 v 的头元素
        v.erase(v.begin());
    return 0;
}
```

原则上,vector 的插入与删除通过迭代器进行,但是一旦插入和删除之后原迭代器变量很可能就失效了。需要通过 begin()或者 end()重新获取容器的迭代器。vector 还提供其他几种插入与删除的方式,读者可以查询 C++标准或者更深入的教材。

注意:

(1) 理论上 vector 是使用数组实现的,因此在尾部增、删是效率最高的。vector 专门提供了 push_back(参数)、pop_back()函数用于尾增删。

(2) 理论上 list 是链表实现,因此不利于随机访问,但是在任意位置进行增、删的效率都比较高。

(3) 理论上 deque 是块状链表实现,头、尾增删均能达到很高的效率。

(4) 以上都是选择顺序容器的理论支撑,实际上当容器长度未达到一定程度时,对任意操作而言,vector 是最快的。这个程度一般而言至少为 1000 个数。也就是说,数量在 1000 个数以内的顺序容器,考虑使用 vector 就足够了。

13.3.2 关联容器

简单地说,顺序容器中的元素是按顺序存储的,其中的元素存在摆放位置上的联系。而关联容器则是根据元素本身的值产生联系:关联容器中某个元素的摆放位置不是由用户决定的,而是由该元素与容器内其他元素的比较关系决定的。此处只介绍最常用的两种关联容器 set 和 map,使用它们需要包含(include)同名文件。

set 内部的元素是按照比较关系保存的,可以升序排列,也可以降序排列,默认是升序排列。使用 set 要注意两点:

(1) set 模板的模板实参类型必须具备比较关系,否则定义 set 的时候就会出错。

(2) 如果将要放入 set 容器的 2 个元素不能区分大小,则在 set 中它们将位于同一个

位置。因此插入一个 set 中原本就包含的值时,该操作实际上将不会进行。

下面将以 set<int>作为例子,采用默认的升序排列。

【例 13.10】 set 的增、删、查与遍历。

```
#include<iostream>
#include<set>
using namespace std;

int main(){
    int a[]={200,400,300,100,300};
    set<int>s;
    //增
    for(int i=0;i<5;++i)
        s.insert(a[i]);
    //遍历
    for(set<int>::iterator it=s.begin();it!=s.end();++it)
        cout<<(*it)<<" ";
    cout<<endl;
    //删
    while(!s.empty())
        s.erase(s.begin());
    //查
    set<int>::iterator it=s.find(300);
    cout<<(s.end()==it?1:0)<<endl;
    return 0;
}
```

说明:

(1) set 的 insert 函数有多个重载版本,这里是最简单的直接插入值的版本。另外,插入函数是可以判断成功与否的,这里略过。

(2) 遍历的结果肯定是:100 200 300 400。set 中元素的存在位置与值的比较关系有关,与插入顺序无关。同时也说明值 300 虽然被插入了 2 次,但 set 中只会包含一个。

(3) set 的 erase 函数有多个重载版本,可以指定值删除,也可以指定位置也就是迭代器删除。

(4) set 的 find 函数以值为参数,返回一个迭代器。如果 set 包含该值,则返回该值在 set 中的位置也就是迭代器,否则返回 end()。还记得吗? end()迭代器实际上不指向任何元素,因此用于表示值没有找到。

与 set 不同,map 的每个元素实际上是一个键值对,因此 map 模板实例化时至少需要 2 个类型参数。键值对在 map 容器内按照键的比较关系存放。其比较关系的注意事项同 set 中元素的。由于 map 元素实际上是一对"东西",因此 STL 使用 pair 模板来表示。pair 模板是一个简单的聚合类,就是两个类型的聚合。成员变量 first 是第 1 个类型变量的名称,而 second 则是第 2 个。如下定义都是正确的:

```
pair<int,double>pid;              //pid.first 是一个 int,pid.second
                                    是一个 double

pair<string,int>psi;              //psi.first 是一个 string,psi.second
                                    是一个 int

pair<set<int>,vector<string>>psivs;  //first 是一个 set,second 是一个
                                       vector
```

【例 13.11】 map 的增、删、查与遍历。
```
#include<iostream>
#include<map>
#include<string>
using namespace std;

int main(){
    map<string,int>m;
    //增
    m.insert(make_pair(string("China"),1));
    m[string("China")]=3;
    m[string("France")]=2;
    //遍历
    for(map<string,int>::iterator it=m.begin();it!=m.end();++it)
        cout<<it->first<<" "<<it->second<<endl;
    //删
    m.erase(string("France"));
    m.erase(m.begin());
    //查
    map<string,int>::iterator it=m.find(string("USA"));
    cout<<(m.end()==it?1:0)<<endl;
    return 0;
}
```

说明：

(1) map 的 insert 有多个重载版本，这里是最简单的直接插入一个键值对。但是键值对要以 pair 的形式出现，可以使用 make_pair 函数，也可以调用 pair 的构造函数。

(2) map 提供类似数组的访问方法[]，其中[]内是键，而返回是值。但是注意[]不能用于查询。因为一旦[]内的键不存在的话，map 内将会直接创建一个以默认值为值的键值对。换句话说，试图以[]作为查找操作会发现查找总是成功的。

(3) map 的 erase 函数既可以删除指定位置(迭代器)，也可以删除指定键。注意插入的时候需要指定键值对，而删除的时候只需指定键即可。

(4) 对于 map 的 iterator 而言，其所指内容是一个 pair。所以一般不使用 *it 引用 map 元素，而是使用 it->first、it->second 分别获得键和值。

(5) map 的查找以键为参数，返回迭代器；没有找到的话返回 end()。

【例 13.12】 利用 map 统计单词个数。

```
#include<iostream>
#include<map>
#include<string>
using namespace std;

int main(){
    map<string,int>m;
    string s;
    while(cin>>s)++m[s];
    for(map<string,int>::iterator it=m.begin();it!=m.end();++it)
        cout<<it->first<<" "<<it->second<<endl;
    return 0;
}
```

13.3.3 算法

抛开 C 语言就已经存在的算法函数不谈，STL 将其算法分为三大类：非可变序列算法、可变序列算法和排序算法。STL 中还包括与数值运算有关的库，提供与数值运算有关的类和函数，如复数类等。有的教材将数值运算函数也看作是算法中的一类，因此将算法总结为四类。本书此处按照 C++标准的目录进行编写，还是将 STL 算法划分为三类。另外本书将省略有关 C++ STL 数值库的内容，有兴趣的读者可以参考 C++标准或者更深入的教材。使用 STL 算法需要包含<algorithm>文件，使用数值库则需要包含<numeric>文件。

1. 非可变序列算法

非可变序列算法是指调用以后不会改变作为输入参数的容器内部内容的算法。典型的非可变容器算法如：

```
template<class InputIterator,class T>
InputIterator find(InputIterator first,InputIterator last,const T& value);
```

首先，如前所述，所谓的 STL 算法形式上就是函数模板，上述 find()算法就是一个函数模板。这个函数模板有 2 个类型参数：第 1 个类型参数是 InputIterator，这个类型是 STL 自定义的迭代器类型中的一种；第二个类型参数是 T，这就是一个一般的类型。这个函数模板的返回值类型就是 InputIterator，记住迭代器本质上指示的是位置，所以这个算法返回了一个位置。这个函数模板的名称就不用赘述了，它有 3 个参数，分别是 first、last 和 value。其中 first 和 last 都是 InputIterator 类型，value 是 const T& 类型。最后，这个函数模板的作用是：在[first,last)范围内寻找值为 value 的项，返回第 1 个找到的位置，如果没有找到，则返回 last。

【例 13.13】 find()算法的使用示例。

```
#include<iostream>
#include<vector>
```

```
#include<algorithm>
using namespace std;
int A[]={300,200,100,500};
int main(){
    vector<int>v(A,A+4);
    vector<int>::iterator it;
    it=find(v.begin(),v.end(),100);
    cout<<*it<<endl;
    return 0;
}
```

例 13.13 首先构建了一个 vector，其内容是 300、200、100、500，随后在[begin(),end()]的范围内寻找值为 100 的项。显然能够找到，所以 it 就指向 100 的位置，则对 it 做取内容运算取出的就是 100。当然，本例中这个操作其实是危险的。如果把查找值换成150，则返回结果就是 v.end()，对 end()取内容是一个会出错的操作。所以 find()调用完毕以后，要判断是否为 last，看是否找到了要查询的数据，再做进一步处理。

另外，记住迭代器是安全的指针，而 C++语言的原生指针也可以看作是迭代器，所以 find()还可以这样用：

【例 13.14】 将原生指针当作算法参数。

```
#include<iostream>
#include<algorithm>
using namespace std;
int A[]={300,200,100,500};
int main(){
    int *p;
    p=find(A,A+4,100);
    cout<<*p<<endl;
    return 0;
}
```

find 算法还有一个版本，声明如下：

```
template<class InputIterator,class Predicate>
InputIterator find_if(InputIterator first,InputIterator last,
    Predicate pred);
```

首先，该版本的名字有所改变，因为如果使用同名重载，则将无法区分函数模板的参数而造成二义性。其次，这个版本的第 2 个类型参数与第 3 个函数形参在语义上有所变化。Predicate 称为"谓词"，这是一种表示操作的类型，可以是函数或者仿函数（functor，functor 也是应用 STL 的一个重要部分，本质上就是一个重载了括号运算符的类，有兴趣的读者请参考内容更深入的教材）。而形参 pred 就是这种类型的具体对象。这个版本的find 是找出在[first,last)区间第 1 个满足 pred 不为假的元素的位置。具体用法可以参考例 13.15。

【例 13.15】 find_if 算法使用示例。

```
#include<iostream>
#include<algorithm>
using namespace std;
bool isOdd(int x){
    return x%2;
}
int A[]={300,200,17,500};
int main(){
    int *p;
    p=find_if(A,A+4,isOdd);
    cout<<*p<<endl;
    return 0;
}
```

在例 13.15 中，p 肯定指向 17 所在的位置，因此 *p 也就是 17。因为依次以[A,A+4)中的元素为参数调用 isOdd(int)，17 是第 1 个返回值不为假的。更多的非可变序列算法请参考 C++标准或者其他内容更深入的教材。

2. 可变序列算法

顾名思义，可变序列算法就是改变输入参数所指示的区间内内容的算法。典型的可变序列算法如 copy 算法，其声明如下：

```
template<class InputIterator,class OutputIterator>
OutputIterator copy(InputIterator first,InputIterator last,
    OutputIterator result)
```

其含义就是将[first,last)区间的元素拷贝到以 result 为首的区间内。很显然，其改变的区间范围是[result,result+(last-first))。其返回值是 result+(last-first)。这样要注意：要保证以 result 为首的区间有足够的空间能够容纳下待拷贝的内容，否则会发生错误。

【例 13.16】 copy 算法的使用示例。

```
#include<iostream>
#include<vector>
#include<algorithm>
using namespace std;

int A[]={300,200,17,500};
int main(){
    vector<int> v(4);
    copy(A,A+4,v.begin());
    return 0;
}
```

调用 copy 算法以后，v 中的内容与 A 中的内容就相同了。注意定义 v 时调用的构造函数很重要。如果使用默认构造函数，则 v 不能容纳下 4 个元素，copy 调用就会出错。

fill 算法的声明如下：

```
template<class ForwardIterator,class T>
    void fill(ForwardIterator first,ForwardIterator last,const T& value);
```

fill 算法的作用是将[first,last)区间内的元素全部设置成值 value。此处就不再赘述其使用示例。

3. 排序算法

排序算法的典型代表就是 sort 算法，其声明如下：

```
template<class RandomAccessIterator>
    void sort(RandomAccessIterator first,RandomAccessIterator last);
```

其作用就是将[first,last)区间的元素按升序排列。sort 算法还有一个重载版本，其声明如下：

```
template<class RandomAccessIterator,class Compare>
    void sort(RandomAccessIterator first,RandomAccessIterator last,
        Compare comp);
```

其作用是将[first,last)区间的元素按照 comp 规定的秩序进行排序。

【例 13.17】 sort 算法使用示例。

```
#include<iostream>
#include<algorithm>
using namespace std;

int A[]={300,200,17,500};
int main(){
    sort(A,A+4);
    return 0;
}
```

调用完 sort 算法以后，A 中的元素依次是 17、200、300 和 500。如果要排序的元素类型不是 int、double 等内置类型，而是自定义的类类型，要想正确使用 sort，有两种方法。一种方法是重载"<"运算符，则可以调用 sort 的默认版本。例 13.18 描述了一个根据向量模的大小进行排序的程序。

【例 13.18】 对类对象进行 sort 调用。

```
#include<cmath>
#include<iostream>
#include<algorithm>
using namespace std;
struct Point{
    double x,y;
    Point(double xx=0.0,double yy=0.0):x(xx),y(yy){}
};
bool operator<(const Point&lhs,const Point&rhs){
    return sqrt( lhs.x*lhs.x+lhs.y*lhs.y)
```

```
            <sqrt(rhs.x*rhs.x+rhs.y*rhs.y);
    }
    Point A[4]={
        Point(2,3),Point(4,5),Point(-2,-3),Point(7,1)
    };
    int main(){
        sort(A,A+4);
        return 0;
    }
```

在例 13.18 中,首先定义了一个结构体用于描述二维平面上的点坐标,同时也代表了起点在原点、终点在该点的向量。其次重载了该类的"<"运算符,以向量的模的大小来衡量该类的大小关系。最后构造了一个该类的数组,并在该数组上调用了 sort 算法的默认版本。

另外一种方法则是调用 sort 算法的重载版本,显式地指明判断的依据,如例 13.19 所示。

【例 13.19】 sort 算法的重载版本使用示例。

```
    #include<cmath>
    #include<iostream>
    #include<algorithm>
    using namespace std;
    struct Point{
        double x,y;
        Point(double xx=0.0,double yy=0.0):x(xx),y(yy){}
    };
    bool comp(const Point&lhs,const Point&rhs){
        return sqrt( lhs.x*lhs.x+lhs.y*lhs.y)
            <sqrt( rhs.x*rhs.x+rhs.y*rhs.y);
    }
    Point A[4]={
        Point(2,3),Point(4,5),Point(-2,-3),Point(7,1)
    };
    int main(){
        sort(A,A+4,comp);
        return 0;
    }
```

在例 13.19 中,由于调用 sort 算法指明了使用 comp 函数作为判据,因此"<"运算符的重载已经无关紧要了,不影响程序运行的结果。关键在于 comp 函数的编写,comp 函数在格式上必须是二元函数,必须返回 bool 类型或者是能转型为 bool 类型的类型。另外,为了保证语义上的正确,comp 函数还需要满足不等关系的一些数学性质,如传递性、自反性、对称性等。事实上,在重载"<"运算符的时候,也要满足这些性质,否则,程序运

行的逻辑结果一定会有问题。

13.3.4 迭代器

STL 算法使用迭代器类型来指示算法操作的对象内容所在，这样做的目的是让算法与容器解耦合，也就是说算法与容器之间没有直接的关联。以 find 算法为例，在设计 find 算法时设计者不必去考虑到底是在 vector 上还是在 list 上，甚至是在原生数组上进行查找，只需知道是在一对 InputIterator 迭代器之间进行查找。而 vector、list 和原生数组均能提供 InputIterator 迭代器，所以 find 可以在其上起作用。

这样做的好处显而易见——利于扩展。考虑这样一种情况，未来某个代码组织创造了一种新容器，取名为 newContainer。如果想要在 newContainer 上使用 STL find 算法怎么做？只需在设计 newContainer 时提供 STL InputIterator 即可。但如果 STL 设计 find 算法时是以 vector、list 作为参数，那么对每一个 newContainer 就必须新设计一个 find 算法的重载版本。这样做的开发效率及维护效率显然都低于前者的。

另外，请读者注意，算法当中作为参数类型的迭代器也是不尽相同的。STL 提供五种迭代器类型，如图 13.1 所示。该图实际上暗示了迭代器可以组织成一个继承体系。

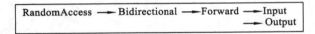

图 13.1 迭代器类型关系示意图

C++标准首先规定了所有迭代器都必须支持取内容操作符"*"和前置自增运算符"++"；其次规定了在支持通用操作的前提下，输入迭代器 InputIterator 和输出迭代器 OutputIterator 必须支持的操作；再次规定了前向迭代器 ForwardIterator 在支持输入迭代器操作的前提下必须额外支持的操作；还规定了双向迭代器 BidirectionalIterator 在支持前向迭代器操作的前提下必须额外支持的操作；最后规定了随机访问迭代器 RandomAccessIterator 在支持双向迭代器操作的前提下必须额外支持的操作。所以，简单地说，从输入迭代器到随机访问迭代器，迭代器的功能越来越强，支持的操作越来越多。所以，一个算法如果以输入迭代器为形参，那么实际调用时使用前向迭代器、双向迭代器或者随机访问迭代器作为实参均可。如果一个算法以双向迭代器为形参，那么使用随机访问迭代器作为实参是允许的，但使用前向迭代器或者输入迭代器则不行。

所以 find 算法使用输入迭代器作为形参，意味着其他三种迭代器（除了输出迭代器）均能作为 find 算法的实参。而 find 算法使用前向迭代器作为形参，意味着不能在输入迭代器上调用该算法。sort 算法使用随机访问迭代器，表示该算法的局限性最大。一个非常明显的例子就是：sort 算法不能用于给 list 排序，因为当前 STL 实现的 list 的迭代器是双向迭代器，不能用于使用随机访问迭代器的算法。而最常使用的 vector 提供的迭代器、原生数组的指针都可以看作是随机访问迭代器，具有较多的功能，因此调用算法时限制非常少。

关于 STL 迭代器还有很多内容，有兴趣的读者可以参考 C++标准或者内容更深入的教材。本小节就只集中讲述以下两点内容：

(1) 设计使用迭代器的理由；

(2) 不同算法使用的迭代器也是有区别的,具体使用的时候要注意。

习 题 13

13.1 ［题号］10543。

［题目描述］FJ is surveying his herd to find the most average cow. He wants to know how much milk this "median" cow gives: half of the cows give as much or more than the median; half give as much or less.

Given an odd number of cows N ($1 \leqslant N < 10000$) and their milk output ($1 \sim 1000000$), find the median amount of milk given such that at least half the cows give the same amount of milk or more and at least half give the same or less.

［输入］

Line 1: A single integer N.

Lines 2~(N+1): Each line contains a single integer that is the milk output of one cow.

［输出］

Line 1: A single integer that is the median milk output.

［样例输入］

```
5
2
4
1
3
5
```

［样例输出］

```
3
```

［提示］使用 partial_sort 算法。

13.2 ［题号］10595。

［题目描述］历史书上说,自从统治者 Big Brother 去世以后,大洋国就陷入了无休止的内战中,随时都可能有新的武装势力出现,随时都可能有战争发生。奇怪的是,每次战争都是在当前国内战斗力最强大的两支武装势力间进行,我们可以把每支武装势力的战斗力量化成一个值,每次战争都是在当前战斗力值最高的两支武装势力间进行。如果有多支武装势力战斗力值相同,则名字字典序大的在前(见下面第 2 组样例)。一场战争结束后,战斗力稍弱的那方被消灭,另一方也元气大伤,战斗力减弱为两支武装势力的战斗力之差。如果发生战争的两方战斗力相同,则他们会同归于尽。历史书上详细记录了该段时期的事件,记录分为两种格式:

(1) New name value: 其中 name 和 value 是变量,表示一个名字叫做 name、战斗力

为 value 的新武装势力出现。

(2) Fight：表示在当前最强的两支武装势力间发生了战争。

现在请你根据书上记录，计算出每场战争以后分别导致哪支(或哪两支)势力被消灭。

［输入］输入的第 1 行包含 1 个整数 T(T ≤ 15)，表示共有 T 组数据。接下来每组数据的第 1 行是 1 个整数 N(N ≤ 50000)，表示有 N 条记录。接下来 N 行，每行表示 1 条记录，记录的格式如上所述。输入保证每支武装势力的名字都不相同，武装势力的名字仅包含小写字母，长度不超过 20 个字符。战斗力值为不超过 10000 的正整数。保证当战争发生时至少有两支武装势力存在。

［输出］对每组数据，输出 1 行"Case X："作为开头，此处 X 为从 1 开始的编号。注意首字母 C 为大写，在"Case"和编号 X 之间有一个空格，在编号 X 后面有一个冒号。然后对每条 Fight 记录输出 1 行，表示被消灭的武装势力的名字。如果是两支武装势力同归于尽，则这两个名字都应该输出，字典序大的在前，两个名字之间用一个空格隔开。

［样例输入］

```
2
5
New obrien 100
New winston 199
Fight
New julia 99
Fight
4
New miniluv 100
New minipax 100
New minitrue 100
Fight
```

［样例输出］

```
Case 1:
obrien
winston julia
Case 2:
minitrue minipax
```

［提示］使用 set 容器。

13.3　［题号］10895。

［题目描述］DD 同学刚刚开始学习数据结构，老师希望他能运用计算机进行建档的集合运算(并、交、差)，但是 DD 觉得他才刚刚学完线性表，想了很久都不会做，但是老师说了只要用所学的知识就能解决，聪明、好学的你能帮 DD 同学解决这个问题吗？

［输入］输入文件有若干组；每组测试数据包括 2 行字符串，分别代表 2 个集合 A、B，其中的字母限定为小写字母；字符串是连续的(即中间不包含其他字母)；字符串中前面出现的字母的 ASCII 码都要比后面的小且不会出现相同的字母。

［输出］每一组对应的输出数据包括 4 行，第 1 行输出"Case n:"，后面的 3 行每行 1 个字符串，依次对应为 A 与 B 的并、A 与 B 的交、A 与 B 的差（即 A－B），输出的字符串要保证后面出现的字符比前面出现的字符 ASCII 码大。

［样例输入］
```
abc
cdf
```
［样例输出］
```
Case 1:
abcdf
c
ab
```

［提示］使用 set 容器，配合集合运算算法，使用 set_union、set_intersection、set_difference。

13.4　［题号］10898。

［题目描述］这是一个既经典又简单的题目，题目描述简单，即给你 2 个有序的升序整数序列，将其合并后输出。

［输入］输入数据有若干组，单个输入文件只有 1 组数据；每组测试数据包括 4 行。第 1 行为整数 M，代表第 1 个序列的长度；第 2 行输入第 1 个序列的 M 个数，每 2 个数之间用空格隔开；第 3 行输入整数 N，代表第 2 个序列的长度；第 4 行输入第 2 个序列的 N 个数，每 2 个数之间用空格隔开。

其中，$0 \leqslant M, N \leqslant 2000000$，每个序列的整数都不超过 100000，不小于 0。

［输出］升序输出合并之后的有序序列，重复的数字都要输出，每 2 个数之间用空格隔开，最后一个数后面不含空格，但要换行。

［样例输入］
```
2
1 3
1
2
```
［样例输出］
```
1 2 3
```

［提示］使用 merge 算法或者 inplace_merge 算法。

13.5　［题号］10919。

［题目描述］zyl 公司搞了一次重大的年考，一共有 n（$1 \leqslant n \leqslant 1000000$）个员工参加了考试，每个参与者考了两门。其一是数据结构，另一门就是中国古代史。z 老板想知道考试后员工的排名：（数据结构,中国古代史,优先级由高到低）。a 员工很粗心只排好了 n－1 个人的成绩，现在 z 老板要你告诉他第 n 个员工在 n－1 个人中的名次（名次最靠前）。

［输入］输入只有 1 组数据。第 1 行 1 个数 n，表示参与考试的有 n（$1 \leqslant n \leqslant 1000000$）

个员工(前n-1个员工是乱序的)。第2行到第n行,每行2个数,第1个是数据结构的分数,第2个是中国古代史的分数。第n+1行为一个数t(1≤t≤10000),表示第n个员工的成绩有t种可能。接下来的t行,每行2个数,第1个是数据结构的分数d,第2个是中国古代史的分数h,表示第n个员工此次考试的成绩(0≤d,h≤100)。

[输出]根据第n个员工的成绩输出这个员工的成绩排名(名次最靠前的),1行1个数。

[样例输入]
3
70 70
80 80
3
70 70
70 75
80 80

[样例输出]
2
2
1

[提示]使用sort算法。

13.6 [题号]11068。

[题目描述]此题既容易又能让你放松心情。到底是否容易,看了就知道。

给你有序的几个数字(不超过20个),每个数字不大于16,里面会有些重复的,把它们去掉,然后输出,赶快抢啊!

[输入]每组测试数据分2行,第1行为n(1≤n≤20),表示数字的个数;第2行为n个数A1,A2,…,An。测试数据以n=0为结束。

[输出]对于每一组测试数据输出1行,输出去掉重复数字后的序列。每行结尾无空格。

[样例输入]
5
1 1 6 9 12
4
0 1 7 10
0

[样例输出]
1 6 9 12
0 1 7 10

[提示]使用unique算法。

13.7 [题号]11208。

[题目描述]Buy low, sell high. That is what one should do to make profit in the stock market (we will ignore short selling here). Of course, no one can tell the price of a stock in the future, so it is difficult to know exactly when to buy and sell and how much profit one can make by repeatedly buying and selling a stock.

But if you do have the history of price of a stock for the last n days, it is certainly possible to determine the maximum profit that could have been made. Instead, we are interested in finding the k1 lowest prices and k2 highest prices in the history.

[输入]The input consists of a number of cases. The first line of each case starts with positive integers n, k1, and k2 on a line (n≤1000000, k1+k2≤n, k1<100, k2<100). The next line contains integers giving the prices of a stock in the last n days; the i-th integer (1≤i≤n) gives the stock price on day i. The stock prices are non-negative. The input is terminated by n=k1=k2=0, and that case should not be processed.

[输出]For each case, produce three lines of output. The first line contains the case number (starting from 1) on one line. The second line specifies the days on which the k1 lowest stock prices occur. The days are sorted in ascending order. The third line specifies the days on which the k2 highest stock prices occur, and the days sorted in descending order. The entries in each list should be separated by a single space. If there are multiple correct lists for the lowest prices, choose the lexicographically smallest list. If there are multiple correct lists for the highest prices, choose the lexicographically largest list.

[样例输入]
```
10 3 2
1 2 3 4 5 6 7 8 9 10
10 3 2
10 9 8 7 6 5 4 3 2 1
0 0 0
```

[样例输出]
```
Case 1
1 2 3
10 9
Case 2
8 9 10
2 1
```

[提示]使用 multiset 容器及 sort 算法。

13.8 [题号]11294。

[题目描述]给出一系列数据,请你剔除其中重复的数据。本题目判断重复的功能要求写成一个函数。整个程序不能用全局变量和全局数组。

[输入]有多组测试数据。输入的第 1 行是整数 $T(0<T\leqslant100)$,表示测试数据的组数。每一组测试数据只有 1 行,第 1 个是整数 n,表明随后有 n 个整数,接着其后有 n 个整数,该行每个数后均有 1 个空格。该行没有其他多余的符号。$1<n\leqslant10^4$,数据的范围为$[-5000,5000]$。

[输出]对应每组输入,输出 1 行结果,第 1 个数说明非重复元素的个数,随后是非重复的元素(按从小到大),该行每个数后应有 1 个空格。该行不能有其他多余的符号。

[样例输入]

    1
    10 9 8 6 7 5 4 5 9 5 7

[样例输出]

    6 4 5 6 7 8 9

[提示]使用 sort 算法及 unique 算法。

13.9　[题号]11298。

[题目描述]我们知道,每一年的 ACM 国际大学生程序设计竞赛亚洲地区现场赛都会有很多代表队参赛,于是,怎么对这些队伍排序成了组织者最头疼的问题。后来,他们终于想出了解决方案,那就是按照网络赛的做题数排序,如果做题数一样,再按罚时排序,如果罚时又是一样的,那就只能按照学校名字的字典序排序了。

他们规定:

(1) 做题数多的排在前面;

(2) 罚时少的排在前面;

(3) 名字按字母 ASCII 码值升序排列,如果第 1 个字母一样,就比较第 2 个字母,以此类推。

[输入]

第 1 行:1 个数 N(1≤N≤500),代表进入现场赛的学校数。

第 2~N+1 行:队伍的名字(不含空格,由大小写字母组成,长度不超过 50 个字符)、做题数(正整数)、罚时(正整数)。保证不出现三者完全一样的数据。

[输出]按输入的格式将队伍排序后输出,每个队伍 1 行。

[样例输入]

    2
    TeamA 3 200
    TeamB 4 500

[样例输出]

    TeamB 4 500
    TeamA 3 200

[提示]使用 sort 算法。

13.10　[题号]11617。

[题目描述]在湖南师范大学上学的人中,总有些"大神"(或许也是无聊的人)。这天,王二说他发明了一种新的文字,声称可以采用这种文字和火星人交流。当然,王二不是那么肤浅的人,告诉你不仅仅是想炫耀一下,他为这种文字和英文之间已经创立了字典,他想让你对照这个字典,把一篇英语文章翻译成王二文(即他创立的新文字),虽然王二知道你很不情愿,但他告诉你,如果你翻译完就给你介绍女朋友。

[输入]问题只有 1 组测试样例,输入包含两部分,即字典部分和翻译的文章部分。第

1行为START,表示字典部分输入开始。字典部分每行有2个字符串,第1个字符串为英文,第2个字符串为所对应的王二文,字典部分的最后一行为END,表示字典部分结束。接下来为文章部分,文章部分以START开始、END结束。START、END均不用翻译。如果某个英文单词在字典中没有所对应的王二文,那么就输出原单词,注意文章可能有多行和多个空格,要按原文章的格式输出。

在本问题中,字典部分和文章部分所涉及的英文字母均为小写且每个单词不超过10个字母。

[输出]输出最后你所翻译完成的文章。

[样例输入]

```
START
is shi
END
START
wanger is sb.
END
```

[样例输出]

```
wanger shi sb.
```

附录 A ASCII 码对照表

ASCII 值	控制字符	ASCII 值	控制字符	ASCII 值	控制字符	ASCII 值	控制字符
0	NUL	32	(space)	64	@	96	`
1	SOH	33	!	65	A	97	a
2	STX	34	"	66	B	98	b
3	ETX	35	#	67	C	99	c
4	EOT	36	$	68	D	100	d
5	ENQ	37	%	69	E	101	e
6	ACK	38	&	70	F	102	f
7	BEL	39	,	71	G	103	g
8	BS	40	(	72	H	104	h
9	HT	41	)	73	I	105	i
10	LF	42	*	74	J	106	j
11	VT	43	+	75	K	107	k
12	FF	44	,	76	L	108	l
13	CR	45	-	77	M	109	m
14	SO	46	.	78	N	110	n
15	SI	47	/	79	O	111	o
16	DLE	48	0	80	P	112	p
17	DCI	49	1	81	Q	113	q
18	DC2	50	2	82	R	114	r
19	DC3	51	3	83	X	115	s
20	DC4	52	4	84	T	116	t
21	NAK	53	5	85	U	117	u
22	SYN	54	6	86	V	118	v
23	TB	55	7	87	W	119	w
24	CAN	56	8	88	X	120	x
25	EM	57	9	89	Y	121	y
26	SUB	58	:	90	Z	122	z
27	ESC	59	;	91	[	123	{
28	FS	60	<	92	\	124	|
29	GS	61	=	93	]	125	}
30	RS	62	>	94	^	126	~
31	US	63	?	95	_	127	DEL

附录 B 传统 C/C++语言与标准 C++语言头文件对照表

传统 C/C++语言	标准 C++语言	作　　用
#include<ctype.h>	#include<cctype>	字符处理
#include<errno.h>	#include<cerrno>	定义错误码
#include<locale.h>	#include<clocale>	定义本地化函数
#include<math.h>	#include<cmath>	定义数学函数
#include<stdio.h>	#include<cstdio>	定义输入/输出函数
#include<stdlib.h>	#include<cstdlib>	定义杂项函数及内存分配函数
#include<string.h>	#include<cstring>	字符串处理
#include<time.h>	#include<ctime>	定义关于时间的函数
#include<limits.h>	#include<limits>	定义各种数据类型限制值
#include<iomanip.h>	#include<iomanip>	参数化输入/输出
#include<wchar.h>	#include<cwchar>	宽字符处理及输入/输出
#include<wctype.h>	#include<cwctype>	宽字符分类
#include<iostream.h>	#include<iostream>	数据流输入/输出
#include<fstream.h>	#include<fstream>	文件输入/输出
	#include<algorithm>	STL 通用算法
	#include<bitset>	STL 位集容器
	#include<complex>	复数类
	#include<deque>	STL 双端队列容器
	#include<exception>	异常处理类
	#include<functional>	STL 定义运算函数(代替运算符)
	#include<list>	STL 线性列表容器
	#include<map>	STL 映射容器
	#include<ios>	基本输入/输出支持
	#include<iosfwd>	输入/输出系统使用的前置声明
	#include<istream>	基本输入流
	#include<ostream>	基本输出流
	#include<queue>	STL 队列容器
	#include<set>	STL 集合容器
	#include<sstream>	基于字符串的流

附录 B 传统 C/C++语言与标准 C++语言头文件对照表

续表

传统 C/C++语言	标准 C++语言	作　用
	#include<stack>	STL 堆栈容器
	#include<stdexcept>	标准异常类
	#include<streambuf>	底层输入/输出支持
	#include<string>	字符串类
	#include<utility>	STL 通用模板类
	#include<vector>	STL 动态数组容器

在标准 C++语言中,在包含头文件后,需要使用命名空间"using namespace std;"。

附录 C Linux、UNIX 下编译 C++程序

ACM 国际大学生程序设计竞赛的区域赛和全球总决赛的比赛环境一般是 Linux 或 UNIX 等操作系统,因此作为参赛选手必须熟悉在这些操作系统下如何编译和运行 C++程序。下面就 Linux 下编译 C++程序作简要介绍。

GCC(GNU compiler collection,GNU 编译器套装)是一套由 GNU 开发的编程语言编译器。它是一套以 GPL 及 LGPL 许可证发行的自由软件,也是 GNU 计划的关键部分,亦是自由的类 UNIX 及苹果计算机 Mac OS X 操作系统的标准编译器。GCC(特别是其中的 C 语言编译器)也常被认为是跨平台编译器的事实标准。

GCC 原名为 GNU C 语言编译器(GNU C compiler),因为它原本只能处理 C 语言。GCC 很快地扩展,变得可处理 C++语言。之后也变得可处理 Fortran、Pascal、Objective-C、Java,以及 Ada 与其他语言。

【例 C.1】 helloworld.cpp。

```cpp
#include<iostream>
using namespace std;
int main()
{
    cout<<"hello,world"<<endl;
    return 0;
}
```

C.1 单个源文件生成可执行程序

1. $ g++ helloworld.cpp

由于命令行中未指定可执行程序的文件名,故编译器采用默认的 a.out。

运行:

```
$ ./a.out
```

2. $ g++ helloworld.cpp －o helloworld

这里是通过-o 选项指定可执行程序的文件名。上面的命令将产生名为 helloworld 的可执行文件。

运行:

```
$ ./helloworld
```

3. $ gcc helloworld.cpp －lstdc++ －o helloworld

程序 g++是将 GCC 默认语言设为 C++语言的一个特殊的版本,链接时它自动使用 C++标准库而不用 C 标准库。选项-l(ell)通过添加前缀 lib 和后缀.a 将跟随它的名字变换为库的名字 libstdc++.a。随后它在标准库路径中查找该库。GCC 的编译过程和输出文件与 g++的是完全相同的。

在大多数系统中,GCC 安装时会安装一名为 c++的程序。如果被安装,它和 g++

等同。

```
$ c++ helloworld.cpp -o helloworld
```

运行：

```
$ ./helloworld
```

C.2 多个源文件生成可执行程序

【例 C.2】 多个源文件生成可执行文件。

```cpp
/*speak.h*/
#include<iostream>
class Speak
{
    public:
        void sayHello(const char*);
};


/*speak.cpp*/
#include"speak.h"
void Speak::sayHello(const char*str)
{
    std::cout<<"Hello"<<str<<"\n";
}


/*hellospeak.cpp*/
#include"speak.h"
int main(int argc,char *argv[])
{
    Speak speak;
    speak.sayHello("world");
    return 0;
}
```

下面这条命令将上述两个源码文件编译链接成一个单一的可执行程序 hellospeak：

```
$ g++ hellospeak.cpp speak.cpp -o hellospeak
```

C.3 源文件生成对象文件

```
$ g++ -c helloworld.cpp
```

选项-c用来告诉编译器编译源代码但不要执行链接，输出结果为对象文件。文件默认名与源码文件名相同，只是将其后缀变为.o。

选项-o不仅仅能用来命名可执行文件，也用来命名编译器输出的其他文件。

生成对象文件后还需要生成可执行文件才能执行，例如：

```
$ g++ -o helloworld.o -o helloworld
```

C.4 编译预处理

```
$ g++ -E helloworld.cpp
```

选项－E 使 g++将源代码用编译预处理器处理后不再执行其他动作。上面的命令预处理源码文件 helloworld.cpp，并将结果显示在标准输出中。

C.5 生成汇编代码

```
$ g++ -S helloworld.cpp
```

选项－S 指示编译器将程序编译成汇编语言，输出汇编语言代码后结束。上面的命令将由 C++源码文件生成汇编语言文件 helloworld.s。生成的汇编语言依赖于编译器的目标平台。

C.6 其他部分编译选项

－w：关闭所有警告。
－Wall：允许所有有用的警告。
－g：生成的目标文件中带调试信息，gdb 能够使用这些调试信息。

在学习时如果没有 Linux 环境，也可以在 Dev-C++中模拟使用下面的命令。方法如下：

（1）启动命令提示符窗口。依次选择"开始"→"运行"，输入"CMD"，回车进入。

（2）进入 Dev-C++的 bin 目录下。下面假设 Dev-C++安装在 C 盘根目录下，编译 C:\test.cpp。过程如图 C.1 所示。

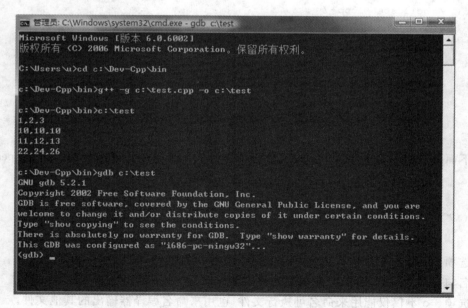

图 C.1 命令提示符下模拟 Linux 环境编译程序

C.7 gdb 调试

(1) 如果要对程序进行调试,编译程序时需要加-g选项,将调试信息加到可执行文件中。例如:

```
$ g++ -g test.cpp -o test
```

(2) 启动 gdb——gdb<program>。

```
$ gdb test
```

(3) 在 gdb 中运行程序——run。
(4) 其他部分命令如表 C.1 所示。

表 C.1 部分命令及其作用

命　令	作　用
list<linenum>	显示程序第 linenum 行的周围的源程序
list	显示当前行后面的源程序
break<linenum>	设置断点
info break[n]	查看断点
watch<expr>	设置观察点
info watchpoints	列出当前设置了的所有观察点
clear	清除所有已定义的停止点
clear<linenum>	清除所有设置在指定行上的停止点
delete [breakpoints][range...]	删除指定的断点
disable [breakpoints][range...]	breakpoints 为停止点号。被置为 disable 的停止点,gdb 不会将其删除,当你还需要时,将其设置为 enable 即可
enable [breakpoints][range...]	将所指定的停止点设置为 enable,breakpoints 为停止点号
continue [ignore-count]	恢复程序运行,直到程序结束,或是下一个断点到来。ignore-count 表示忽略其后的断点次数
step<count>	单步跟踪,如果有函数调用,进入该函数。进入函数的前提是此函数被编译有 debug 信息。不加 count 表示一条条地执行,加 count 表示执行后面的 count 条指令,然后再停住
next<count>	单步跟踪,如果有函数调用,它不会进入该函数
finish	运行程序,直到当前函数完成返回,并打印函数返回时的堆栈地址和返回值及参数值等信息
print<expr>	查看运行时数据
backtrace	打印当前的函数调用栈的所有信息
backtrace<n>	只打印栈顶上 n 层的栈信息
info registers	查看寄存器的情况

续表

命　令	作　用
display\<expr\>	当程序停住时,或是在单步跟踪时,这些变量会自动显示
disable display\<dnums...\>	自动显示失效
enable display\<dnums...\>	自动显示恢复
delete display\<dnums...\>	删除自动显示
jump\<linespec\>	指定下一条语句的运行点
q	退出 gdb

更多命令的使用请参考 gdb 帮助。

附录 D　在 Visual C++ 下调试程序

D.1　调试概述

调试是编程过程中不可忽视的环节,对于一个复杂的程序来说,从编写程序到能够通过编译,只是完成了一小部分而已。然后还要不断地调试、修改、再调试、再修改……直到将发现的问题都解决,程序能够稳定、正确地运行为止。调试在程序设计中的地位是十分重要的。一段程序完成的速度和质量往往取决于程序员的调试水平。如何准确定位产生错误的代码,是一项既需要技巧又需要经验的工作。

市场上有很多调试产品供选择,不同的调试工具面向的应用是不同的。Visual C++ 6 的 IDE 内置了一套非常优秀的调试工具,通过这套调试工具,可以直接在 C/C++ 源代码级上调试程序,同时也可以在汇编代码级上调试程序,对于大部分应用来说,这已经足够了。

D.2　调试环境的设置

一般来说,一个新建立的 VC 项目有两个版本:Debug 版本和 Release 版本。Debug 版本是通常所说的调试版本。调试版本在编译生成的二进制文件中含有调试信息,因此通常会比较大。而 Release 版本就是通常所说的发布版本,通常会比较小。由于发布版本编译器会对程序进行优化,编译生成的代码可能与实际代码并不一致,因此并不适合调试(可能出现断点错位的情况)。

当前编译版本可以通过菜单项 Build→Set Active Configuration 来设置。这里会显示当前 Workspace 中所有项目允许的编译版本,如图 D.1 所示。

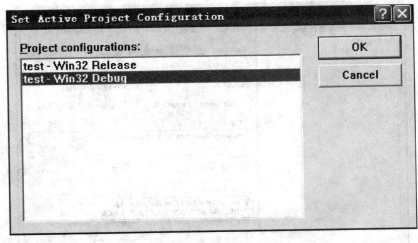

图 D.1　编译版本的设置

在 Project→Setting... 中有一些调试相关的设置,这里简要介绍一下。

1. Debug 选项卡（见图 D.2）

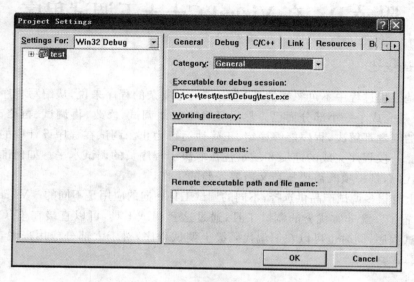

图 D.2 项目设置的调试选项卡

左边的 Settings For 表示当前的设置对哪一个编译版本有效。也就是说，可以对 Debug 版本和 Release 版本分别进行项目设置。

右边的 Executable for debug session 表示当前项目调试的二进制文件。

Working directory 表示程序调试时的工作路径，默认设置为项目文件（扩展名为 .dsp 的文件）所在目录。如果感觉不方便，可以在这里设置工作路径。

Program arguments：表示启动程序的参数。

2. C/C++选项卡（见图 D.3）

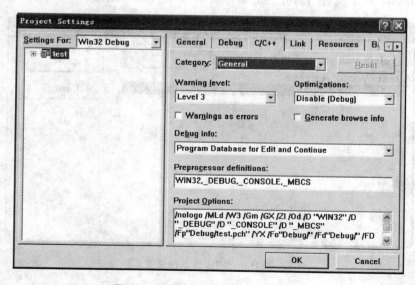

图 D.3 项目设置的 C/C++选项卡

Warning level 表示编译时警告的等级。选项从 None 到 Level 4，None 表示没有警告信息，Level 4 表示最严格警告，通常使用默认设置即可。

Optimizations 表示编译优化设置。选项 Default 表示使用默认优化设置。Disable (Debug) 表示禁止优化，这是 Debug 版本的默认设置。Maximize Speed 表示优化程序运行速度，这是 Release 版本的默认设置。Minimize Size 表示优化程序的大小。如果选择 Customize，则根据用户在 Category、Optimizations 中设置的优化条件来优化编译。

Debug info 表示如何生成调试信息。None 表示不生成任何调试信息，这是 Release 版本的默认设置。Line Numbers Only 表示目标文件或者可执行文件中只包含全局和导出符号以及代码行信息，不包含符号调试信息。C7 Compatible 表示目标文件或者可执行文件中包含行号和所有符号调试信息，包括变量名及类型、函数及原型等。Program Database for Edit and Continue 表示生成一个用于存储程序信息的数据文件（扩展名为 .pdb），这个文件包含类型信息以及符号化的调试信息。该选项允许在调试过程中修改代码或者变量取值，并编译、继续运行程序，这是 Debug 版本的默认设置。如果将 Release 版本的优化选项设置为 Disable(Debug)，调试信息选项设置为 Program Database for Edit and Continue，并且在 Link 选项卡中选中 Generate debug info，则 Release 版本也可以调试了。

3. 调试环境的调试工具条

在了解调试的基本设置之后，再介绍一下调试时需要使用的工具条。右击工具栏空白处，在弹出的菜单中选中 Debug。随便建立一个基于 Console 的 VC 项目，在代码中，通过 F9 键添加/取消断点，然后按 F5 键编译，进入调试运行状态。当程序暂停在断点处时，Debug 工具条会呈现激活状态，如图 D.4 所示。下面介绍一下该工具条的作用。

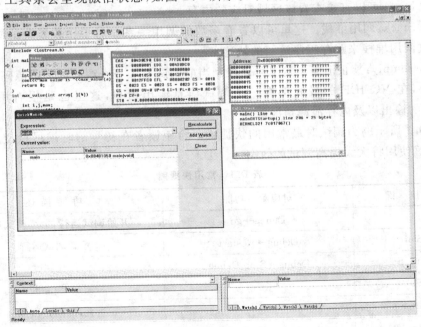

图 D.4　Debug 工具条

第 1 排的按钮,从左到右依次如下:
Restart:重新调试运行。
Stop Debugging:停止调试。
Break Execution:断点执行。
Apply Code Changes:应用调试时代码的改变。
Show Next Statement:显示下一个语句。
Step Into:单步执行,进入函数内部。
Step Over:单步执行,不进入函数内部。
Step Out:跳出当前函数。
Run to Cursor:运行到鼠标指针处。

第 2 排的按钮,从左到右依次如下:
Quick Watch:快速查看。在该对话框中可以随时查看感兴趣的变量、函数甚至其他信息。例如,输入表达式 1+1,会得到结果 2。
Watch:查看。这里可以查看各种信息,如变量、数值、错误信息等,而且可以设置输出的格式。
Variables:变量。这里可以查看当前函数内的所有变量信息。通过 Context 可以选择函数范围。
Registers:寄存器。这里可以查看寄存器的当前状态。在无法定位异常代码位置的时候,可以通过查看寄存器来判断可能发生的错误,这需要对寄存器的状态标志位有一些了解。
Memory:内存。这里可以查看一片连续的内存。例如,有时需要同时观察一个数组的某一个区域,可以直接查看该区域对应的内存。
Call Stack:调用堆栈。这里可以查看函数的调用关系。对于比较复杂的应用程序,可以通过调用堆栈来跟踪程序运行的轨迹。
Disassembly:禁止汇编。这里可以控制当前调试 C/C++源码或汇编源码。

另外,在 VC IDE 的最底部有一个调试信息输出窗口,这里也是很有用的,包括 TRACE 的输出以及内存泄漏情况。

表 D.1 所示的为调试时最常用的快捷键。希望读者在初学的时候尽量使用这些快捷键,熟练使用将大大提高调试的效率。

表 D.1 常用快捷键

快 捷 键	对应菜单功能	功 能 描 述
F5	Debug→go	开始调试运行,继续调试运行
Ctrl+Shift+F5	Debug→Restart	重新调试运行
Shift+F5	Debug→Stop Debug	停止调试
F9	—	添加/删除断点
Ctrl+F9	—	允许/禁止断点
Shift+F9	—	快速查看窗口

续表

快 捷 键	对应菜单功能	功 能 描 述
Ctrl+Shift+F9	—	删除所有断点
Ctrl+b/Alt+F9	Edit→Break points	断点设置对话框
F10	Debug→Step Over	单步执行,不进入函数内部
F11	Debug→Step Into	单步执行,进入函数内部
Shift+F11	Debug→Step Out	跳出当前函数
Ctrl+F10	Debug→Run to Cursor	运行到鼠标指针处
Alt+F10	Debug→Apply Code Changes	应用调试时代码的改变
Alt+F11	—	切换 Memory 窗口显示格式,可以以不同字节格式来显示
Alt+Shift+F11	—	切换 Memory 窗口显示格式

一个好的程序员不应该把所有的判断交给编译器和调试器,应该在程序中自己加以程序保护和错误定位,具体措施包括:

(1) 对于所有有返回值的函数,都应该检查返回值,除非你确信这个函数调用绝对不会出错,或者不关心它是否出错。

(2) 一些函数返回错误,需要用其他函数获得错误的具体信息。例如,accept 返回 INVALID_SOCKET 表示 accept 失败,为了查明具体的失败原因,应该立刻用 WSAGetLastError 获得错误码,并有针对性地解决问题。

(3) 有些函数通过异常机制抛出错误,应该用 TRY-CATCH 语句来检查错误。

(4) 程序员对于能处理的错误,应该自己在底层处理;对于不能处理的错误,应该报告给用户,让他们决定怎么处理。如果程序出了异常,却不对返回值和其他机制返回的错误信息进行判断,则只能是加大了找错的难度。

Visual Studio 2010 的调试与 Visual C++ 6.0 的类似,因篇幅原因不再单独介绍。

附录 E Dev-C++调试

E.1 设置编译器选项

Dev-C++需要将编译器选项中的"产生调试信息"设置为 Yes,才能进行程序的调试。方法如下:

Tools(工具)→Compiler Options(编译器选项)→Settings(代码生成/优化)→Linker(连接器)→Generate debugging information(产生调试信息)→选择 Yes,如图 E.1 所示。

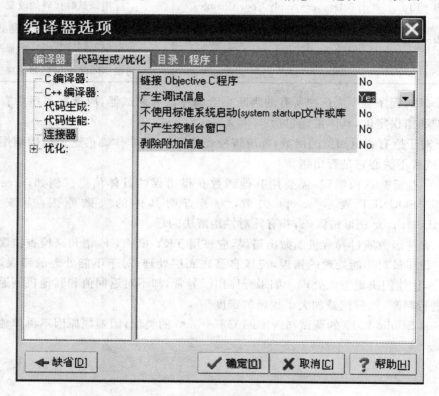

图 E.1 编译器选项设置

E.2 编译程序

请参见第 1 章。

E.3 设置断点

把光标移动到想暂停执行的那一行,按 Ctrl+F5,或者直接用鼠标单击图 E.2 中代码区的左侧,或右击并选择"切换断点",如图 E.2 所示。

附录E Dev-C++调试

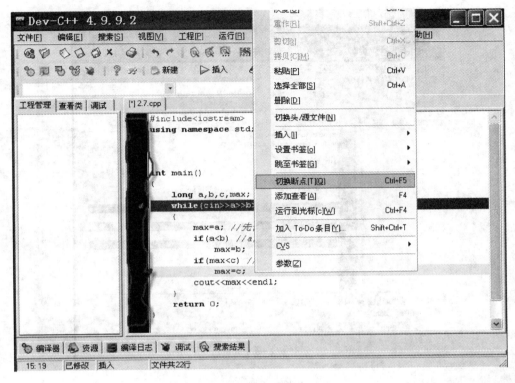

图E.2 设置断点

E.4 调试

按F8开始调试。如果没有把"产生调试信息"设置为Yes,则Dev-C++会提示工程没有调试信息,如图E.3所示。

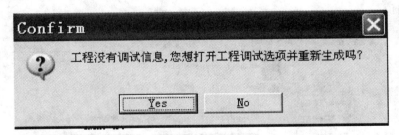

图E.3 "工程没有调试信息"提示框

单击Yes,Dev-C++会自动把"产生调试信息"设置为Yes,并且重新编译工程。程序运行到断点处会暂停,如图E.4所示。

按F7执行当前行,并跳到下一行。

按Ctrl+F7跳到下一断点。

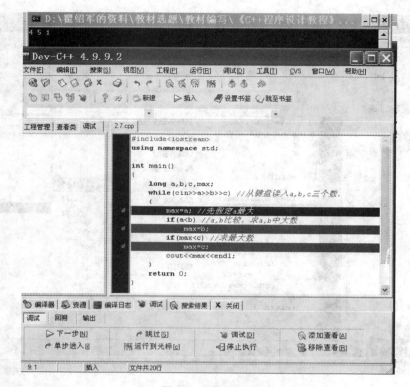

图 E.4　调试窗口

E.5　查看变量的值

开始调试后,在图 E.5 所示区域右击,选择 Add Watch(添加查看),或者直接按 F4。在弹出的对话框中输入想查看的变量名,然后单击 OK(确定),如图 E.6 所示,就可以看到该变量的值。

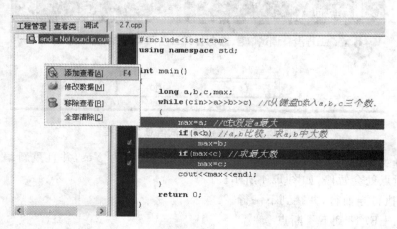

图 E.5　添加查看

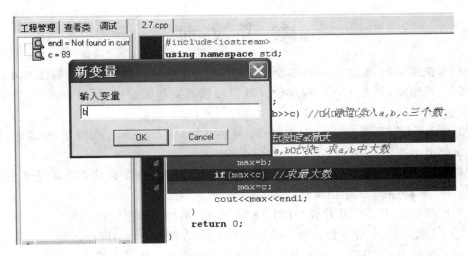

图 E.6 输入查看变量

选择源文件中的变量名,然后按 F4,也可以查看变量的值。该变量会出现在左边的调试列表中,如图 E.7 所示。

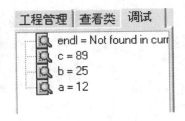

图 E.7 调试列表

如果在 Environment Options(环境选项)中选择了 Watch variable under mouse(查看鼠标指向的变量),将鼠标指向要查看的变量一段时间,该变量也会被添加到调试列表中。

提示:

(1) 当想查看指针指向的变量的值时,按 F4,然后输入星号及指针的名字(如 *pointer)。如果没加 *,看到的将会是一个地址,也就是指针的值。

(2) 有时调试器(debugger)可能不知道某个指针的类型,从而不能显示该指针指向的变量的值。此时,需要手动输入该指针的类型。按 F4 后,以 *(type *)pointer 形式输入。例如:*(int *)pointer。

参 考 文 献

[1] 瞿绍军,刘宏.C++程序设计教程[M].武汉:华中科技大学出版社,2010.
[2] 瞿绍军,刘宏.C++程序设计教程习题答案和实验指导[M].武汉:华中科技大学出版社,2010.
[3] Stephen Prata.C++Primer Plus(第6版)中文版[M].张海龙,袁国忠,译.北京:人民邮电出版社,2012.
[4] Sterven S. Skiena,Miguel A. Revilla.挑战编程:程序设计竞赛训练手册[M].刘汝佳,译.北京:清华大学出版社,2009.
[5] 谭浩强.C语言程序设计[M].3版.北京:清华大学出版社,2005.
[6] 钱能.C++程序设计教程[M].2版.北京:清华大学出版社,2005.
[7] 杨长兴,刘卫国.C++程序设计[M].北京:中国铁道出版社,2008.